まえがき

数学は理工系への所属を望む学生にとって，もっとも基本的で，もちろん重要で必須の科目であると考える。この考えのもとに，「これだけはおさえたい 理工系の基礎数学」が実教出版から出版されたのは2009年である。この書の内容は，理工系の学生たるものは誰もが知るべきこととして書かれたものであった。この考えはある程度受け入れられ，数学のあまり得意でない学生も含めて，かなりの数の学生の基礎数学の勉強にそれなりの役割を果たしたものと考えられる。

しかし，同時に上記の本だけでは，得られる知識が不十分で，自分の将来の発展にとって，心もとないという不満の声も聞こえるようになってきた。その結果生まれたのが本書である。

高校数学の範囲から説き起こし，さらに理工学系の専門分野で必ず学ばなければならない「微分方程式」，「ベクトルの外積」，「行列」，「複素数」，「統計」を網羅した初学者向けの参考書は，これまで見当たらなかった。まさしく，本書は表題の通り，理工系の「専門へのステップアップ」となるように構成されている。多くの読者の学力向上につながるのでは，というひそかな期待をもって本書をお送りしたい。

2017年9月

金原　粲

もくじ／CONTENS

本書の使い方

本書によりしっかりとトレーニングを積むことで，理工学系の専門分野に必要な数学を学ぶための基礎は十分に網羅できるようになっている。また，本書では，できるだけ多く演習問題を設けており，じっくり取り組むことにより，実力がつくように構成されている。

本書の具体的な使い方として，

○理工系へのステップアップとして，確実に力をつけるには，第１章１節からじっくりと取り組んでもらいたい。

○第１章の１，２節「三角関数」，「指数関数と対数関数」は，高校数学の数Ⅰ，数Ⅱの復習となっている。ここで，しっかりと基礎固めを行うことが重要である。

○数学に自信のある場合は，第１章３節から学習を始めるとよい。もちろん，必要な節だけを学習するために使用してもよい。

○補充問題も用意している。補充問題に挑戦することで学んだ知識を確実なものとすることができる。

○第１章を一読して，少しハードルが高く感じる場合は，付録１「式とグラフ」，付録２「数量と単位」に取り組んでから，第１章に取りかかることを勧める。

以上をまとめると，

<u>パターン①</u>「しっかり理工系へのステップアップとしたい」（推奨パターン）

⇒　第１章第１節から学習

<u>パターン②</u>　高校数学に自信あり

⇒　第１章第３節から学習

<u>パターン③</u>　高校数学の基礎も復習したい

⇒　付録１「式とグラフ」，付録２「数量と単位」をマスターしてから，第１章第１節に進む

なお，問題の詳細な解答を，当社 Web ページに掲載しているので，そちらを参照していただきたい。

Chapter 1 章

1. 三角関数
2. 指数関数と対数関数
3. 微分
4. 積分
5. 微分方程式

工学は，数学などの成果を土台にして，人間の役に立つような技術を研究・開発し，製法・製品などを作り出すことを主な目的とする学問です。

第1章では，古代から測量技術として用いられた三角法を起源とする「**三角関数**」，細菌の増殖など爆発的に増加する現象を記述するのに重要な「**指数**」，天文学などの大きな数を扱う分野で威力を発揮してきた「**対数**」，時々刻々に変化する事象を記述することを始めとして，現在のあらゆる工学の基盤となっている「**微分・積分**」と「**微分方程式**」を学習します。

工学を自分のものとするために必要な道具となるこれらの数学をしっかり身に付けてください。

1 三角関数

1 三角比と三角関数

三角比

三角比

図のような直角三角形に対し，以下の辺の比を三角比という。

サイン（正弦） $\sin\theta=\dfrac{a}{c}$

コサイン（余弦） $\cos\theta=\dfrac{b}{c}$

タンジェント（正接） $\tan\theta=\dfrac{a}{b}$

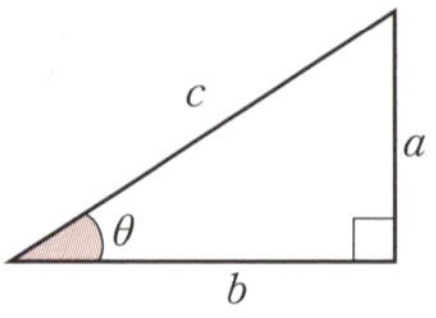

補足

θはシータと読み，sin，cos，tan はそれぞれ，サイン，コサイン，タンジェントと読む。

補足

左図の直角三角形を拡大や縮小しても，その直角三角形の三角比は変わらない。

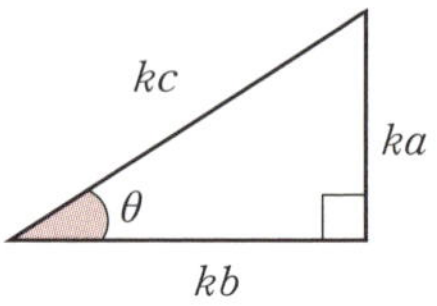

$\sin\theta=\dfrac{ka}{kc}=\dfrac{a}{c}$

$\cos\theta=\dfrac{kb}{kc}=\dfrac{b}{c}$

$\tan\theta=\dfrac{ka}{kb}=\dfrac{a}{b}$

例題 1 次の直角三角形において，$\sin\theta$，$\cos\theta$，$\tan\theta$ を求めなさい。

(1)

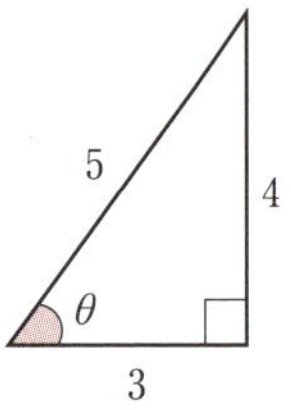

(2)

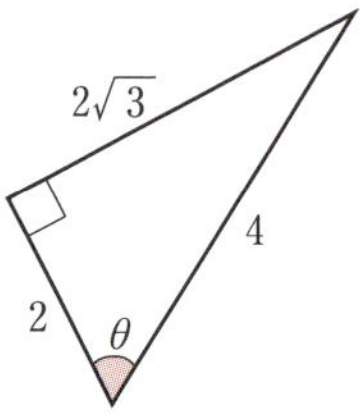

解答 (1) $\sin\theta=\dfrac{4}{5}$，$\cos\theta=\dfrac{3}{5}$，$\tan\theta=\dfrac{4}{3}$

(2) $\sin\theta=\dfrac{2\sqrt{3}}{4}=\dfrac{\sqrt{3}}{2}$，$\cos\theta=\dfrac{2}{4}=\dfrac{1}{2}$，$\tan\theta=\dfrac{2\sqrt{3}}{2}=\sqrt{3}$

問題 1 次の直角三角形において，$\sin\theta$，$\cos\theta$，$\tan\theta$ を求めなさい。

(1)

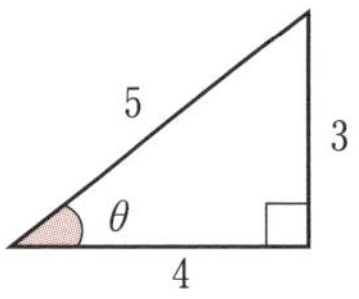

(2)

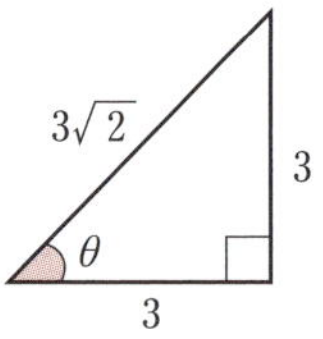

よく利用される三角比

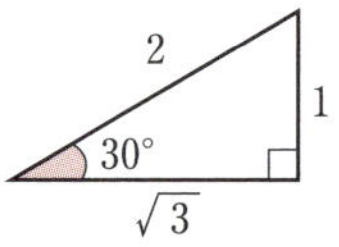

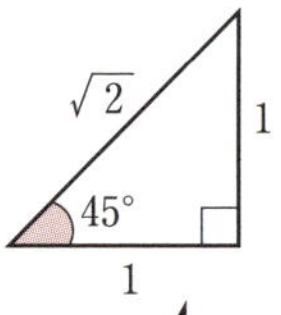

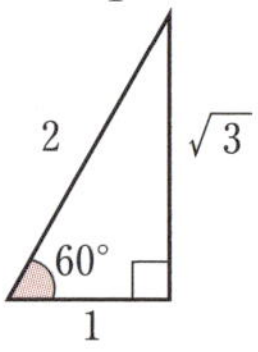

θ	30°	45°	60°
$\sin\theta$	$\dfrac{1}{2}$	$\dfrac{1}{\sqrt{2}}$	$\dfrac{\sqrt{3}}{2}$
$\cos\theta$	$\dfrac{\sqrt{3}}{2}$	$\dfrac{1}{\sqrt{2}}$	$\dfrac{1}{2}$
$\tan\theta$	$\dfrac{1}{\sqrt{3}}$	1	$\sqrt{3}$

例題 2 次の直角三角形において，未知の辺の長さ x，y を求めなさい。

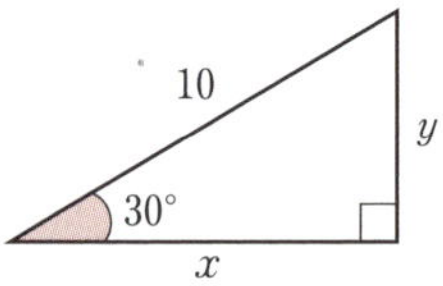

解答 $\cos 30^\circ=\dfrac{x}{10}$ より $x=10\cos 30^\circ=10\cdot\dfrac{\sqrt{3}}{2}=5\sqrt{3}$

$\sin 30^\circ=\dfrac{y}{10}$ より $y=10\sin 30^\circ=10\cdot\dfrac{1}{2}=5$

■ **問題 2** ■　次の直角三角形において，未知の辺の長さ x，y を求めなさい。

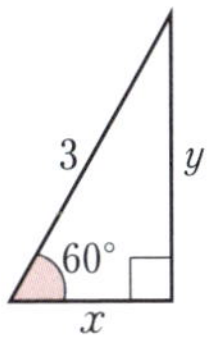

例題 3　三平方の定理を用いて，未知の辺の長さ c を求めなさい。

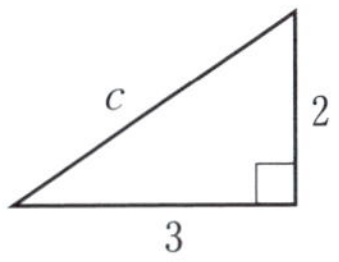

解答　三平方の定理より $c^2=2^2+3^2$　$c>0$ より $c=\sqrt{2^2+3^2}=\sqrt{13}$

三平方の定理
図のような直角三角形に対し
$c^2=a^2+b^2$

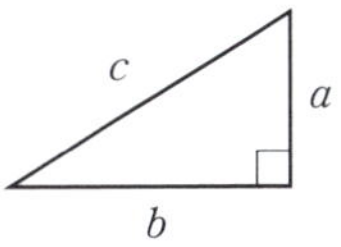

■ **問題 3** ■　三平方の定理を用いて，未知の辺の長さ c を求めなさい。

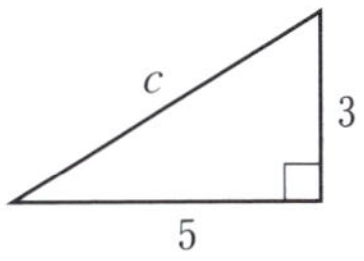

■一般角

動径 OP と始線 OX とのなす角の一つが α のとき，動径 OP の表す角 θ は無数にあり，一般に

$\theta=\alpha+360°\times n$　（n は整数）

と表せる。この角を動径 OP の**一般角**という。

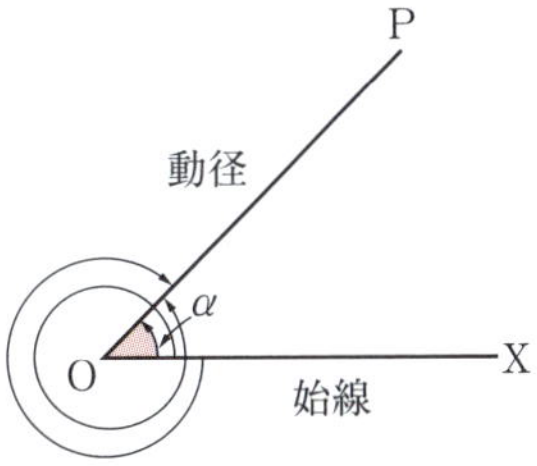

補足
動径 OP の回転は，始線から反時計回りに回る方向を正とし，逆を負の方向と考える。
右の動径 OP の表す一般角は

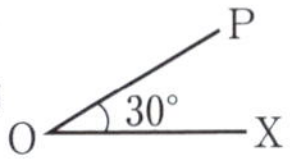

$30°+360°\times n$
（n は整数）
であり，750° や，−330° などが含まれる。

例題 4　次の動径 OP の表す角を，$0°\leqq\theta<360°$ の値の範囲の角，および一般角で示しなさい。

(1)

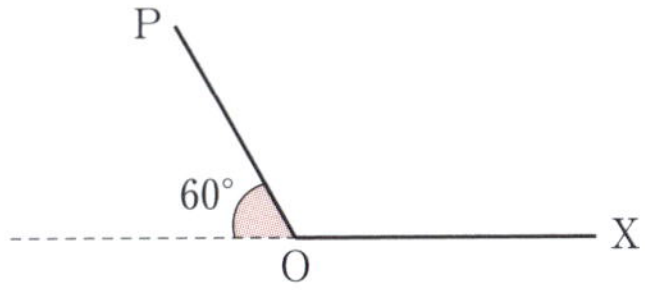

(2)

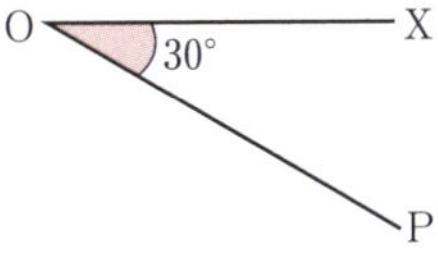

解答　n は整数とする。

(1)　$\theta=120°$
一般角 $120°+360°\times n$

(2)　$\theta=330°$
一般角 $330°+360°\times n$

■ **問題 4** ■　次の動径 OP の表す角を，$0°\leqq\theta<360°$ の範囲の角，および一般角で示しなさい。

(1)

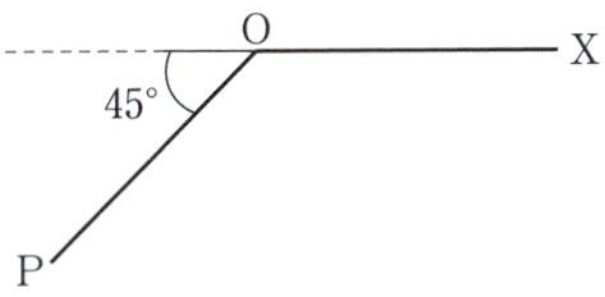

(2)

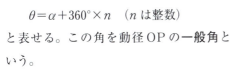

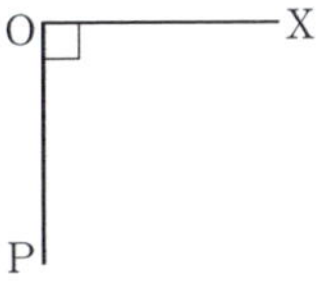

三角関数の定義

一般角 θ を表す動径と半径 r の円との交点 P の座標を $(x,\ y)$ とする。このとき $\frac{y}{r}$, $\frac{x}{r}$, $\frac{y}{x}$ の値は，円の半径 r に関係なく角 θ だけで決まるから θ の関数である。これらの関数を三角関数といい，次のように表す。

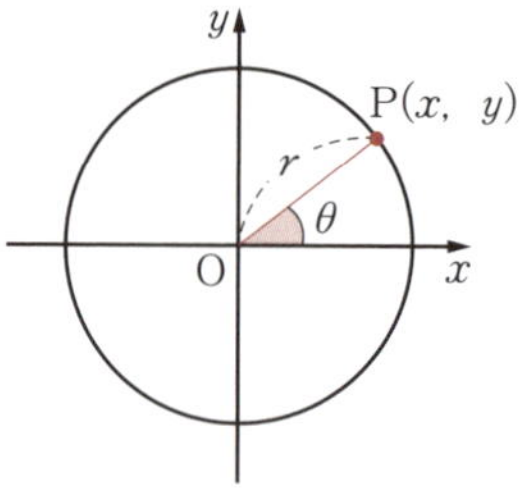

補足

$\theta=90°+180°\times n$（n は整数）のときは $x=0$ であるから，$\tan\theta$ は定義されない。

補足

次の式が成り立つ。

$$\tan\theta=\frac{\sin\theta}{\cos\theta}$$

$$\sin^2\theta+\cos^2\theta=1$$

三角関数の定義

$$\sin\theta=\frac{y}{r} \qquad \cos\theta=\frac{x}{r} \qquad \tan\theta=\frac{y}{x}$$

例題 5　$\theta=120°$ の三角関数の値を求めなさい。

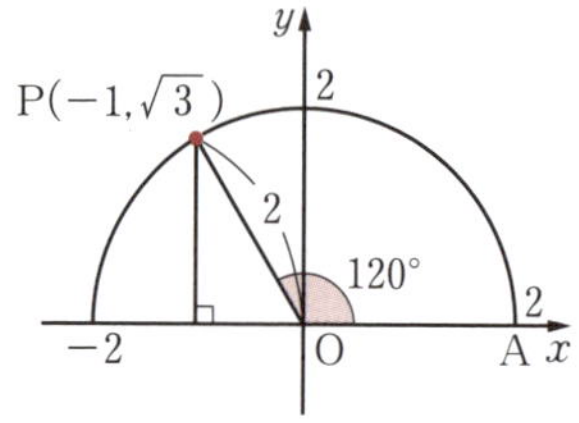

解答　半径 2 の円周上に，$\angle AOP=120°$ となる点 P をとると $P(-1,\ \sqrt{3})$ である。よって

$$\sin 120°=\frac{\sqrt{3}}{2},\quad \cos 120°=\frac{-1}{2}=-\frac{1}{2},\quad \tan 120°=\frac{\sqrt{3}}{-1}=-\sqrt{3}$$

問題 5　次の角の三角関数の値を求めなさい。

(1)　$\theta=45°$　　(2)　$\theta=135°$　　(3)　$\theta=150°$

三角形への応用

例題 6　右の三角形の面積 S を求めなさい。

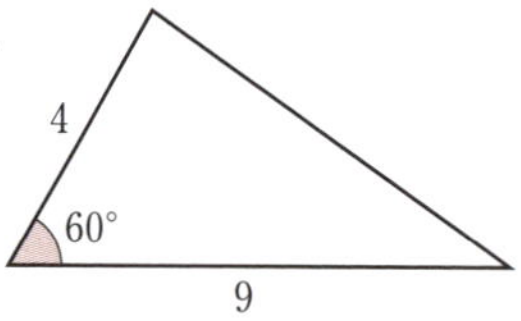

解答　$S=$底辺$\times$高さ$\div 2$

$=9\times 4\sin 60°\div 2$

$=9\times 4\times\frac{\sqrt{3}}{2}\div 2=9\sqrt{3}$

補足

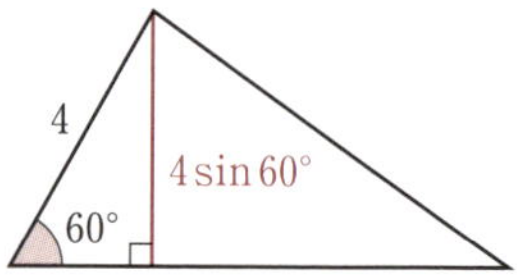

問題 6　右の三角形の面積 S を求めなさい。

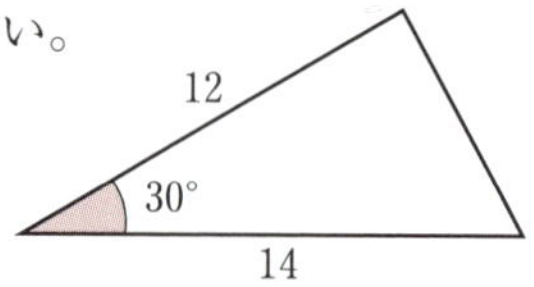

△ABC において，頂角 ∠A，∠B，∠C の大きさをそれぞれ A，B，C で表し，それらの角の対辺 BC，CA，AB の長さを a，b，c で表す。

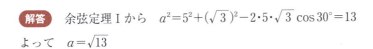

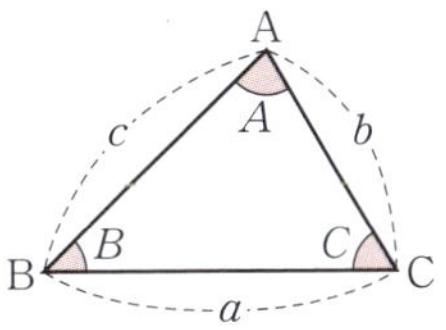

余弦定理 I

$$a^2=b^2+c^2-2bc\cos A$$
$$b^2=c^2+a^2-2ca\cos B$$
$$c^2=a^2+b^2-2ab\cos C$$

補足
余弦定理 I で角度が 90° のときは $\cos 90°=0$ より，三平方の定理が得られる。よって，余弦定理は三平方の定理を拡張したものと考えられる。

例題 7 △ABC において，$b=5$，$c=\sqrt{3}$，$A=30°$ のとき，a を求めなさい。

解答 余弦定理 I から　$a^2=5^2+(\sqrt{3})^2-2\cdot 5\cdot\sqrt{3}\cos 30°=13$

よって　$a=\sqrt{13}$

問題 7 △ABC において，$b=2$，$c=3$，$A=60°$ のとき，a を求めなさい。

例題 8 △ABC において，$a=\sqrt{2}$，$b=2$，$c=\sqrt{3}-1$ のとき，A を求めなさい。

解答 余弦定理 II から　$\cos A=\dfrac{2^2+(\sqrt{3}-1)^2-(\sqrt{2})^2}{2\cdot 2\cdot(\sqrt{3}-1)}=\dfrac{\sqrt{3}}{2}$

よって　$A=30°$

問題 8 △ABC において，$a=5$，$b=7$，$c=8$ のとき，B を求めなさい。

補足
余弦定理の公式を，$\cos A$，$\cos B$，$\cos C$ について解くと次のようになる。

余弦定理 II

$$\cos A=\frac{b^2+c^2-a^2}{2bc}$$
$$\cos B=\frac{c^2+a^2-b^2}{2ca}$$
$$\cos C=\frac{a^2+b^2-c^2}{2ab}$$

練習問題 EXERCISE

1 次の角の三角関数の値を求めなさい。

(1) $\theta=210°$　(2) $\theta=225°$　(3) $\theta=240°$
(4) $\theta=300°$　(5) $\theta=315°$　(6) $\theta=330°$

2 △ABC において，$a=7$，$b=\sqrt{39}$，$c=5$ のとき，B を求めなさい。

2　弧度法と三角関数

■弧度法

中心角を測る方法には，直角を 90 度として測る**度数法**のほかに，**弧度法**がある。中心角の大きさを θ，半径 r で中心角 θ の扇形の弧の長さを l とする。$l=r$ であるときの θ を 1 ラジアン（rad）と定義する。θ は l に比例するため，θ はラジアンを用いて表現することができる。このような表現法が弧度法である。

$r=1$ のとき，$\theta = l$ rad である。

したがって $180° = \pi$ rad より，

$$1 \text{ rad} = \frac{180°}{\pi} \cong 57.2958°$$

 ラジアン

$$1 \text{ rad} = \frac{180°}{\pi} \qquad 180° = \pi \text{ rad}$$

弧度法による一般角

　　$\theta = \alpha + 2\pi n$　（n は整数）

以下からは，三角関数の角 θ の単位はラジアンとする。ラジアンという単位は，$90° = \dfrac{\pi}{2}$，$45° = \dfrac{\pi}{4}$ のように，ふつう省略して表す。

☞ **中心角**

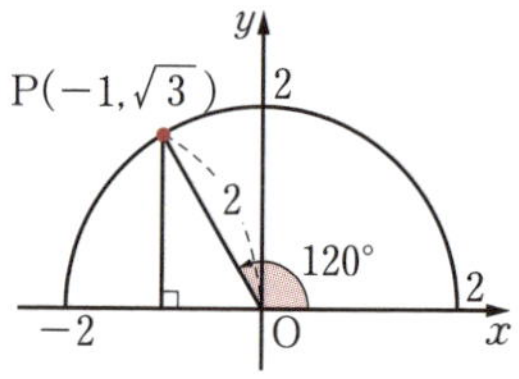

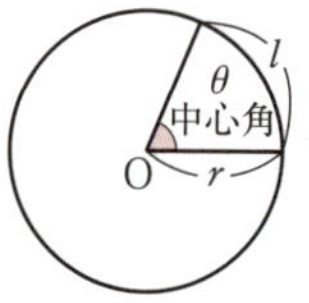

☞ **扇形の弧の長さと面積**

半径 r，中心角 θ rad の扇形の弧の長さを l，面積を S とすると，l, S は中心角に比例するので以下が成り立つ。

　　$2\pi : \theta = 2\pi r : l$
　　$2\pi : \theta = \pi r^2 : S$

よって
　　$l = r\theta$
　　$S = \dfrac{1}{2}r^2\theta$

例題 1　次の角の三角関数の値を求めなさい。

(1) $\dfrac{2}{3}\pi$　　　　　　　　(2) $-\dfrac{\pi}{4}$

解答　(1) $\dfrac{2}{3}\pi = 120°$ である。半径 $r=2$ の円周上に右図のような点 P をとると，$P(-1, \sqrt{3})$ であるから

$$\sin\frac{2}{3}\pi = \frac{\sqrt{3}}{2}, \quad \cos\frac{2}{3}\pi = -\frac{1}{2}, \quad \tan\frac{2}{3}\pi = -\sqrt{3}$$

(2) $-\dfrac{\pi}{4} = -45°$ である。(1)と同様に考えると $P(1, -1)$ であるから

$$\sin\left(-\frac{\pi}{4}\right) = -\frac{1}{\sqrt{2}}, \quad \cos\left(-\frac{\pi}{4}\right) = \frac{1}{\sqrt{2}}, \quad \tan\left(-\frac{\pi}{4}\right) = -1$$

問題 1　次の角の三角関数の値を求めなさい。

(1) $\dfrac{\pi}{6}$　　　(2) $\dfrac{5}{6}\pi$　　　(3) $\dfrac{\pi}{4}$　　　(4) $\dfrac{3}{4}\pi$

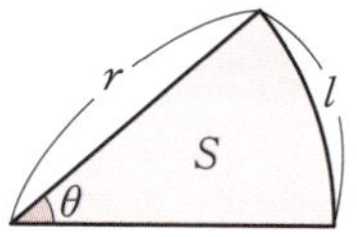

三角関数と単位円

原点を中心とする半径1の円を**単位円**という。単位円上の点 $P(x,\ y)$ を用いた場合，$r=1$ であるから，三角関数は次のように表すことができる。

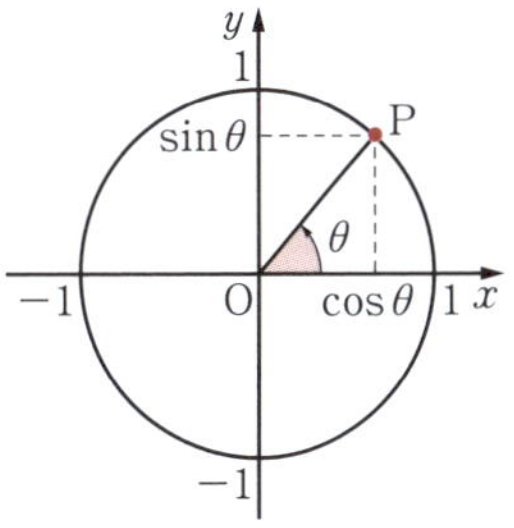

単位円による三角関数

$$\sin\theta=y \qquad \cos\theta=x \qquad \tan\theta=\frac{y}{x}$$

点Pが単位円の円周上を動くとき，$-1\leqq\sin\theta\leqq1$，$-1\leqq\cos\theta\leqq1$ である。三角関数の値は，円の半径に関係なく角 θ だけで決まるのであったから，$\sin\theta$，$\cos\theta$，$\tan\theta$ の値の符号および変域は次のようになる。

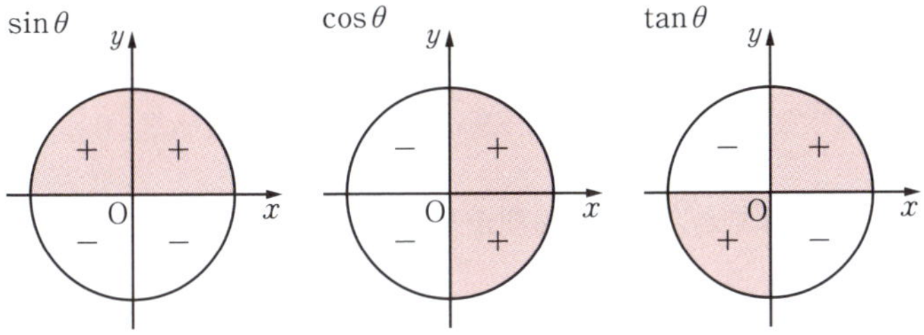

$-1\leqq\sin\theta\leqq1$　　$-1\leqq\cos\theta\leqq1$　　$\tan\theta$ は実数全体

補足
例題1(1)の図を単位円で表すと

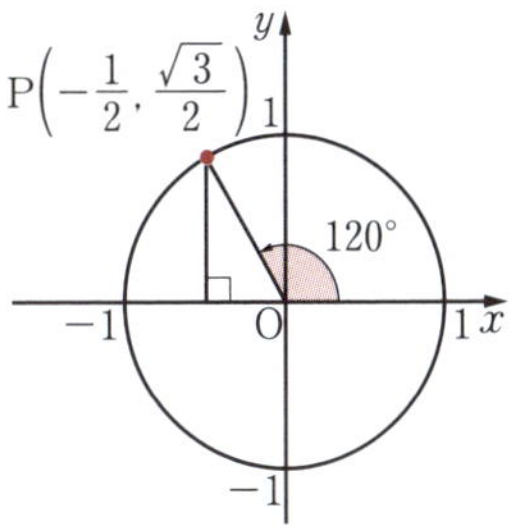

三角関数の性質

三角関数の性質

$$\sin(-\theta)=-\sin\theta \qquad \cos(-\theta)=\cos\theta$$
$$\tan(-\theta)=-\tan\theta$$
$$\sin\left(\theta+\frac{\pi}{2}\right)=\cos\theta \qquad \sin\left(\frac{\pi}{2}-\theta\right)=\cos\theta$$
$$\cos\left(\theta+\frac{\pi}{2}\right)=-\sin\theta \qquad \cos\left(\frac{\pi}{2}-\theta\right)=\sin\theta$$

補足
θ が0に近いときは
　$\sin\theta\cong\theta$
　$\cos\theta\cong1$
例：$\sin(0.5)\fallingdotseq0.5$
$\sin(0.5)$ の実際の値は
$\sin(0.5)=0.47942553\cdots$

◆◆◆◆◆ 練習問題 ◆◆◆◆◆ EXERCISE

1 次の角を，度はラジアンで，ラジアンは度で表しなさい。

(1) 30°　(2) 60°　(3) 90°　(4) 120°　(5) 150°

(6) $\dfrac{\pi}{3}$　(7) π　(8) $\dfrac{4}{3}\pi$　(9) $\dfrac{7}{4}\pi$　(10) 2π

2 次の角の三角関数の値を求めなさい。

(1) $\dfrac{5}{4}\pi$　(2) $\dfrac{11}{6}\pi$　(3) π　(4) $\dfrac{\pi}{2}$

3 三角関数のグラフ

$y=\sin\theta$ のグラフ

角 θ の動径と単位円との交点をＰとすると，Ｐの y 座標が $\sin\theta$ であった。このことを用いて関数 $y=\sin\theta$ のグラフをかくと次のようになる。

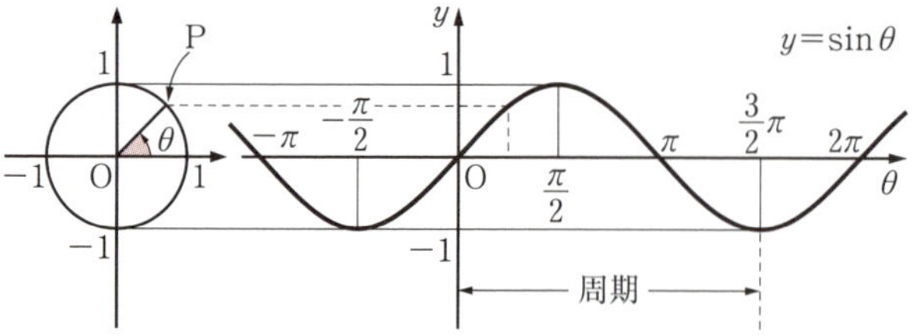

関数 $y=\sin\theta$ の性質

① 定義域（θ のとり得る範囲） 実数全体
値域（y のとり得る範囲） $-1\leqq y\leqq 1$

② 三角関数の定義から，$\sin(\theta+2\pi)=\sin\theta$ であるので，周期が 2π の周期関数である

③ 三角関数の性質から，$\sin(-\theta)=-\sin\theta$ であるので，奇関数である。したがって，グラフは原点対称である。

補足
横軸は θ であることに注意。

補足…周期
$f(x+p)=f(x)$ $(p\neq 0)$
を満たす関数 $f(x)$ を周期 p の周期関数という。
$2p$，$3p$，$-p$ なども周期となる。周期のうち正の最小値を基本周期という。基本周期を単に周期ということが多い。本書でも同様とする。

奇関数
$f(-x)=-f(x)$
を満たす関数 $f(x)$ を奇関数という。グラフは原点に関して対称。
例：$f(x)=x$，$f(x)=x^3$

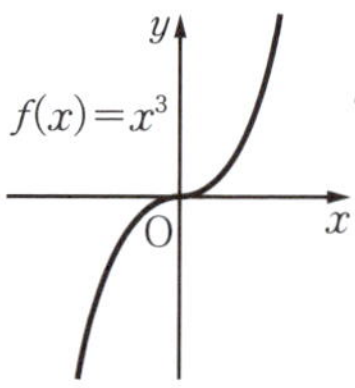

$y=\cos\theta$ のグラフ

角 θ の動径と単位円の交点をＰとすると，Ｐの x 座標が $\cos\theta$ であった。このことを用いて関数 $y=\cos\theta$ のグラフをかくと次のようになる。

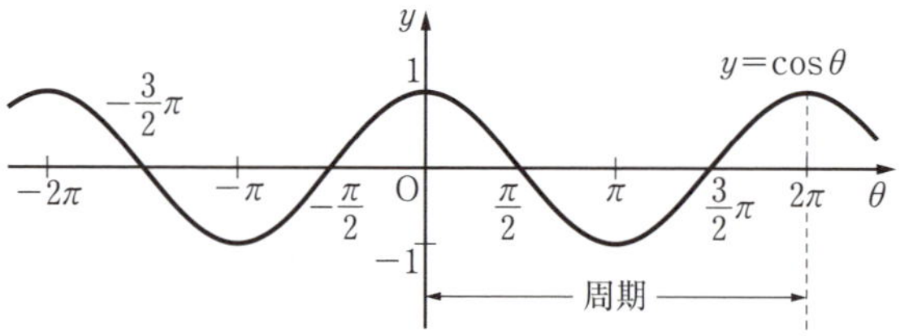

関数 $y=\cos\theta$ の性質

① 定義域 実数全体
値域 $-1\leqq y\leqq 1$

② 三角関数の定義から，$\cos(\theta+2\pi)=\cos\theta$ であるので，周期が 2π の周期関数である。

③ 三角関数の性質から，$\cos(-\theta)=\cos\theta$ であるので，偶関数である。したがって，グラフは y 軸対称である。

偶関数
$f(-x)=f(x)$
を満たす関数 $f(x)$ を偶関数という。グラフは y 軸に関して対称。
例：$f(x)=x^2$，$f(x)=x^4$

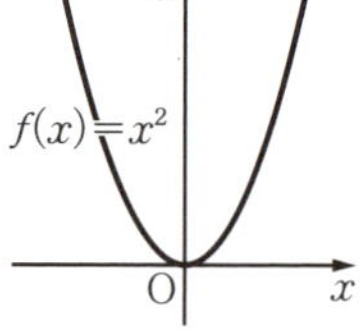

$y=\tan\theta$ のグラフ

角 θ の動径と単位円の交点をＰ，直線 OP と直線 $x=1$ の交点をＴと

すると，T の座標は $(1,\ \tan\theta)$ である。このことを用いて関数 $y=\tan\theta$ のグラフが得られる

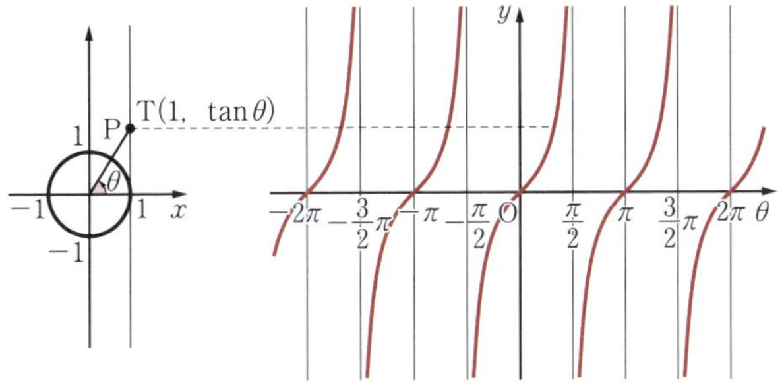

関数 $y=\tan\theta$ の性質

① 定義域 $\theta \neq \dfrac{\pi}{2}+n\pi$ である実数（n は整数），値域 $-\infty<y<\infty$

② 三角関数の定義から，$\tan(\theta+\pi)=\tan\theta$ であるので，周期が π の周期関数

③ 三角関数の性質から，$\tan(-\theta)=-\tan\theta$ であるので，奇関数である。したがって，グラフは原点対称

④ 漸近線は $\theta=\dfrac{\pi}{2}+n\pi$（$n$ は整数）

漸近線
曲線が限りなく近づいていく直線のこと。

例題 1 $y=\sin\theta$ のグラフとの関係を示し，次の関数のグラフをかきなさい。

(1) $y=\sin\left(\theta-\dfrac{\pi}{3}\right)$　　(2) $y=\sin\left(\theta+\dfrac{\pi}{2}\right)$

解答 (1) $y=\sin\left(\theta-\dfrac{\pi}{3}\right)$ のグラフは $y=\sin\theta$ のグラフを θ 軸方向に $\dfrac{\pi}{3}$ 平行移動したもの。

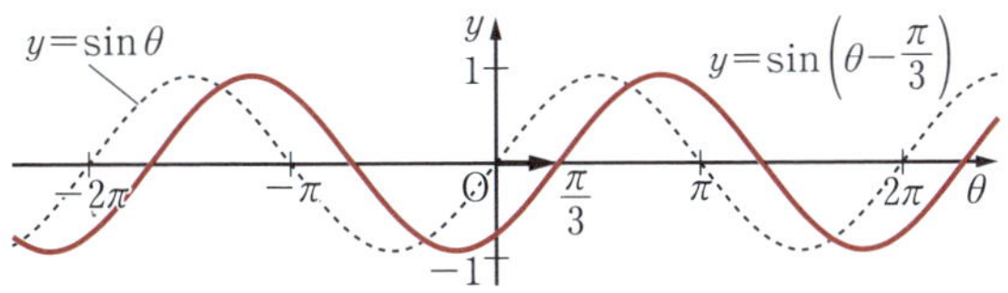

(2) $y=\sin\left(\theta+\dfrac{\pi}{2}\right)$ のグラフは $y=\sin\theta$ のグラフを θ 軸方向に $-\dfrac{\pi}{2}$ 平行移動したもの。

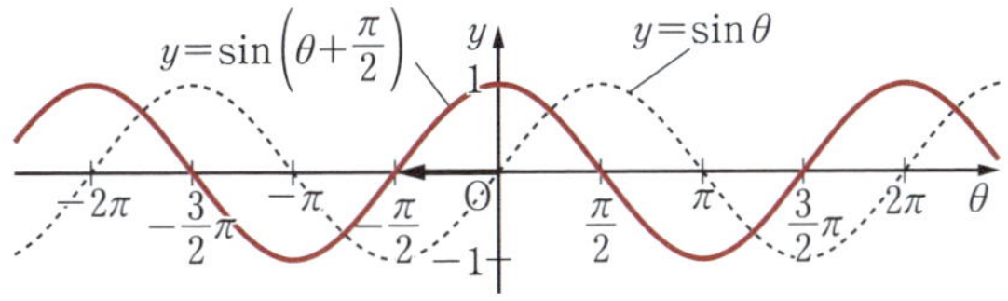

補足
$y=\sin\left(\theta+\dfrac{\pi}{2}\right)$ のグラフと $y=\cos\theta$ のグラフは一致する。つまり，$y=\sin\theta$ のグラフと $y=\cos\theta$ のグラフの形は同じで，平行移動すれば重なり合う関係にある。

$\sin\left(\theta+\dfrac{\pi}{2}\right)=\cos\theta$

■ **問題 1** ■　$y=\cos\theta$ のグラフとの関係を示し，次の関数のグラフをかきなさい。

(1)　$y=\cos\left(\theta-\dfrac{\pi}{3}\right)$　　(2)　$y=\cos\left(\theta-\dfrac{\pi}{2}\right)$

例題 2　次の関数の周期を求めなさい。ただし T $(\neq 0)$ は定数とする。

(1)　$y=\sin 2\theta$　　(2)　$y=\sin\dfrac{\theta}{2}$　　(3)　$y=\sin\dfrac{2\pi}{T}\theta$

解答　(1)　$y=\sin 2\theta$ のグラフは，周期が 2π である $y=\sin\theta$ のグラフを θ 軸方向に $\dfrac{1}{2}$ 倍したもの。したがって周期は π

別解
$f(\theta)=\sin 2\theta$
$=\sin(2\theta+2\pi)$
$=\sin\{2(\theta+\pi)\}$
$=f(\theta+\pi)$
より周期は π

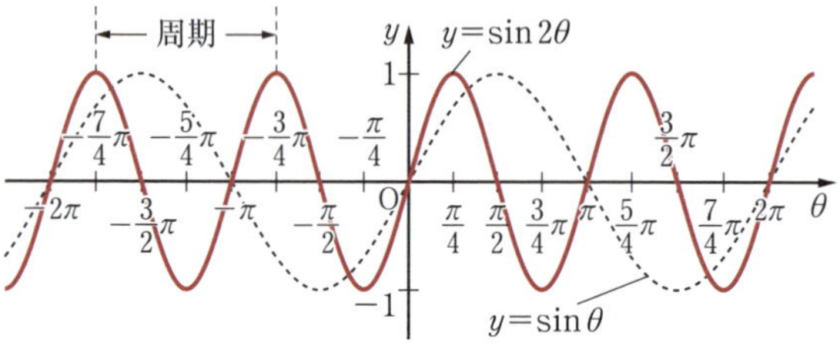

(2)　$y=\sin\dfrac{\theta}{2}$ のグラフは $y=\sin\theta$ のグラフを θ 軸方向に 2 倍したもの。したがって周期は 4π

別解
$f(\theta)=\sin\dfrac{\theta}{2}$
$=\sin\left(\dfrac{\theta}{2}+2\pi\right)$
$=\sin\left\{\dfrac{1}{2}(\theta+4\pi)\right\}$
$=f(\theta+4\pi)$
より周期は 4π

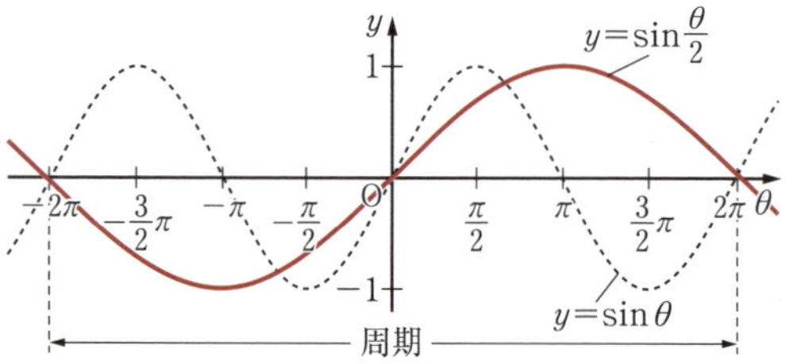

(3)　$y=\sin\dfrac{2\pi}{T}\theta$ のグラフは，$y=\sin\theta$ のグラフを θ 軸方向に $\dfrac{T}{2\pi}$ 倍したもの。したがって周期は $2\pi\times\dfrac{T}{2\pi}=T$

■ **問題 2** ■　次の関数の周期を求めなさい。ただし T $(\neq 0)$ は定数とする。

(1)　$y=\cos 4\theta$　　(2)　$y=\cos\dfrac{\theta}{4}$　　(3)　$y=\cos\dfrac{2\pi}{T}\theta$

例題 3　関数 $y=2\cos\theta$ の最大値と最小値を求めなさい。

解答　$y=2\cos\theta$ のグラフは，$y-\cos\theta$ のグラフを y 軸方向に 2 倍したものであるから，$y=2\cos\theta$ の値域は　$-2\leqq y\leqq 2$

よって，$y=2\cos\theta$ の最大値は 2，最小値は -2

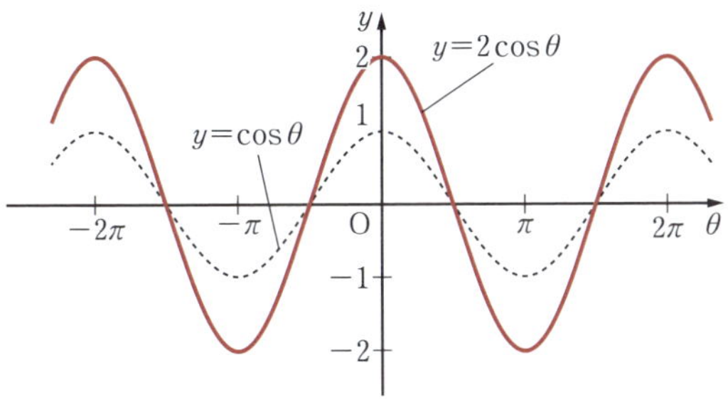

■ **問題 3** ■　関数 $y=3\sin\theta$ の最大値と最小値を求めなさい。

◆◆◆◆◆ 練習問題 ◆◆◆◆◆ EXERCISE

■ **1** ■　次の関数のグラフをかきなさい。

(1)　$y=\sin\left(\theta-\frac{\pi}{4}\right)$　　(2)　$y=\cos\left(\theta-\frac{\pi}{4}\right)$

(3)　$y=\tan\left(\theta-\frac{\pi}{4}\right)$

■ **2** ■　$y=\sin\theta$ のグラフとの関係を示し，次の関数のグラフをかきなさい。

(1)　$y=\sin\frac{\theta}{3}$　　(2)　$y=\sin\left(\frac{\theta}{2}-\pi\right)$

■ **3** ■　次の関数の最大値と最小値を求めなさい。

(1)　$y=5\sin\theta$　　(2)　$y=5\sin\frac{\theta}{2}$

(3)　$y=3\cos\theta$　　(4)　$y=2\cos\theta+1$

(5)　$y=-5\sin\theta$

4 三角関数の方程式・不等式

三角関数に関する方程式や不等式を解くときには，三角関数の値が一つ指定されてもそれを満たす角が無数にあることに注意が必要である。

例題 1 $\sin\theta=\dfrac{1}{2}$ を満たす θ を次の範囲で求めなさい。

(1) $0\leqq\theta<2\pi$　　(2) 一般角

解答 $y=\sin\theta$ と $y=\dfrac{1}{2}$ の2つのグラフの交点の θ 座標であるから

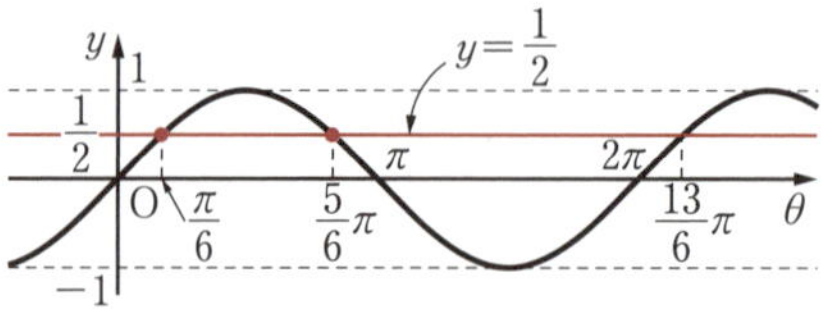

(1) $\theta=\dfrac{\pi}{6},\ \dfrac{5}{6}\pi$

(2) 一般角では，$\theta=\dfrac{\pi}{6}+2n\pi,\ \dfrac{5}{6}\pi+2n\pi$　（n は整数）

補足
単位円で考えると下図。

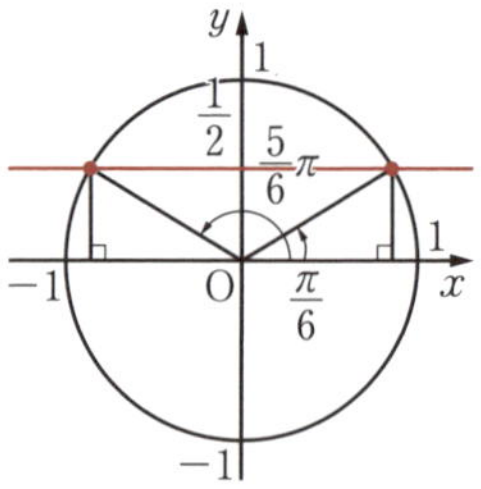

問題 1 $\cos\theta=-\dfrac{\sqrt{3}}{2}$ を満たす θ を次の範囲で求めなさい。

(1) $0\leqq\theta<2\pi$　　(2) 一般角

例題 2 $\tan\theta=\sqrt{3}$ を満たす θ を次の範囲で求めなさい。

(1) $0\leqq\theta<2\pi$　　(2) 一般角

解答 $y=\tan\theta$ と $y=\sqrt{3}$ の2つのグラフの交点の θ 座標であるから

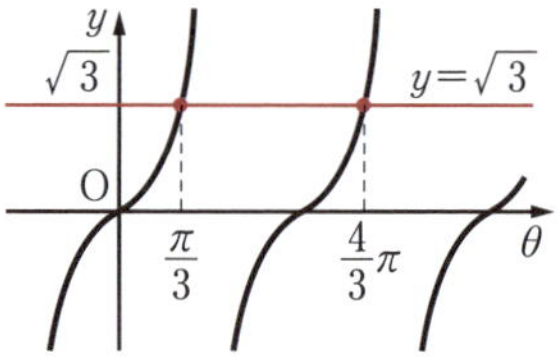

(1) $\theta=\dfrac{\pi}{3},\ \dfrac{4}{3}\pi$

(2) 一般角では，$\theta=\dfrac{\pi}{3}+n\pi$　（n は整数）

補足
単位円で考えると下図。

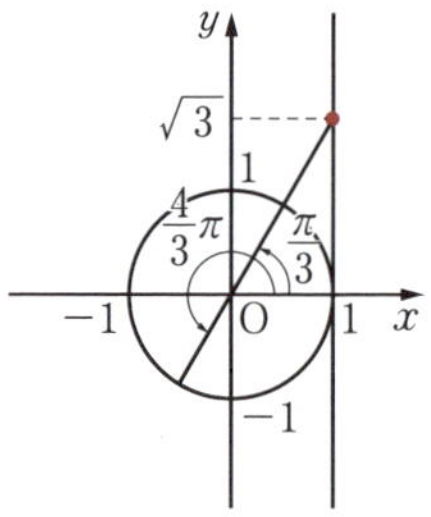

問題 2 $\tan\theta=-\dfrac{1}{\sqrt{3}}$ を満たす θ を次の範囲で求めなさい。

(1) $0\leqq\theta<2\pi$　　(2) 一般角

例題 3 次の方程式を満たす θ を $0 \leqq \theta < 2\pi$ の範囲で求めなさい。

$$2\sin^2\theta - \sin\theta - 1 = 0$$

解答 $\sin\theta = t$ とおくと $2t^2 - t - 1 = 0$

$(2t+1)(t-1) = 0$ より $t = -\frac{1}{2},\ 1$

$\sin\theta = -\frac{1}{2}$ のとき $\theta = \frac{7}{6}\pi,\ \frac{11}{6}\pi$

$\sin\theta = 1$ のとき $\theta = \frac{\pi}{2}$

補足
$\sin\theta = t$ とおくと，t の 2 次方程式となる。

問題 3 次の方程式を満たす θ を $0 \leqq \theta < 2\pi$ の範囲で求めなさい。

$$2\sin^2\theta + \cos\theta - 2 = 0$$

ヒント
$\sin^2\theta = 1 - \cos^2\theta$
を用いて $\cos\theta = t$ とおくと，
t の 2 次方程式となる

例題 4 次の不等式を満たす θ を $0 \leqq \theta < 2\pi$ の範囲で求めなさい。

(1) $\sin\theta > \frac{1}{\sqrt{2}}$ (2) $\tan\theta < \sqrt{3}$

解答 (1) $y = \sin\theta$ のグラフが $y = \frac{1}{\sqrt{2}}$ のグラフの上側にある θ 座標の範囲であるから

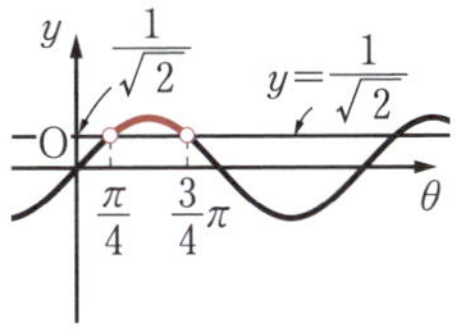

$\frac{\pi}{4} < \theta < \frac{3}{4}\pi$

(2) $y = \tan\theta$ のグラフが $y = \sqrt{3}$ のグラフの下側にある θ 座標の範囲であるから

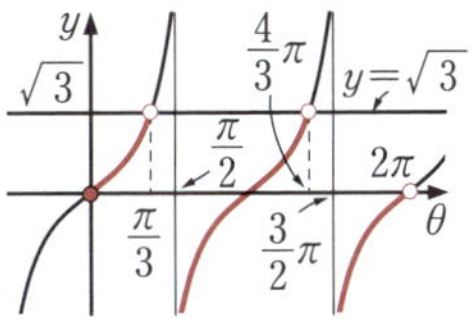

$0 \leqq \theta < \frac{\pi}{3},\ \frac{\pi}{2} < \theta < \frac{4}{3}\pi,$

$\frac{3}{2}\pi < \theta < 2\pi$

問題 4 次の方程式を満たす θ を $0 \leqq \theta < 2\pi$ の範囲で求めなさい。

(1) $\cos\theta \leqq \frac{1}{\sqrt{2}}$ (2) $\tan\theta < 1$

5 加法定理

加法定理

2つの角 α と β の和 $\alpha+\beta$ や差 $\alpha-\beta$ の三角関数は次のように表される。これらの関係を加法定理という。

加法定理

① $\sin(\alpha+\beta)=\sin\alpha\cos\beta+\cos\alpha\sin\beta$

② $\sin(\alpha-\beta)=\sin\alpha\cos\beta-\cos\alpha\sin\beta$

③ $\cos(\alpha+\beta)=\cos\alpha\cos\beta-\sin\alpha\sin\beta$

④ $\cos(\alpha-\beta)=\cos\alpha\cos\beta+\sin\alpha\sin\beta$

例題 1 $\sin\frac{5\pi}{12}$ の値を求めなさい。

補足

$\frac{5\pi}{12}=75°=30°+45°$

$=\frac{\pi}{6}+\frac{\pi}{4}$

解答 $\sin\frac{5\pi}{12}=\sin\left(\frac{\pi}{6}+\frac{\pi}{4}\right)=\sin\frac{\pi}{6}\cos\frac{\pi}{4}+\cos\frac{\pi}{6}\sin\frac{\pi}{4}$

$$=\frac{1}{2}\cdot\frac{1}{\sqrt{2}}+\frac{\sqrt{3}}{2}\cdot\frac{1}{\sqrt{2}}=\frac{1+\sqrt{3}}{2\sqrt{2}}=\frac{\sqrt{2}+\sqrt{6}}{4}$$

問題 1 $\sin\frac{7\pi}{12}$ の値を求めなさい。

例題 2 $\tan\frac{5\pi}{12}$ の値を求めなさい。

補足

$\tan(\alpha+\beta)=\frac{\sin(\alpha+\beta)}{\cos(\alpha+\beta)}$

解答 まず $\cos\frac{5\pi}{12}$ を例題1と同様に求めると

$$\cos\frac{5\pi}{12}=\cos\left(\frac{\pi}{6}+\frac{\pi}{4}\right)=\cos\frac{\pi}{6}\cos\frac{\pi}{4}-\sin\frac{\pi}{6}\sin\frac{\pi}{4}$$

$$=\frac{\sqrt{3}}{2}\cdot\frac{1}{\sqrt{2}}-\frac{1}{2}\cdot\frac{1}{\sqrt{2}}=\frac{\sqrt{3}-1}{2\sqrt{2}}=\frac{\sqrt{6}-\sqrt{2}}{4}$$

よって

$$\tan\frac{5\pi}{12}=\frac{\sin\frac{5\pi}{12}}{\cos\frac{5\pi}{12}}=\frac{\frac{\sqrt{2}+\sqrt{6}}{4}}{\frac{\sqrt{6}-\sqrt{2}}{4}}=\frac{\sqrt{2}+\sqrt{6}}{\sqrt{6}-\sqrt{2}}=2+\sqrt{3}$$

問題 2 $\tan\frac{7\pi}{12}$ の値を求めなさい。

2倍角の公式と半角の公式

加法定理①，③で $\alpha=\beta$ とおくと，次の2倍角の公式が得られる。

2倍角の公式

$$\sin 2\alpha = 2\sin\alpha\cos\alpha$$

$$\begin{aligned}\cos 2\alpha &= \cos^2\alpha - \sin^2\alpha \\ &= 2\cos^2\alpha - 1 \\ &= 1 - 2\sin^2\alpha\end{aligned}$$

$\cos 2\alpha$ の式を変形すると

$$\cos^2\alpha = \frac{1+\cos 2\alpha}{2}, \qquad \sin^2\alpha = \frac{1-\cos 2\alpha}{2}$$

が得られる。この式は積分計算でよく活用される。

この式で α を $\frac{\alpha}{2}$ に置き換えると次の半角の公式を得る。

半角の公式

$$\cos^2\frac{\alpha}{2} = \frac{1+\cos\alpha}{2} \qquad \sin^2\frac{\alpha}{2} = \frac{1-\cos\alpha}{2}$$

例題 3 $0 \leqq \alpha \leqq \frac{\pi}{2}$ で $\cos\alpha = \frac{2}{5}$ のとき，次の値を求めなさい。

(1) $\sin 2\alpha$　　(2) $\cos 2\alpha$

解答 $0 \leqq \alpha \leqq \frac{\pi}{2}$ では　$\sin\alpha = \sqrt{1-\cos^2\alpha} = \sqrt{1-\left(\frac{2}{5}\right)^2} = \frac{\sqrt{21}}{5}$

よって

(1) $\sin 2\alpha = 2\sin\alpha\cos\alpha = 2\cdot\frac{\sqrt{21}}{5}\cdot\frac{2}{5} = \frac{4\sqrt{21}}{25}$

(2) $\cos 2\alpha = 2\cos^2\alpha - 1 = 2\cdot\left(\frac{2}{5}\right)^2 - 1 = -\frac{17}{25}$

問題 3 $\frac{\pi}{2} \leqq \alpha \leqq \pi$ で $\cos\alpha = -\frac{1}{3}$ のとき，次の値を求めなさい。

(1) $\sin 2\alpha$　　(2) $\cos 2\alpha$

例題 4 半角の公式を用いて次の値を求めなさい。

(1) $\sin\dfrac{\pi}{12}$　　(2) $\cos\dfrac{\pi}{12}$

解答 (1) $\sin^2\dfrac{\pi}{12}=\dfrac{1-\cos\dfrac{\pi}{6}}{2}=\dfrac{1-\dfrac{\sqrt{3}}{2}}{2}=\dfrac{2-\sqrt{3}}{4}$

$\sin\dfrac{\pi}{12}>0$ より

$$\sin\frac{\pi}{12}=\sqrt{\frac{2-\sqrt{3}}{4}}=\sqrt{\frac{4-2\sqrt{3}}{8}}=\frac{\sqrt{3}-1}{2\sqrt{2}}=\frac{\sqrt{6}-\sqrt{2}}{4}$$

(2) $\cos^2\dfrac{\pi}{12}=\dfrac{1+\cos\dfrac{\pi}{6}}{2}=\dfrac{1+\dfrac{\sqrt{3}}{2}}{2}=\dfrac{2+\sqrt{3}}{4}$

$\cos\dfrac{\pi}{12}>0$ より

$$\cos\frac{\pi}{12}=\sqrt{\frac{2+\sqrt{3}}{4}}=\sqrt{\frac{4+2\sqrt{3}}{8}}=\frac{\sqrt{3}+1}{2\sqrt{2}}=\frac{\sqrt{6}+\sqrt{2}}{4}$$

問題 4 半角の公式を用いて次の値を求めなさい。

(1) $\sin\dfrac{\pi}{8}$　　(2) $\cos\dfrac{\pi}{8}$

三角関数の合成

$y=a\sin\theta+b\cos\theta$ という 2 つの式の和で与えられる関数は，次のようにして 1 つの式で表すことができる。

三角関数の合成

$$a\sin\theta+b\cos\theta=\sqrt{a^2+b^2}\sin(\theta+\alpha)$$

$$a\sin\theta+b\cos\theta=\sqrt{a^2+b^2}\left(\frac{a}{\sqrt{a^2+b^2}}\sin\theta+\frac{b}{\sqrt{a^2+b^2}}\cos\theta\right)$$

より

$$\cos\alpha=\frac{a}{\sqrt{a^2+b^2}},\quad \sin\alpha=\frac{b}{\sqrt{a^2+b^2}}$$

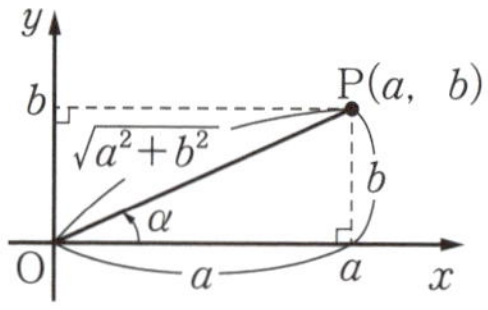

を満たす角 α に対して

$$a\sin\theta+b\cos\theta=\sqrt{a^2+b^2}(\sin\theta\cos\alpha+\cos\theta\sin\alpha)$$
$$=\sqrt{a^2+b^2}\sin(\theta+\alpha)$$

補足
加法定理より
$\sin\theta\cos\alpha+\cos\theta\sin\alpha$
$=\sin(\theta+\alpha)$

例題 5 次の式を $r\sin(\theta+\alpha)$ の形に変形しなさい。

(1) $\sin\theta+\cos\theta$　　　(2) $\sin\theta-\sqrt{3}\cos\theta$

解答 (1) $\sin\theta+\cos\theta$

$=\sqrt{2}\left(\sin\theta\cdot\dfrac{1}{\sqrt{2}}+\cos\theta\cdot\dfrac{1}{\sqrt{2}}\right)$

$=\sqrt{2}\left(\sin\theta\cdot\cos\dfrac{\pi}{4}+\cos\theta\cdot\sin\dfrac{\pi}{4}\right)$

$=\sqrt{2}\sin\left(\theta+\dfrac{\pi}{4}\right)$

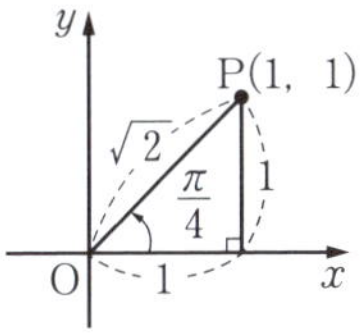

(2) $\sin\theta-\sqrt{3}\cos\theta$

$=2\left(\sin\theta\cdot\dfrac{1}{2}+\cos\theta\cdot\left(-\dfrac{\sqrt{3}}{2}\right)\right)$

$=2\left(\sin\theta\cdot\cos\dfrac{5}{3}\pi+\cos\theta\cdot\sin\dfrac{5}{3}\pi\right)$

$=2\sin\left(\theta+\dfrac{5}{3}\pi\right)$

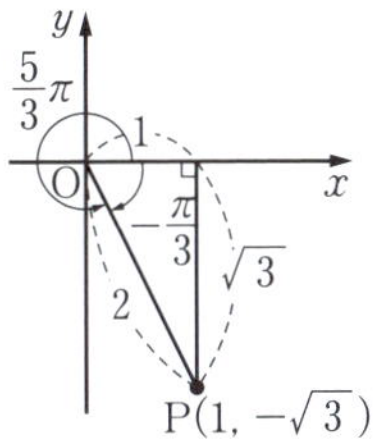

補足

(1) $\sin\theta$ と $\cos\theta$ の2つの波が合わさると，$\sqrt{2}\sin\left(\theta+\dfrac{\pi}{4}\right)$ という新たな波ができる。

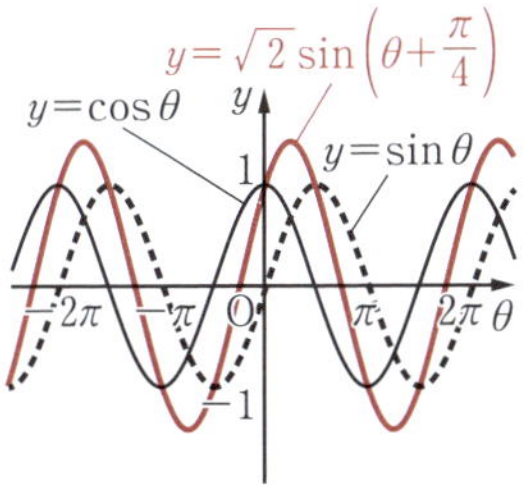

(2)

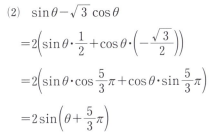

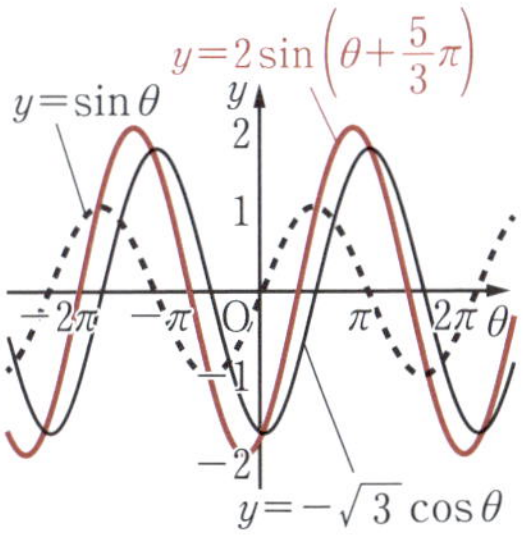

■ 問題 5 ■ 次の式を $r\sin(\theta+\alpha)$ の形に変形しなさい。

(1) $\sqrt{3}\sin\theta+\cos\theta$　　　(2) $\dfrac{5}{\sqrt{2}}\sin\theta+\dfrac{5}{\sqrt{2}}\cos\theta$

例題 6 $y=\sin\theta+\cos\theta$ の最大値，最小値を求めなさい。

解答 例題5より　$\sin\theta+\cos\theta=\sqrt{2}\sin\left(\theta+\dfrac{\pi}{4}\right)$

よって，$y=\sin\theta+\cos\theta$ の最大値は $\sqrt{2}$，最小値は $-\sqrt{2}$

■ 問題 6 ■ $y=\sqrt{3}\sin\theta+\cos\theta$ の最大値，最小値を求めなさい。

◆◆◆◆◆ 練習問題 ◆◆◆◆◆ EXERCISE

■ 1 ■ 次の式を $r\sin(\theta+\alpha)$ の形に変形しなさい。

(1) $\sin\theta-\cos\theta$　　　(2) $\sqrt{3}\sin\theta-\cos\theta$

■ 6 ■ 極座標

極座標（2 次元）

平面上に原点Oと半直線OXを定めると，この平面上の任意の点Pの位置は，OPの長さ r と，OXから半直線OPへ反時計回りに測った角 θ で決まる。このとき，2つの組 $(r,\ \theta)$ を**極座標**といい，原点Oを**極**，半直線OXを**始線**，各 θ を**偏角**という。平面上の点Pの，直交座標による表現 $(x,\ y)$ と，極座標による表現 $(r,\ \theta)$ の間には次の関係が成り立つ。

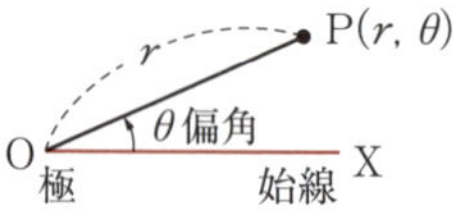

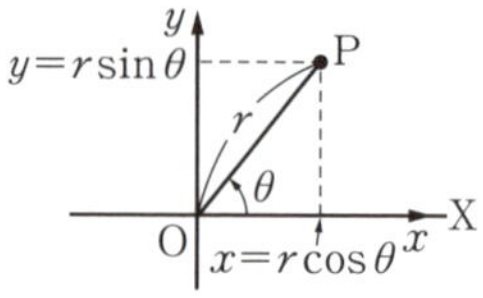

補足
偏角は一般角である。また，極Oの偏角は任意の角 θ とし，その極座標は $(0,\ \theta)$ と定める。

極座標と直交座標の関係（2 次元）

$$x=r\cos\theta,\ y=r\sin\theta \qquad r=\sqrt{x^2+y^2}$$

極座標が $(r,\ \theta)$ の点と $(r,\ \theta+2\pi)$ の点は同じである。一般に，極座標が与えられるとその点はただ1つ定まるが，ある点に対してその極座標は1通りに定まらないことに注意を要する。

例題 1　直交座標で $(-1,\ \sqrt{3})$ と表される点を極座標 $(r,\ \theta)$ で表しなさい。ただし，偏角 θ は $0\leqq\theta<2\pi$ の範囲で求めなさい。

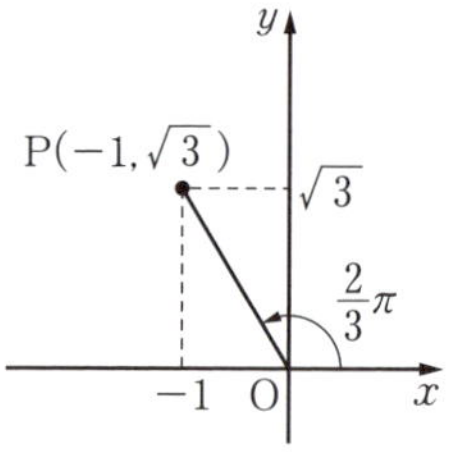

解答　$r=\sqrt{(-1)^2+(\sqrt{3})^2}=2$

$\cos\theta=-\dfrac{1}{2}$，$\sin\theta=\dfrac{\sqrt{3}}{2}$　　$0\leqq\theta<2\pi$ より　$\theta=\dfrac{2}{3}\pi$

よって　$\left(2,\ \dfrac{2}{3}\pi\right)$

■ 問題 1 ■　直交座標で $(1,\ -\sqrt{3})$ と表される点を極座標 $(r,\ \theta)$ で表しなさい。ただし，偏角 θ は $0\leqq\theta<2\pi$ の範囲で求めなさい。

例題 2　極座標で $\left(2,\ \dfrac{\pi}{6}\right)$ と表される点を直交座標 $(x,\ y)$ で表しなさい。

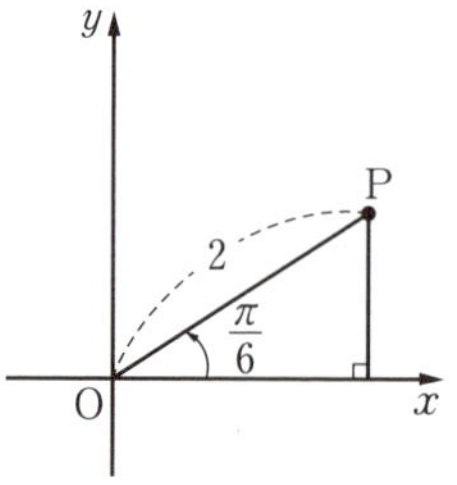

解答　$x=2\cos\dfrac{\pi}{6}=\sqrt{3}$，$y=2\sin\dfrac{\pi}{6}=1$　より　$(\sqrt{3},\ 1)$

■ **問題 2** ■　極座標で$\left(8,\ \frac{2}{3}\pi\right)$と表される点を直交座標$(x,\ y)$で表しなさい。

■ 極座標（3 次元）

3 次元では，下図のように線分 OP の長さ r と 2 つの偏角（θ と φ）を定めると，空間上の点 P の位置を組$(r,\ \theta,\ \varphi)$で表すことができる。組$(r,\ \theta,\ \varphi)$を点 P の**球面座標**という。空間上の点 P の球面座標による表現$(r,\ \theta,\ \varphi)$と直交座標による表現$(x,\ y,\ z)$の間には次の関係がある。

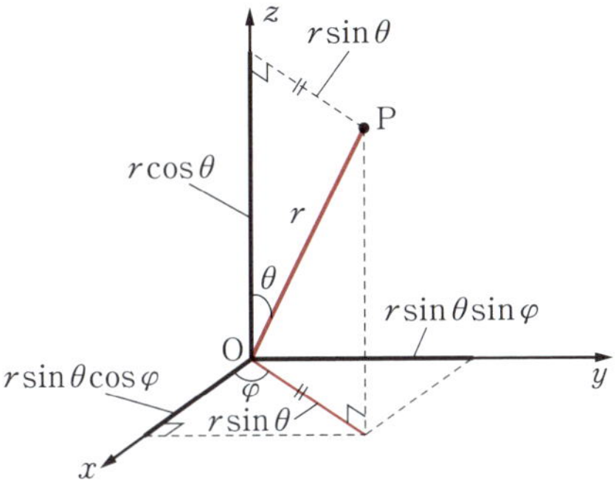

極座標と直交座標の関係（3 次元）

$$x=r\sin\theta\cos\varphi,\ \ y=r\sin\theta\sin\varphi,\ \ z=r\cos\theta$$
$$r=\sqrt{x^2+y^2+z^2}$$

補足
φ はファイと読む。

補足
球面座標 を3 次元極座標ともいう。

補足…円柱座標
3 次元の座標系には，次のようなものもある。

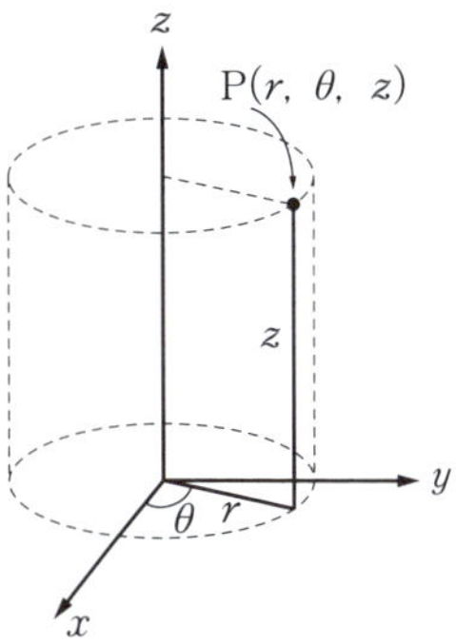

円柱座標系の点 $P(r,\ \theta,\ z)$ と直交座標系 $P(x,\ y,\ z)$ の間の関係は

$x=r\cos\theta$
$y=r\sin\theta$
$z=z$

例題 3　球面座標で$\left(2,\ \frac{\pi}{6},\ \frac{\pi}{3}\right)$と表される点を直交座標$(x,\ y,\ z)$で表しなさい。

解答　$x=r\sin\theta\cos\varphi=2\sin\frac{\pi}{6}\cos\frac{\pi}{3}=\frac{1}{2}$

$y=r\sin\theta\sin\varphi=2\sin\frac{\pi}{6}\sin\frac{\pi}{3}=\frac{\sqrt{3}}{2}$

$z=r\cos\theta=2\cos\frac{\pi}{6}=\sqrt{3}$

よって　$\left(\frac{1}{2},\ \frac{\sqrt{3}}{2},\ \sqrt{3}\right)$

■ **問題 3** ■　球面座標で$\left(5,\ \frac{\pi}{4},\ \frac{\pi}{3}\right)$と表される点を直交座標$(x,\ y,\ z)$で表しなさい。

7 円運動と単振動

円運動の座標

円周上を回転する点Pの運動を円運動という。円の半径を r とし，中心Oを原点，Pの座標を $(x,\ y)$ とする。線分POが x 軸の正の部分と作る角を θ とすると

$x=r\cos\theta,\ y=r\sin\theta$ である。

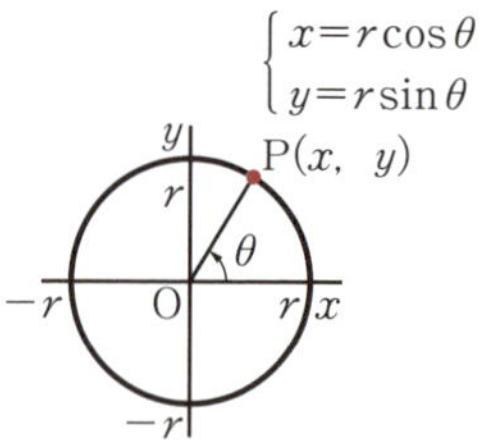

位相・初期位相

θ を時間 t の関数として $\theta(t)$ と書くと，Pの座標は $x=r\cos\theta(t)$, $y=r\sin\theta(t)$ となる。$\theta(t)$ を位相と呼ぶ。

定義…初期位相
$t=0$ のときの位相 $\theta(0)$ を初期位相という。

補足…等速円運動
物体が円周上を一定の速さで運動するとき，この運動を等速円運動という。このとき，$\theta(t)$ は1次式である。

座標の書き方

点 $(x,\ y)$ の座標を書き表すのに，いろいろな方法がある。

(1) $P(x,\ y)$ の座標 $x=r\cos\theta(t)$, $y=r\sin\theta(t)$
のように書く。

(2) $P(x(t),\ y(t))$ とする。$x(t)=r\cos\theta(t)$, $y(t)=r\sin\theta(t)$

(3) $P(r\cos\theta(t),\ r\sin\theta(t))$
と，直接書く。

参考
$P(x(t),\ y(t))$ と書くと，x も y も t の関数であることが明確になる。

例題 1 円運動する点Pの座標が $x(t)=r\cos2\pi t$, $y(t)=r\sin2\pi t$ のとき，次の問いに答えなさい。

(1) 位相 $\theta(t)$ を式で表しなさい。

(2) $\theta(0)$, $\theta\left(\frac{1}{3}\right)$, $\theta\left(\frac{2}{3}\right)$, $\theta(1)$ の値を求めなさい。

(3) 点Pの運動を(2)で求めた値を使って説明する図をかきなさい。

解答 (1) $\theta(t)=2\pi t$

(2) $\theta(0)=0$,

$\theta\left(\frac{1}{3}\right)=\frac{2}{3}\pi$,

$\theta\left(\frac{2}{3}\right)=\frac{4}{3}\pi$,

$\theta(1)=2\pi$

(3) 右図。

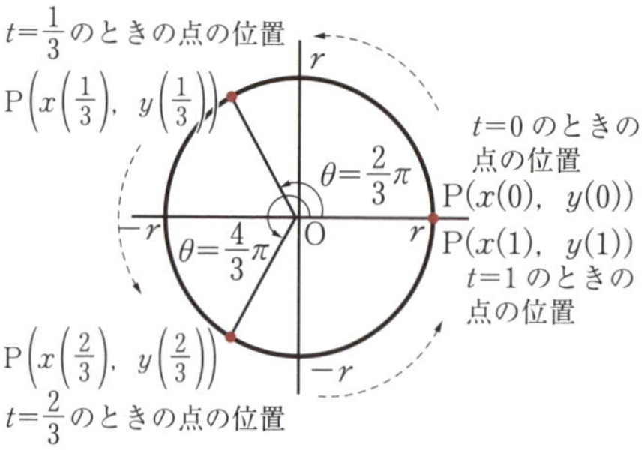

注意
$t=0$ のとき，Pは座標 $(r,\ 0)$ の点だから，x 軸の正の部分にある。

■ **問題 1** ■ 点Pの座標が $x(t)=3\cos\left(4\pi t+\frac{\pi}{4}\right)$,

$y(t)=3\sin\left(4\pi t+\frac{\pi}{4}\right)$ のとき，次の問いに答えなさい。

(1) $\theta(t)$ および $\theta(0)$, $\theta\left(\frac{1}{8}\right)$, $\theta\left(\frac{1}{4}\right)$, $\theta\left(\frac{3}{8}\right)$, $\theta\left(\frac{1}{2}\right)$ の値を求めなさい。

(2) 点Pの運動を(1)で求めた値を使って説明する図をかきなさい。

(3) ヨコ軸 t, タテ軸 y として $y=y(t)$ のグラフをかきなさい。

ヒント

(3) $y=3\sin\left(4\pi t+\frac{\pi}{4}\right)$ のグラフをかけばよい。

回転数と周期

単位時間（たとえば1秒，1分，1年等）に何回転するかを回転数という。1回転するのに要する時間を周期という。回転数 f, 周期 T の間には $T=\frac{1}{f}$ の関係があり，$fT=1$ が成り立つ。

例題 2 円運動する点Pの座標が $x(t)=\cos 10\pi t$, $y(t)=\sin 10\pi t$ のとき，点Pの回転数と周期を求めなさい。時間 t の単位は秒とする。

解答 位相 $\theta(0)=0$, $\theta(1)=10\pi$ だから，$0\leqq t\leqq 1$ の間の回転角は 10π。1回転は 2π なので回転数は5，周期は $\frac{1}{5}$ 秒。

ヒント

考え方：位相（角）は，$t=0$ から $t=1$ までにどれだけ変化するか？ その変化は，何回転に相当するか？

■ **問題 2** ■ 点Pの座標 $x(t)=\cos\left(4\pi t+\frac{\pi}{2}\right)$, $y(t)=\sin\left(4\pi t+\frac{\pi}{2}\right)$ とする。t の単位を秒として点Pの1秒当たり回転数と周期を求めなさい。

角速度

等速円運動で，単位時間当たりの位相 $\theta(t)$ の変化を角速度といい，通例 ω で表す。$\omega=\theta(1)-\theta(0)$ である。

注意…角速度の単位

角速度の単位は，rad/s（1秒当たり○ラジアン）など。

例題 3 点 $P\left(r\cos\left(6\pi t+\frac{\pi}{2}\right),\ r\sin\left(6\pi t+\frac{\pi}{2}\right)\right)$ の角速度を求めなさい。

解答 位相 $\theta(t)=6\pi t+\frac{\pi}{2}$ より，角速度 $\omega=\theta(1)-\theta(0)=6\pi$

例題 4 1秒間に回転数2で円運動する点Pの角速度を求めなさい。

解答 2回転は 4π だから，角速度は 4π rad/s である。

参考

角速度 ω とすると，単位時間に位相（角）は ω だけ変化する。1回転分の角は 2π だから，単位時間当たり回転数 f は $f=\frac{\omega}{2\pi}$

■ **問題 3** ■　点Pは原点中心，半径5の円周上を初期位相 $\dfrac{\pi}{4}$，角速度 3π で円運動する。点Pの位相 $\theta(t)$，座標 $x(t)$，$y(t)$ と周期を求めなさい。

■ **問題 4** ■　問題3で $y=y(t)$ のグラフをかきなさい。

参考
T は回転数の逆数だから，周期 T を角速度 ω で表すと
$T=\dfrac{2\pi}{\omega}$

■単振動

円運動する点 $\mathrm{P}(x(t),\ y(t))$ を1つの方向から見ると単振動になる。

例　円運動する点Pの座標 $x(t)$，$y(t)$ はそれぞれ単振動する。
$x=r\cos(\omega t+\theta_0)$，$y=r\sin(\omega t+\theta_0)$ はどちらも単振動の式である。

注意
単振動をsinで表すかcosで表すか，厳密に区別する必要はない。誤解が生じなければどちらでもよい。

例題 5　単振動 $y=2\sin\left(4\pi t+\dfrac{\pi}{2}\right)$ のグラフをかきなさい。

解答　下の図のようになる。

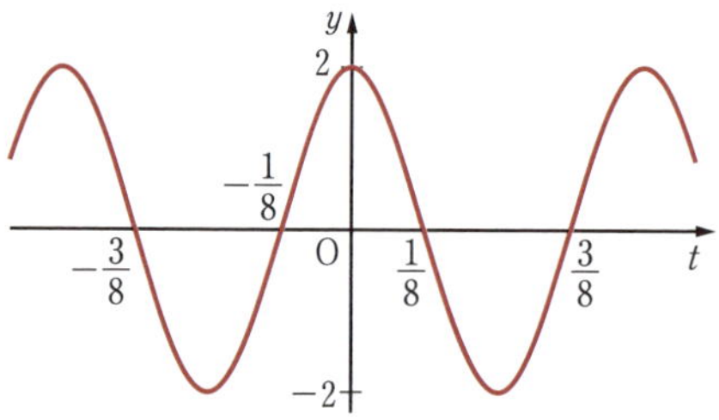

■ **問題 5** ■　単振動 $x=3\cos\left(\pi t+\dfrac{\pi}{4}\right)$ のグラフをかきなさい。

■単振動の振幅，振動数，周期，位相

例題5の解答を参考に，単振動 $y=r\sin(\omega t+\theta_0)$ のグラフの性質を考えよう。次のことが分かる。

(1)　y は $-r$ から r までの値をとる。(r を振幅という)

(2)　単振動では単位時間に $\dfrac{\omega}{2\pi}$ 回，同一の振動が繰り返される。

(3)　周期は $\dfrac{\omega}{2\pi}$ の逆数，$\dfrac{2\pi}{\omega}$ である。(ω を角振動数という)

(4)　位相は円運動の場合と同様，$\omega t+\theta_0$　(θ_0 は初期位相)

単振動と円運動の比較
単振動 $y=r\sin(\omega t+\theta_0)$ について，
r：振幅（円運動では半径）
ω：角振動数（円運動では角速度）
$\dfrac{2\pi}{\omega}$：周期（円運動と同じ）
θ_0：初期位相（円運動と同じ）
$\omega t+\theta_0$：位相（円運動と同じ）

■ **問題 6** ■　単振動 $y(t)=2\sin\left(6t+\dfrac{\pi}{6}\right)$ の振幅，角振動数，周期，初期位相を求め，$y=y(t)$ のグラフをかきなさい。t の単位は秒とする。

■ **問題 7** ■　上端を天井に固定したバネ定数 k のバネの長さを L_0 とする。下端に質量 m g のおもりをつけて釣り合ったときのばねの長さ L とし（このときのおもりの位置を釣り合いの位置という），おもりを静かに引っ張りバネの長さが $L+Y$ になったとする。おもりをそっと放すと，釣り合いの位置を中心に単振動を始める。釣り合いの位置からの変位を $y(t)$ cm とすると，$y(t)$ は次の式で表される。

$$y(t)=Y\sin\left(\sqrt{\frac{k}{m}}t+\frac{\pi}{2}\right)$$

$m=200$ g，$L_0=70$ cm，

$L=85$ cm，$Y=5$ cm，

$g=9.8$ m/s^2

として，振幅，角振動数，周期を求め，$y=y(t)$ のグラフをかきなさい。

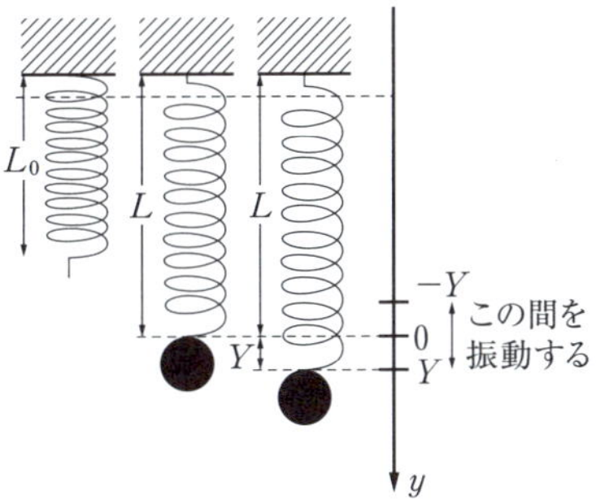

◆◆◆◆◆ 練習問題 ◆◆◆◆◆　EXERCISE

■ **1** ■　点 P は原点中心，半径 5 cm の円周上を左回りに毎秒 2 回転する。位相 $\theta(t)$，座標 $x(t)$，$y(t)$ を求め，関数 $x=x(t)$ のグラフをかきなさい。ただし，初期位相 $\theta(0)=\frac{\pi}{3}$ とする。

■ **2** ■　1 秒当たりの回転数 k で原点中心，半径 r の円周上を回転する点 P の座標 $x(t)$，$y(t)$ を求めなさい。ただし初期位相 $\theta(0)=\frac{3\pi}{4}$ とする。

■ **3** ■　原点中心，半径 6 cm の円周上を初期位相 θ_0 で右回りに 1 秒に 8 回転する点 P の座標 $x(t)$，$y(t)$，角速度 ω および周期 T を求めなさい。

ヒント
右回りの回転では，角速度 ω は負になる。ただし，周期 T や回転数 f は常に正の数とする。

■ **4** ■　問題 7 で，おもりの質量を 2 倍にするとどうなるか，3 人が議論した。A 君は周期が $\sqrt{2}$ 倍になるという。B 君は周期は $\frac{1}{\sqrt{2}}$ になるという。C 君は $k(L-L_0)=mg$ より $\sqrt{\frac{k}{m}}$ は質量によらない定数だから周期は同じだという。3 人の意見に間違いがあれば指摘し，その根拠を述べなさい。

2 指数関数と対数関数

1 べき乗

a を n 個かけ合わせたものを，a の n 乗といい，a^n と表す。

a^0，a^1，a^2，…，a^n，… を a のべき乗といい，n をべき乗の指数という。ただし，$a^0=1$ である。べき乗の定義は，指数 n が負の数の場合に拡張され，さらには整数だけではなく，有理数，無理数，複素数などに拡張することができる。

指数が 0 や負の数のべき乗・指数が有理数のべき乗

$a\neq 0$ とする。$a^0=1$，$r>0$ のとき $a^{-r}=\dfrac{1}{a^r}$

$a>0$ で，指数が有理数で $n=\dfrac{q}{p}$ とおくと，$a^n=a^{\frac{q}{p}}=\sqrt[p]{a^q}$

（ただし，p，q は整数で，$p>0$）

補足
この章では実数までの範囲を扱う。

なぜ，$a^0=1$ なのか？
$a^m a^n=a^{m+n}$ において
$n=0$ とおくと，
$a^m\cdot a^0=a^{m+0}=a^m$
したがって，$a^0=1$ となる。
ただし，この説明は $a=0$ のときは成り立たない。したがって，0^0 は定義されない。

例題 1 次の値を求めなさい。

(1) 7^0　(2) 3^{-2}　(3) 0.2^{-2}　(4) 10^{-3}

解答 (1) $7^0=1$　(2) $3^{-2}=\dfrac{1}{3^2}=\dfrac{1}{9}$

(3) $0.2^{-2}=\dfrac{1}{0.2^2}=\dfrac{1}{0.04}=25$　(4) $10^{-3}=\dfrac{1}{10^3}=0.001$

問題 1 次の値を求めなさい。

(1) 2^0　(2) 4^{-2}　(3) 0.5^{-2}　(4) 10^{-5}

例題 2 次の値を求めなさい。

(1) $9^{\frac{3}{2}}$　(2) 5^{-2}　(3) $8^{\frac{4}{3}}$　(4) $16^{-\frac{1}{2}}$　(5) $\sqrt[3]{4}\sqrt[3]{16}$　(6) $\sqrt[4]{\sqrt{256}}$

補足
$\sqrt{256}=\sqrt[2]{256}=256^{\frac{1}{2}}$

解答 (1) $9^{\frac{3}{2}}=(\sqrt{9})^3=3^3=27$　(2) $5^{-2}=\dfrac{1}{5^2}=\dfrac{1}{25}=0.04$

(3) $8^{\frac{4}{3}}=(\sqrt[3]{8})^4=2^4=16$　(4) $16^{-\frac{1}{2}}=\dfrac{1}{\sqrt{16}}=\dfrac{1}{4}$

(5) $\sqrt[3]{4}\sqrt[3]{16}=\sqrt[3]{64}=4$　(6) $\sqrt[4]{\sqrt{256}}=256^{\frac{1}{8}}=2$

問題 2 次の値を求めなさい。

(1) $81^{\frac{3}{4}}$　(2) $2^{\frac{3}{2}}$　(3) $4^{-\frac{1}{2}}$　(4) $25^{-\frac{3}{2}}$

(5) $\sqrt[3]{9}\sqrt[3]{81}$　(6) $\sqrt[6]{\sqrt{4096}}$

2 指数法則

指数法則

$a>0$, $b>0$ で，m，n が実数のとき，

① $a^m a^n = a^{m+n}$, $\dfrac{a^m}{a^n} = a^{m-n}$　② $(a^m)^n = a^{mn}$

③ $(ab)^n = a^n b^n$, $\left(\dfrac{a}{b}\right)^n = \dfrac{a^n}{b^n}$

補足
m, n が整数のときは，$a<0$, $b<0$ のときも成り立つ。

例題 1 次の計算をしなさい。

(1) $2^{-4}\times 2^7$　(2) $\{(-3)^{-2}\}^{-3}$　(3) $(2^{-1}\times 3)^2$　(4) $2^2\div 2^5$

解答 (1) $2^{-4}\times 2^7 = 2^{-4+7} = 2^3 = 8$

(2) $\{(-3)^{-2}\}^{-3} = (-3)^{(-2)\cdot(-3)} = (-3)^6 = 729$

(3) $(2^{-1}\times 3)^2 = (2^{-1})^2\times 3^2 = 2^{-2}\times 3^2 = \dfrac{9}{4}$　(4) $2^2\div 2^5 = 2^{2-5} = 2^{-3} = \dfrac{1}{8}$

問題 1 次の計算をしなさい。

(1) $(-2)^3\times 2^2$　(2) $\{(2^{-1})^{-3}\}^2$　(3) $\{(-3)^2\}^2$　(4) $7^4\div 7^2$

例題 2 次の計算をしなさい。

(1) $8^{\frac{1}{2}}\times 8^{-\frac{1}{6}}$　(2) $(9^{\frac{1}{3}})^{\frac{3}{2}}$

解答 (1) $8^{\frac{1}{2}}\times 8^{-\frac{1}{6}} = 8^{\frac{1}{2}-\frac{1}{6}} = 8^{\frac{1}{3}} = 2$　(2) $(9^{\frac{1}{3}})^{\frac{3}{2}} = 9^{\frac{1}{3}\times\frac{3}{2}} = 9^{\frac{1}{2}} = 3$

問題 2 次の計算をしなさい。

(1) $\left(\dfrac{1}{8}\right)^{\frac{1}{2}}\times\left(\dfrac{1}{8}\right)$　(2) $\left(\dfrac{1}{9}\right)^2\times 3^{\frac{9}{2}}$　(3) $8^{\frac{1}{4}}\div 2^{-\frac{3}{4}}$　(4) $(2\times 3^{\frac{1}{3}})^6$

例題 3 次の計算をしなさい。

(1) $x^{\frac{5}{2}}y^{\frac{3}{2}}(xy)^6$　(2) $(x^3y^9)^{\frac{1}{3}}$

解答 (1) $x^{\frac{5}{2}}y^{\frac{3}{2}}(xy)^6 = x^{\frac{5}{2}}y^{\frac{3}{2}}x^6y^6 = x^{\frac{5}{2}+6}y^{\frac{3}{2}+6} = x^{\frac{17}{2}}y^{\frac{15}{2}}$

(2) $(x^3y^9)^{\frac{1}{3}} = x^{3\times\frac{1}{3}}y^{9\times\frac{1}{3}} = xy^3$

問題 3 次の計算をしなさい。

(1) $(x^{\frac{5}{3}}y^{\frac{3}{4}})^{12}(xy)^2$　(2) $(x^4y^6)^{\frac{1}{2}}$　(3) $x^2\div y^3\times y^{\frac{1}{2}}$

■ 3 ■ 指数関数のグラフ

$a>0$, $a \neq 1$ のとき，$y=a^x$ は，x の関数となる。このとき，関数 $y=a^x$ を，a を底とする x の指数関数という。

指数関数 $y=a^x$ のグラフ

$y=a^x$ のグラフは，$(0,\ 1)$，$(1,\ a)$ を通り，x 軸を漸近線とする曲線。

$a>1$ のとき，右上がりの曲線　　$p<q \iff a^p<a^q$

$0<a<1$ のとき，右下がりの曲線　　$p<q \iff a^p>a^q$

注意
漸近線とは，十分に遠くなると，その差が0に近づくが，一致はしない線である。したがって，グラフをかくときも，交わらないように注意する。

例題 1　指数関数 $y=2^x$ と $y=\left(\frac{1}{2}\right)^x$ のグラフをかきなさい。

解答　x の値に対する y の値を求めると，

x	…	-4	-3	-2	-1	0	1	2	3	4	…
2^x	…	$\frac{1}{16}$	$\frac{1}{8}$	$\frac{1}{4}$	$\frac{1}{2}$	0	2	4	8	16	…
$\left(\frac{1}{2}\right)^x$	…	16	8	4	2	0	$\frac{1}{2}$	$\frac{1}{4}$	$\frac{1}{8}$	$\frac{1}{16}$	…

$y=2^x$ のグラフ

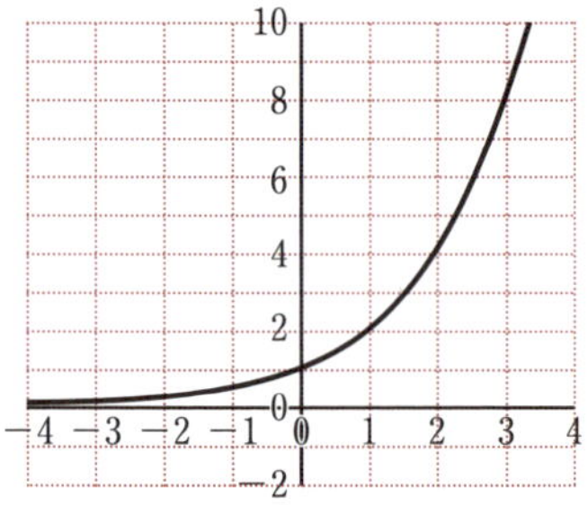

$y=\left(\frac{1}{2}\right)^x$ のグラフ

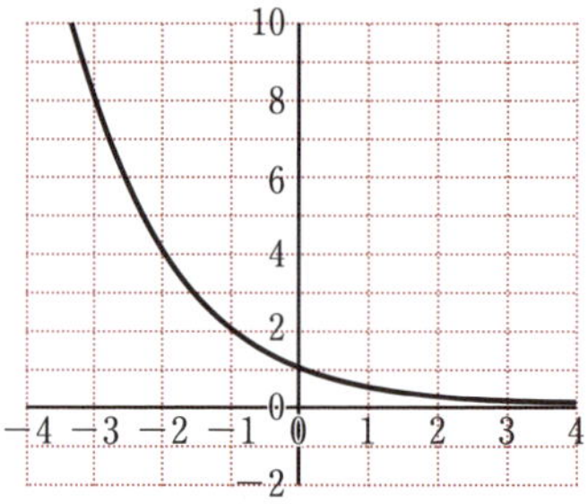

$\frac{1}{2}=2^{-1}$ より，$y=\left(\frac{1}{2}\right)^x$ のグラフと $y=2^{-x}$ のグラフは同じ。

補足
$y=a^{-x}$ のグラフは，工学的には，時間に対する減衰を表すことで，多く用いられている。

■ 問題 1 ■　関数 $y=3^x$，$y=3^{-x}$ のグラフをかきなさい。

指数関数のグラフ

$y=a^x$ に対して，$y=ma^x$ は，x 軸を中心に，y 軸方向に m 倍

$y=a^{\frac{x}{m}}$ は，y 軸を中心に，x 軸方向に m 倍

$y=a^{(x-\alpha)}$ は，x 軸方向に，$+\alpha$ 平行移動

$y=a^x+\beta$ は，y 軸方向に，$+\beta$ 平行移動

グラフの平行移動
※グラフを平行移動するときは，特に符号と方向の関係に注意すること。
また，左の最後の2行は，まとめて $y-\beta=a^{x-\alpha}$ と表してもよい。

例題 2　次の指数関数を表すグラフをかきなさい。

(1)　$y=2^{\frac{x}{3}}$　　(2)　$y=2^x-3$　　(3)　$y=2^{x-3}$　　(4)　$y=3\cdot2^x$

解答　下記の各図。ただし，各グラフ中には $y=2^x$ のグラフ（薄線）も示す。

(1)

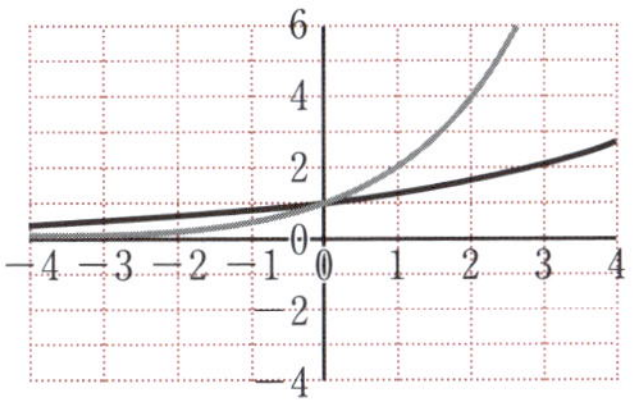

(2)

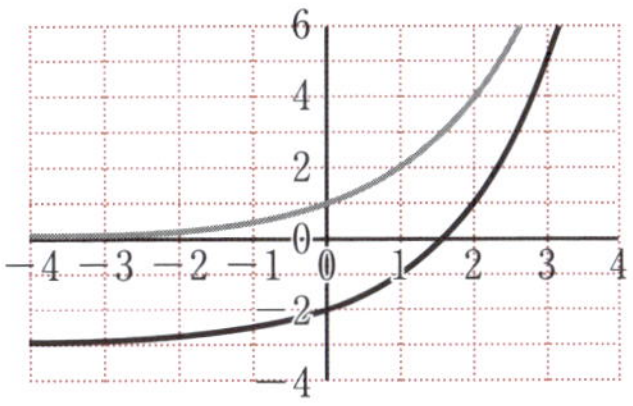

(3)

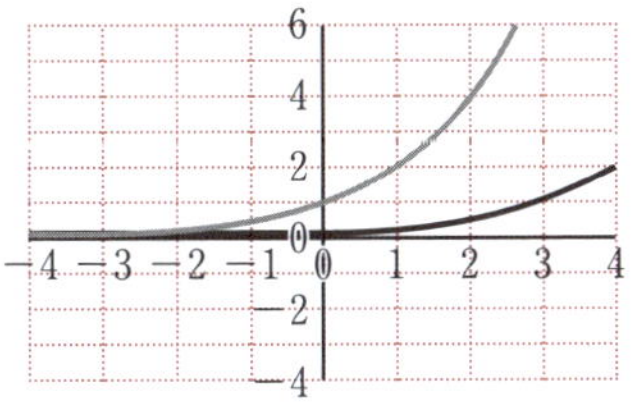

(4)

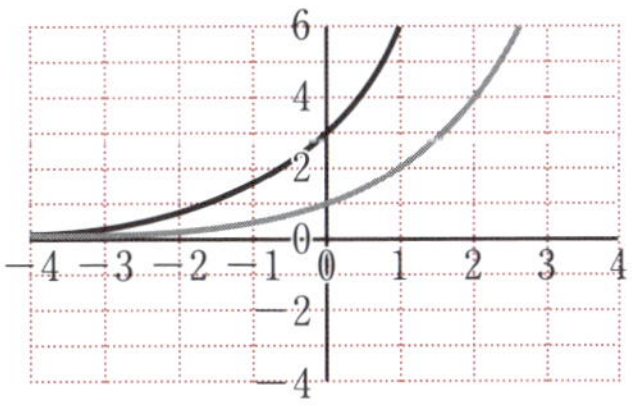

問題 2　次の指数関数を表すグラフをかきなさい。

(1)　$y=3^{\frac{x}{2}}$　　(2)　$y=3^x+2$　　(3)　$y=3^{x+4}$　　(4)　$y=-2\cdot3^x$

例題 3　次の数の大小を比べなさい。

(1)　$\sqrt[5]{16}$，$\sqrt[6]{32}$　　(2)　$\dfrac{1}{\sqrt[5]{8}}$，$\dfrac{1}{\sqrt[6]{16}}$

解答　(1)　$\sqrt[5]{16}=\sqrt[5]{2^4}=2^{\frac{4}{5}}$，$\sqrt[6]{32}=\sqrt[6]{2^5}=2^{\frac{5}{6}}$

$\dfrac{4}{5}<\dfrac{5}{6}$ より　$\sqrt[5]{16}<\sqrt[6]{32}$

(2)　$\dfrac{1}{\sqrt[5]{8}}=\dfrac{1}{\sqrt[5]{2^3}}=2^{-\frac{3}{5}}$，$\dfrac{1}{\sqrt[6]{16}}=\dfrac{1}{\sqrt[6]{2^4}}=2^{-\frac{2}{3}}$

$-\dfrac{3}{5}>-\dfrac{2}{3}$ より　$\dfrac{1}{\sqrt[5]{8}}>\dfrac{1}{\sqrt[6]{16}}$

補足

数の大小はグラフの増減からも判断することができる。

単調増加関数…$y=f(x)$ で，x が増加したとき，y が増加する関数。この場合は，x の大小と y の値の大小は一致する。指数関数では，$a>1$ のときである。

単調減少関数…$y=f(x)$ で，x が増加したとき，y が減少する関数。この場合は，x の大小と y の値の大小は逆になる。指数関数では，$a<1$ のときである。

問題 3　次の数を小さい方から順に並べなさい。

(1)　$\sqrt{3}$，$\sqrt[3]{9}$，$\sqrt[4]{27}$　　(2)　$\sqrt{\dfrac{1}{2}}$，$\sqrt[3]{\dfrac{1}{4}}$，$\sqrt[4]{\dfrac{1}{8}}$

練　習　問　題　EXERCISE

1　次の指数関数を表すグラフをかきなさい。

(1)　$y=2\cdot2^{\left(\frac{x}{2}-2\right)}$　　(2)　$y=2\cdot2^{\frac{x}{2}}+2$　　(3)　$y=2\cdot2^{x-2}$

4 対数とその性質

$a>0$, $a \neq 1$ のとき，正の数 M に対して，$a^p=M$ となる実数 p を，a を底とする M の対数といい，$\log_a M$ と書く。M をこの対数の真数という。

対数

$a^p=M \iff p=\log_a M$　　ただし，$a>0$, $a \neq 1$, $M>0$

補足
$M>0$ を真数条件という。
$a>0$, $a \neq 1$ を底の条件という。
方程式を解く場合に重要である。

例題 1　次の関係を，$a^p=M \iff p=\log_a M$ の形に変換しなさい。

(1) $3^4=81$　(2) $8^{\frac{1}{3}}=2$　(3) $\log_2 8=3$　(4) $\log_5 1=0$

解答 (1) $\log_3 81=4$　(2) $\log_8 2=\dfrac{1}{3}$　(3) $2^3=8$　(4) $5^0=1$

問題 1　次の関係を，$p=\log_a M$ の形で書きなさい。

(1) $2^8=256$　(2) $10^{-1}=\dfrac{1}{10}$　(3) $2^{-\frac{1}{2}}=\dfrac{\sqrt{2}}{2}$　(4) $3^{\frac{3}{2}}=\sqrt{27}$

問題 2　次の関係を，$a^p=M$ の形で書きなさい。

(1) $\log_4 64=3$　(2) $\log_3 \dfrac{1}{9}=-2$　(3) $\log_{\frac{1}{2}} \dfrac{1}{8}=3$　(4) $\log_{\frac{1}{2}} 8=-3$

補足…常用対数と自然対数
底が 10 である対数を常用対数という。
また，底が e である対数を自然対数という。
自然対数は，底の記載を省略することができる。e はネイピアの数と呼ばれ，
$e=2.7182\cdots$
という値の無理数である。微積分，複素数の節も参照。

参考
関数電卓では，一般に常用対数を “log”，自然対数を “ln” で示している。

例題 2　次の対数の値を求めなさい。

(1) $\log_2 32$　(2) $\log_{10} 1000$　(3) $\log_3 \dfrac{1}{9}$　(4) $\log_5 \sqrt{5}$

解答 (1) $\log_2 32=\log_2 2^5=5$　(2) $\log_{10} 1000=\log_{10} 10^3=3$
(3) $\log_3 \dfrac{1}{9}=\log_3 3^{-2}=-2$　(4) $\log_5 \sqrt{5}=\log_5 5^{\frac{1}{2}}=\dfrac{1}{2}$

問題 3　次の対数の値を求めなさい。

(1) $\log_2 4\sqrt{2}$　(2) $\log_8 2$　(3) $\log_2 \dfrac{1}{64}$　(4) $\log_2 \sqrt[6]{64}$

指数法則より，次の対数の性質が導き出せる。

対数の性質

$a>0$, $a \neq 1$, $M>0$, $N>0$ で，p, q が実数のとき，

$$\log_a MN=\log_a M+\log_a N \qquad \log_a \frac{M}{N}=\log_a M-\log_a N$$

$$\log_a M^p=p\log_a M$$

補足…対数の性質の証明
$\log_a M=r$, $\log_a N=s$
とすると，
$M=a^r$, $N=a^s$
指数法則より，
$MN=a^{r+s}$
$\therefore$ $\log_a MN=r+s$
$=\log_a M+\log_a N$

例題 3　次の式を簡単にしなさい。

(1)　$\log_6 12+\log_6 3$　　(2)　$\log_3 7-\log_3 63$

解答　(1)　与式 $=\log_6(12\times3)=\log_6 36=\log_6 6^2=2$

(2)　与式 $=\log_3\dfrac{7}{63}=\log_3\dfrac{1}{9}=\log_3 3^{-2}=-2$

問題 4　次の式を簡単にしなさい。

(1)　$\log_{10}2+\log_{10}5$　　(2)　$\log_2\sqrt{8}+\log_2\sqrt{32}$

(3)　$\log_9 27-\log_9 3$　　(4)　$\log_5 15-\log_5 75$

底が異なる対数の計算は，底の変換公式を用いることで計算できる。

底が異なる対数の計算
最初に底の変換公式を用いて底を同じにする。

底の変換公式

a，b，c が，1 以外の正の数のとき，$\log_a b=\dfrac{\log_c b}{\log_c a}$

例題 4　次の式を簡単にしなさい。

(1)　$\log_4 8+\log_8 4$　　(2)　$\log_3 4\times\log_4 9$

解答　(1)　$\log_4 8+\log_8 4=\dfrac{\log_2 8}{\log_2 4}+\dfrac{\log_2 4}{\log_2 8}=\dfrac{3}{2}+\dfrac{2}{3}=\dfrac{13}{6}$

(2)　$\log_3 4\times\log_4 9=\log_3 4\times\dfrac{\log_3 9}{\log_3 4}=\log_3 9=2$

問題 5　次の式を簡単にしなさい。

(1)　$\log_{0.5}4+\log_2 0.25$　　(2)　$\log_2 5+\log_4 0.04$

(3)　$\log_2 3\times\log_3 8$　(4)　$\log_5 9\times\log_3 5$　(5)　$\log_3 5\times\log_5 2\times\log_2 3$

練習問題　EXERCISE

1　次の式を簡単にしなさい。

(1)　$\log_2\sqrt[3]{2}$　(2)　$\log_{10}\dfrac{1}{100000}$　(3)　$\log_{0.5}4$　(4)　$\log_7 7\sqrt{7}$

(5)　$\log_3\sqrt[3]{12}-\dfrac{2}{3}\log_3 2$　　(6)　$\dfrac{2}{3}\log_2 3+\log_2\dfrac{2}{\sqrt{3}}$

(7)　$\log_7 25\times\log_5 49$　　(8)　$\log_2 5\times\log_5 7\times\log_2 8$

5 対数関数のグラフ

$a>0$, $a \neq 1$ のとき，$y=\log_a x$ は，x の関数となる。このとき，関数 $y=\log_a x$ を，a を底とする x の対数関数という。

対数関数 $y=\log_a x$ のグラフ

$y=\log_a x$ のグラフは，$(1,\ 0)$，$(a,\ 1)$ を通り，y 軸を漸近線とする曲線。

$a>1$ のとき，右上がりの曲線　$0<p<q \Longleftrightarrow \log_a p<\log_a q$

$0<a<1$ のとき，右下がりの曲線　$0<p<q \Longleftrightarrow \log_a p>\log_a q$

例題 1　対数関数 $y=\log_2 x$ と $y=\log_{\frac{1}{2}} x$ のグラフをかきなさい。

解答　x の値に対する y の値を求めると，

x	…	$\frac{1}{8}$	$\frac{1}{4}$	$\frac{1}{2}$	1	2	4	8	…
$\log_2 x$	…	-3	-2	-1	0	1	2	3	…
$\log_{\frac{1}{2}} x$	…	3	2	1	0	-1	-2	-3	…

$y=\log_2 x$ のグラフ

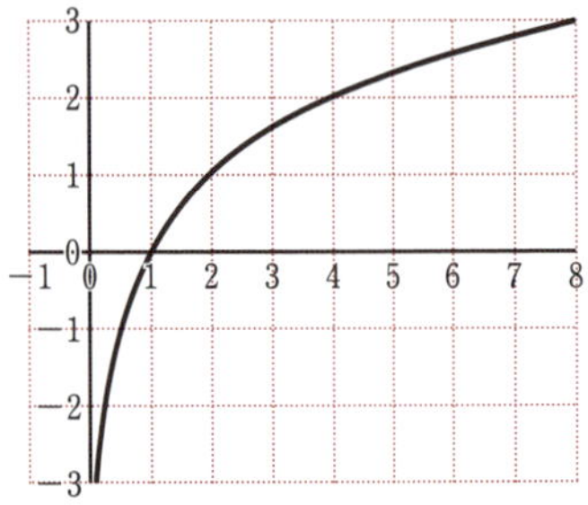

$y=\log_{\frac{1}{2}} x$ のグラフ

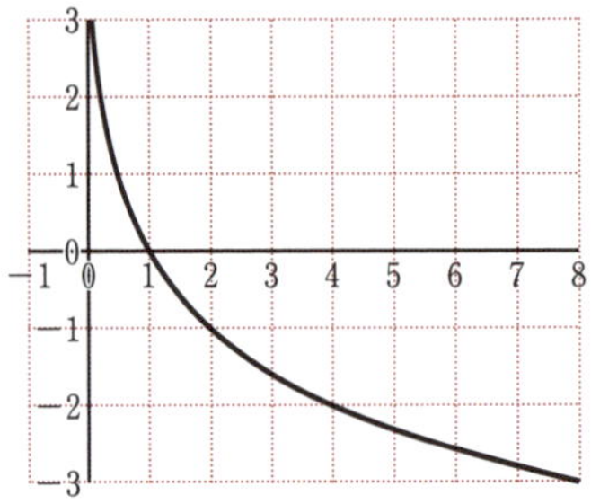

指数関数と対数関数の関係

$y=a^x$ と $y=\log_a x$ は，逆関数の関係になっている。したがって，2つのグラフは $y=x$ に関して対称となる。

問題 1　関数 $y=\log_3 x$，$y=-\log_3 x$ のグラフをかきなさい。

対数関数のグラフ

$y=\log_a x$ に対して，

$y=m\log_a x$ は x 軸を中心に，y 軸方向に m 倍

$y=\log_a \dfrac{x}{m}$ は，y 軸を中心に，x 軸方向に m 倍

$y=\log_a(x-\alpha)$ は，x 軸方向に，$+\alpha$ 平行移動

$y=\log_a x+\beta$ は，y 軸方向に，$+\beta$ 平行移動

注意

グラフを平行移動するときは，特に符号と方向の関係に注意すること。

$y=\log_a x+\beta$ の式は，$y-\beta=\log_a x$ と変換すると，$y=\log_a(x-\alpha)$ と同様に理解できる。

例題 2 次の対数関数を表すグラフをかきなさい。

(1) $y=\log_2\dfrac{x}{2}$ (2) $y=\log_2(x-1)$ (3) $y=\dfrac{1}{2}\log_2 x$ (4) $y=\log_2 x-1$

解答 下記の各図。(薄線は $y=\log_2 x$ のグラフ)

(1)
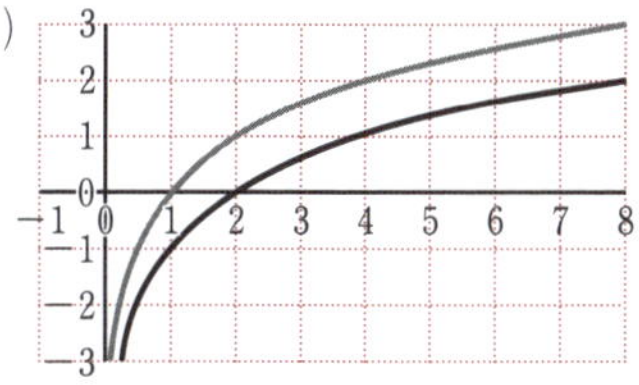

(2)
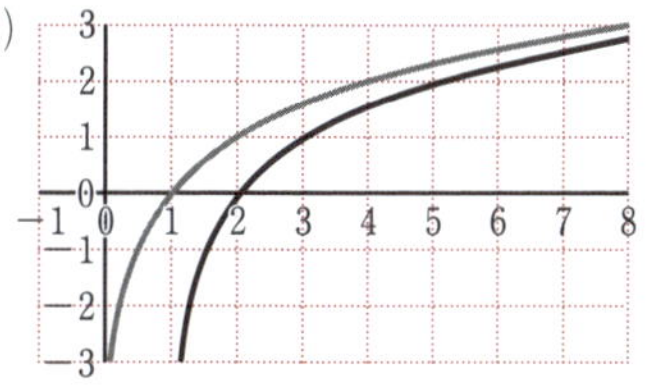

(3)
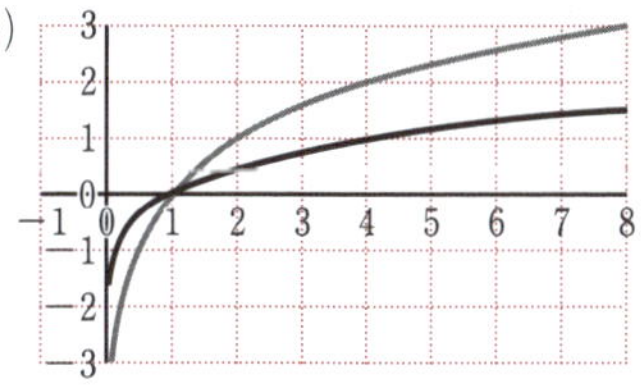

(4)
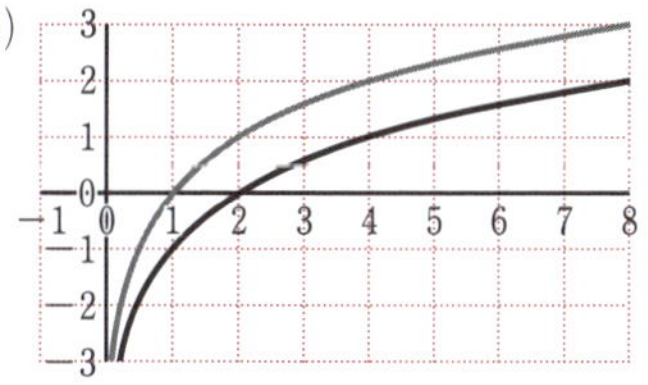

■ 問題 2 ■ 次の対数関数を表すグラフをかきなさい。

(1) $y=\log_3\dfrac{x}{3}$ (2) $y=\log_3(x+2)$ (3) $y=\dfrac{1}{2}\log_3 x$ (4) $y=\log_3 x+2$

例題 3 次の数の大小を比べなさい。

(1) $\log_2 3$, $\log_4 5$ (2) $\log_{0.5}5$, $\log_{0.25}7$

解答 (1) $\log_4 5=\dfrac{\log_2 5}{\log_2 4}=\dfrac{1}{2}\log_2 5=\log_2 5^{\frac{1}{2}}=\log_2\sqrt{5}$

底が1より大きく，真数が，$3>\sqrt{5}$ より，$\log_2 3>\log_4 5$

(2) $\log_{0.25}7=\dfrac{\log_{0.5}7}{\log_{0.5}0.25}=\dfrac{1}{2}\log_{0.5}7=\log_{0.5}\sqrt{7}$

底が1より小さく，真数が，$5>\sqrt{7}$ より，$\log_{0.5}5<\log_{0.25}7$

■ 問題 3 ■ 次の数を小さい方から順に並べなさい。

(1) $\log_2 5$, $\log_4 9$, $\log_8 17$ (2) $\log_{\frac{1}{2}}\dfrac{1}{3}$, $\log_{\frac{1}{4}}\dfrac{1}{6}$, $\log_{\frac{1}{8}}\dfrac{1}{10}$

補足

数の大小はグラフの増減からも判断することができる。

単調増加関数…$y=f(x)$ で，x が増加したとき，y が増加する関数。この場合は，x の大小と y の値の大小は一致する。対数関数では，底が1より大きいときである。

単調減少関数…$y=f(x)$ で，x が増加したとき，y が減少する関数。この場合は，x の大小と y の値の大小は逆になる。対数関数では，底が1より小さいときである。

練習問題 EXERCISE

■ 1 ■ 次の対数関数を表すグラフをかきなさい。

(1) $y=2\log_2\left(\dfrac{x}{2}-2\right)$ (2) $y=2\log_2\left(\dfrac{x}{2}\right)-2$ (3) $y=2\log_2(x-2)$

3 微分

1 微分係数

平均変化率

関数 $y=f(x)$ において，x が a から b まで変化するとき y は $f(a)$ から $f(b)$ まで変化する。変化量の割合

$$\frac{f(b)-f(a)}{b-a}$$

を平均変化率という。

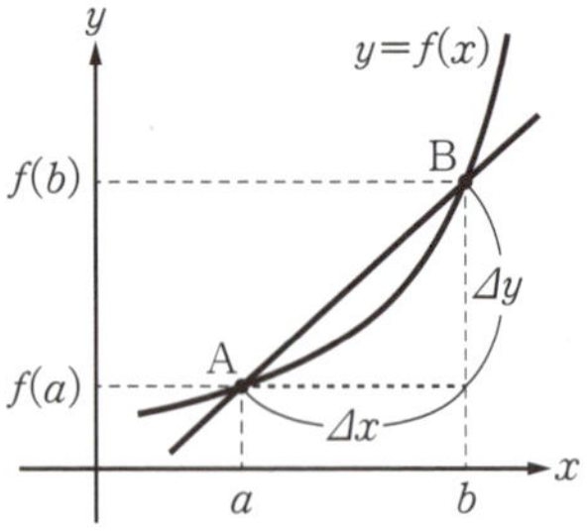

平均変化率

x が a から b まで変化するときの関数 $f(x)$ の平均変化率は

$$\frac{f(b)-f(a)}{b-a}$$

微分係数

平均変化率の式で b が限りなく a に近づくとき，式の値は何かの値に近づく。この値を $f(x)$ の $x=a$ での微分係数と呼び，$f'(a)$ と書く。

微分係数

$$f'(a)=\lim_{b\to a}\frac{f(b)-f(a)}{b-a}$$

$h=b-a$ とおくと，$b\to a$ のとき $h\to 0$ だから，$f'(a)$ を次のように表すこともできる。

微分係数の別の表現

$$f'(a)=\lim_{h\to 0}\frac{f(a+h)-f(a)}{h}$$

例題 1 $f(x)=x^2$ とする。このとき $f'(3)$ を求めなさい。

解答 $$\lim_{b\to 3}\frac{f(b)-f(3)}{b-3}=\lim_{b\to 3}\frac{b^2-3^2}{b-3}=\lim_{b\to 3}\frac{(b-3)(b+3)}{b-3}$$
$$=\lim_{b\to 3}(b+3)=6$$

となる。よって，$f'(3)=6$

問題 1 (1) $f(x)=x^2$ とする。このとき，$f'(4)$ を求めなさい。

(2) $f(x)=x^3$ とする。このとき，$f'(2)$ を求めなさい。

補足…Δx，Δy

x の変化量を Δx，y の変化量を Δy と表すと，平均変化率は $\dfrac{\Delta y}{\Delta x}$ となる。x が a から b まで変化するとき

$\Delta x=b-a$,

$\Delta y=f(b)-f(a)$ であり，平均変化率 $\dfrac{\Delta y}{\Delta x}$ は

$$\frac{\Delta y}{\Delta x}=\frac{f(b)-f(a)}{b-a}$$

となる。

補足…別の表現

$h=b-a$ とおくと

$b=a+h$ となり，平均変化率は

$$\frac{\Delta y}{\Delta x}=\frac{f(a+h)-f(a)}{h}$$

補足

b が a に限りなく近づくことを $b\to a$ で表す。

補足・参考

lim を極限値といい，リミットと読む。

$$\lim_{b\to a}g(b)=c$$

は $b\to a$ のとき $g(b)\to c$ ということである。

ただし，lim の値が必ず存在するわけではない。例えば $\lim_{x\to\infty}\sin x$ は存在しない（$x\to\infty$ は x が限りなく大きくなること）。

接線の傾き・接線の方程式

右図で $b \to a$ とすると，点 B → A となる。このとき 2 点 A，B を通る直線は，$y=f(x)$ のグラフに点 A で接する接線になる。この接線の傾きは微分係数

$$f'(a)=\lim_{b\to a}\frac{f(b)-f(a)}{b-a}$$

に他ならない。

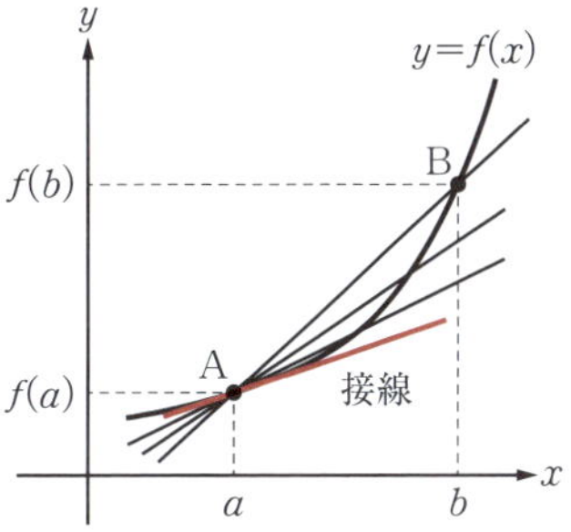

したがって，点 $A(a, f(a))$ で $y=f(x)$ のグラフに接する接線の方程式は次のようになる。

接線の方程式

$$y-f(a)=f'(a)(x-a)$$

参考…微分可能・不可能
関数によっては極限

$$\lim_{b\to a}\frac{f(b)-f(a)}{b-a}$$

が存在しないこともある。そのような場合，$f(x)$ は $x=a$ において微分不可能であるという。上記の極限が存在すれば微分可能である。

補足…接線の方程式
点 (x_0, y_0) を通り，傾き k の直線の式は，

$$y-y_0=k(x-x_0) \quad (*)$$

である（付録 1，p. 157 参照）。接線の方程式を求めるには，まず傾き k を $k=f'(a)$ によって求め，(*)式に k，x_0，y_0 の値を代入すればよい。

例題 2　$y=x^2$ のグラフに，グラフ上の点 A(2, 4) で接する接線の方程式を求めなさい。

解答　$f(x)=x^2$ とする。例題 1 と同様にして $f'(2)=4$ である。よって求める接線の方程式は $y-4=4(x-2)$　整理すると，$y=4x-4$

問題 2　$y=x^3$ のグラフについて，点 A(2, 8) における接線の方程式を求めなさい。

練習問題　EXERCISE

1　次の微分係数を求めなさい。

(1)　$f(x)=3x^2$ とする。このとき，$f'(1)$ を求めなさい。

(2)　$f(x)=-2x^3$ とする。このとき，$f'(2)$ を求めなさい。

2　次のグラフの接線の方程式を求めなさい。

(1)　$y=x^2$ のグラフについて，点 A(3, 9) における接線

(2)　$y=x^3$ のグラフについて，点 A(−1, −1) における接線

2 導関数

関数 $y=f(x)$ の $x=a$ における微分係数 $f'(a)$ は，a が変わると変化する。a を変数とみて x と書き換えると，$f'(x)$ になる。$f'(x)$ を $f(x)$ の導関数と呼ぶ。また，$f'(x)$ を y' と書くことがある。

導関数の定義

$$f'(x)=\lim_{h\to 0}\frac{f(x+h)-f(x)}{h}$$

補足…導関数の記号

y'，$f'(x)$，$\dfrac{dy}{dx}$，$\dfrac{df}{dx}$，$\dfrac{d}{dx}f(x)$ などが使われる。

例題 1 関数 $f(x)=x^2$ の導関数を求めなさい。

解答
$$\begin{aligned} f'(x)&=\lim_{h\to 0}\frac{f(x+h)-f(x)}{h}\\ &=\lim_{h\to 0}\frac{(x+h)^2-x^2}{h}=\lim_{h\to 0}\frac{2xh+h^2}{h}\\ &=\lim_{h\to 0}(2x+h)=2x \end{aligned}$$

であるから　$f'(x)=2x$

補足

導関数を求めることを，微分するということがある。

例題 2 関数 $f(x)=\dfrac{1}{x}$ の導関数を求めなさい。

解答
$$\begin{aligned} f'(x)&=\lim_{h\to 0}\frac{f(x+h)-f(x)}{h}=\lim_{h\to 0}\frac{\dfrac{1}{x+h}-\dfrac{1}{x}}{h}\\ &=\lim_{h\to 0}\frac{\dfrac{x-(x+h)}{(x+h)x}}{h}=\lim_{h\to 0}\frac{-h}{h(x+h)x}\\ &=\lim_{h\to 0}\frac{-1}{(x+h)x}=-\frac{1}{x^2} \end{aligned}$$

より　$f'(x)=-\dfrac{1}{x^2}$

補足…定数値関数の導関数

c を定数として，$f(x)=c$ とする（x が何でも同じ値 c をとる関数）。このとき
$$\begin{aligned} f'(a)&=\lim_{b\to a}\frac{f(b)-f(a)}{b-a}\\ &=\frac{c-c}{b-a}=0 \end{aligned}$$
したがって，どんな a でも $f'(a)=0$ となる。
よって $f(x)=c$ のとき $f'(x)=0$ である。

n が正の整数のとき，$f(x)=x^n$ とすると
$$\frac{f(b)-f(a)}{b-a}=\frac{b^n-a^n}{b-a}$$
ここで，$b^n-a^n=(b-a)\times(b^{n-1}+b^{n-2}a+\cdots+a^{n-1})$ であるから，
$$\lim_{b\to a}\frac{f(b)-f(a)}{b-a}=\lim_{b\to a}(b^{n-1}+b^{n-2}a+\cdots+a^{n-1})$$
したがって，$f'(a)=na^{n-1}$ となる。

整数べきの導関数

n が整数のとき　$(x^n)'=nx^{n-1}$

注意

例題 2 の答は
$(x^{-1})'=-x^{-2}$
と書くことができる。これを
$(x^{-1})'=-x^{-1-1}$
と書くと，左の「整数べきの導関数」の公式で $n=-1$ としたものになっている。

補足

一般に，任意の実数 α についても $(x^{\alpha})'=\alpha x^{\alpha-1}$ が成り立つ（p. 48 参照）。

■ **問題 1** ■ 次の関数の導関数を求めなさい。

(1) $y=x^3$　　(2) $y=\dfrac{1}{x^3}$

和・差と定数倍の導関数

$$(f(x)+g(x))'=f'(x)+g'(x)$$
$$(f(x)-g(x))'=f'(x)-g'(x)$$
$$(kf(x))'=kf'(x) \quad (k\text{ は定数})$$

例題 3 次の関数の導関数を求めなさい。

(1) $y=3x^2-2x+1$　　(2) $y=x-\dfrac{1}{x}$

解答 (1) $y'=(3x^2)'-(2x)'+(1)'=3(x^2)'-2(x)'+(1)'$

$=3\cdot 2x-2\cdot 1=6x-2$

(2) $y'=(x)'-(x^{-1})'=1-(-1)x^{-2}=1+\dfrac{1}{x^2}$

■ **問題 2** ■ 次の関数の導関数を求めなさい。

(1) $y=-x^3+3x^2-5$　　(2) $y=3x+\dfrac{2}{x^3}$

◆◆◆◆◆ 練習問題 ◆◆◆◆◆ EXERCISE

■ **1** ■ 次の関数の導関数を求めなさい。

(1) $y=x^5$　　(2) $y=\dfrac{1}{x^4}$

(3) $y=2x^3$　　(4) $y=-\dfrac{3}{x}$

■ **2** ■ 次の関数の導関数を求めなさい。

(1) $y=x^2-2x+3$　　(2) $y=-3x^3+2x^2-7$

(3) $y=\dfrac{2}{x^2}-1$　　(4) $y=\dfrac{6}{x}-x+5$

■ **3** ■ 次の関数のグラフに指定された点で接する，接線の方程式を求めなさい。

(1) $y=x^4$，点 A$(-1,\ 1)$　　(2) $y=\dfrac{2}{x^3}$，点 B$(-1,\ -2)$

(3) $y=2x^2-5x-1$，点 C$(2,\ -3)$　　(4) $y=\dfrac{1}{x}+x$，点 D$(1,\ 2)$

3 微分公式(1)

積の微分公式

積の微分公式

$$(f(x)g(x))'=f'(x)g(x)+f(x)g'(x)$$

注意
積の微分公式で，
$(f(x)g(x))'$ を $f'(x)g'(x)$
と計算してはいけない。

積の微分公式は，次のように導くことができる。

$$(f(x)g(x))'=\lim_{h\to0}\frac{f(x+h)g(x+h)-f(x)g(x)}{h}$$

$$=\lim_{h\to0}\frac{\{f(x+h)g(x+h)-f(x)g(x+h)\}+\{f(x)g(x+h)-f(x)g(x)\}}{h}$$

$$=\lim_{h\to0}\frac{\{f(x+h)g(x+h)-f(x)g(x+h)\}}{h}$$

$$+\lim_{h\to0}\frac{\{f(x)g(x+h)-f(x)g(x)\}}{h}$$

$$=\lim_{h\to0}\frac{f(x+h)-f(x)}{h}g(x+h)+\lim_{h\to0}f(x)\frac{g(x+h)-g(x)}{h}$$

$$=f'(x)g(x)+f(x)g'(x)$$

例題 1 関数 $y=(x^3-1)(x^2+1)$ を微分しなさい。

解答 $y'=(x^3-1)'(x^2+1)+(x^3-1)(x^2+1)'$

$=3x^2(x^2+1)+(x^3-1)(2x)=5x^4+3x^2-2x$

問題 1 次の関数を微分しなさい。

(1) $y=(5x-2)(2x+3)$　　(2) $y=(x^3+2)(x+3)$

商の微分公式

積の微分公式から，商の微分公式を得ることができる。

商の微分公式

$$\left\{\frac{f(x)}{g(x)}\right\}'=\frac{f'(x)g(x)-f(x)g'(x)}{g(x)^2}$$

注意
商の微分公式で
$\left\{\frac{f(x)}{g(x)}\right\}'$ を $\frac{f'(x)}{g'(x)}$ と計算してはいけない。

商の微分公式の証明は次のようにできる。

$h(x)=\dfrac{f(x)}{g(x)}$ とおくと，$h(x)g(x)=f(x)$

両辺を x で微分すると，$h'(x)g(x)+h(x)g'(x)=f'(x)$

よって，

$$h'(x)=\frac{f'(x)-h(x)g'(x)}{g(x)}=\frac{f'(x)-\dfrac{f(x)}{g(x)}g'(x)}{g(x)}$$

$$=\frac{f'(x)g(x)-f(x)g'(x)}{g(x)^2}$$

例題 2　関数　$y=\dfrac{3x-2}{2x+3}$　を微分しなさい。

解答　$y'=\dfrac{(3x-2)'(2x+3)-(3x-2)(2x+3)'}{(2x+3)^2}$

$$=\frac{3(2x+3)-(3x-2)\times 2}{(2x+3)^2}=\frac{13}{(2x+3)^2}$$

■ 問題 2 ■　次の関数を微分しなさい。

(1)　$y=\dfrac{x+5}{3x-1}$　　(2)　$y=\dfrac{1}{x^2+3x-2}$

補足…分子が 1 の場合
分子 $f(x)$ が 1 の場合は，
$f'(x)=0$ だから
$\left\{\dfrac{1}{g(x)}\right\}'=-\dfrac{g'(x)}{g(x)^2}$

■ 応用：$\sqrt{x}$ の微分

例題 3　$\sqrt{x}$ の導関数 $(\sqrt{x})'$ を求めなさい。

解答　$\sqrt{x}\cdot\sqrt{x}=x$ の両辺を微分する。左辺では積の微分公式より

$$(\sqrt{x})'\sqrt{x}+\sqrt{x}(\sqrt{x})'=1$$

$2(\sqrt{x})'\sqrt{x}=1$ となるから $(\sqrt{x})'=\dfrac{1}{2\sqrt{x}}$

補足…べき乗の微分
指数が整数の場合を一般化して，α が実数の場合にも
$(x^\alpha)'=\alpha x^{\alpha-1}$
が成り立つ。$\sqrt{x}=x^{\frac{1}{2}}$ だから，例題 3 は $\alpha=\dfrac{1}{2}$ の場合に当たる（自分で確かめよ）。
詳しくは「対数微分法 (p. 48)」参照。

■ 問題 3 ■　次の関数の導関数を求めなさい。

(1)　$y=\sqrt[3]{x}$　　(2)　$y=\dfrac{1}{\sqrt{x}}$

ヒント（問題 3）
(1)　$y\cdot y\cdot y=x$ の両辺を微分する。なお，
$(y\cdot y\cdot y)'$
$=y'(y\cdot y)+y\cdot(y\cdot y)'$
を使って計算する。
(2)　$y\cdot y=\dfrac{1}{x}$ の両辺を微分。

◆◆◆◆◆ 練 習 問 題 ◆◆◆◆◆　EXERCISE

■ 1 ■　次の関数を微分しなさい。

(1)　$y=(x+1)(3x-5)$　　(2)　$y=(3x^2+2x+5)(2x+1)$

(3)　$y=x^2(x^2+1)$　　(4)　$y=\dfrac{2x-3}{5x+8}$

(5)　$y=\dfrac{1}{x^2+3x-1}$　　(6)　$y=\sqrt[3]{x^2}$

(7)　$y=\dfrac{1}{\sqrt[3]{x}}$　　(8)　$y=\dfrac{\sqrt{x}}{3x+2}$

■ 4 ■ 微分公式(2)

■ 合成関数の微分公式

関数 $y=(4x-5)^3$ の微分は，右辺を展開して計算することもできる。しかし，次のように考えると便利である。

まず $u=4x-5$ とおく。すると $y=u^3$ だから両辺を u で微分して $\dfrac{dy}{du}=3u^2$。他方 $u=4x-5$ より $\dfrac{du}{dx}=4$

ここで次の**合成関数の微分公式**を使う：

$$\frac{dy}{dx}=\frac{dy}{du}\cdot\frac{du}{dx}=3u^2\cdot 4=12u^2=12(4x-5)^2$$

合成関数の微分公式

$y=g(u)$，$u=f(x)$ のとき，

$$\frac{dy}{dx}=\frac{dy}{du}\cdot\frac{du}{dx}$$

補足…合成関数

関数 $y=(4x-5)^3$ を，関数 $g(u)=u^3$ と $f(x)=4x-5$ を下図の要領で $y=g(f(x))$ と合成した関数と考え，合成関数という。

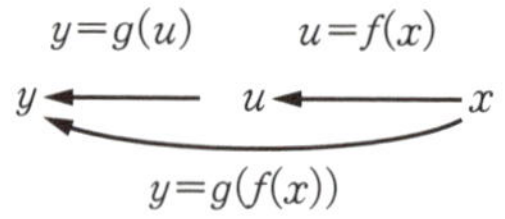

参考

左の公式は，右辺を約分すると左辺に等しくなるようにできていると考えればよい。

例題 1 次の関数を微分しなさい。

(1) $y=(2x+1)^3$　　(2) $y=\dfrac{1}{(x^2-x+1)^2}$

解答 (1) $u=2x+1$ とおくと，$y=u^3$

よって　$\dfrac{du}{dx}=2$，$\dfrac{dy}{du}=3u^2$

したがって，$\dfrac{dy}{dx}=\dfrac{dy}{du}\cdot\dfrac{du}{dx}=3u^2\cdot 2=6(2x+1)^2$

(2) $u=x^2-x+1$ とおくと，$y=\dfrac{1}{u^2}$

よって　$\dfrac{du}{dx}=2x-1$，$\dfrac{dy}{du}=-\dfrac{2}{u^3}$

したがって，$\dfrac{dy}{dx}=\dfrac{dy}{du}\cdot\dfrac{du}{dx}=\left(-\dfrac{2}{u^3}\right)\cdot(2x-1)=-\dfrac{2(2x-1)}{(x^2-x+1)^3}$

補足…別の形の公式

合成関数の微分公式は，次の形に表されることもある。

$\dfrac{d}{dx}\{g(f(x))\}$

$=g'(f(x))f'(x)$

この形は慣れると使いやすい。

■ 問題 1 ■ 次の関数を微分しなさい。

(1) $y=(3x-2)^4$　　(2) $y=\dfrac{1}{(x^2+1)^3}$

■ 逆関数の微分公式

関数 $y=f(x)$ を x について解くことができるとき，$x=f^{-1}(y)$ と表して，f^{-1} を f の逆関数という。

補足…逆関数

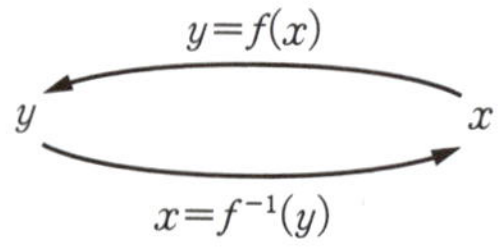

このとき，$f^{-1}(f(x))=x$，$f(f^{-1}(y))=y$ が成り立つ。

例題 2　$f(x)=\dfrac{3}{2x+1}$ の逆関数を求めなさい。

解答　$y=\dfrac{3}{2x+1}$ より $y(2x+1)=3$

$2yx=-y+3$　より　$x=\dfrac{-y+3}{2y}$

したがって f の逆関数 $f^{-1}(y)=\dfrac{-y+3}{2y}$

補足
関数 f の逆関数が f^{-1} のとき，$y=f(x)$ のグラフを直線 $y=x$ で折り返す（対称移動させる）と $y=f^{-1}(x)$ のグラフになる。

逆関数の微分公式

$$\frac{dy}{dx}=\frac{1}{\dfrac{dx}{dy}}$$

補足…逆関数の微分公式
公式 $\dfrac{dy}{dx}=\dfrac{1}{\dfrac{dx}{dy}}$ を

$\dfrac{dy}{dx}\cdot\dfrac{dx}{dy}=1$ と変形すると

$\dfrac{y\text{の変化量}}{x\text{の変化量}}\cdot\dfrac{x\text{の変化量}}{y\text{の変化量}}=1$

という当然の公式になる。

例題 3　例題 2 で，f と f^{-1} の導関数を求め，逆関数の微分公式を確かめなさい。

解答　$f'(x)=\dfrac{-6}{(2x+1)^2}$　と計算できる。

$f^{-1}(y)=\dfrac{-y+3}{2y}$ だから y で微分すると　$\dfrac{df^{-1}(y)}{dy}=\dfrac{-3}{2y^2}$

ここで $y=\dfrac{3}{2x+1}$ であるから　$\dfrac{df^{-1}(y)}{dy}=\dfrac{-3}{2\left(\dfrac{3}{2x+1}\right)^2}=\dfrac{-(2x+1)^2}{6}$

以上から $f'(x)\cdot(f^{-1})'(y)=1$

問題 2　関数 $f(x)=\dfrac{1}{x+2}$ の逆関数 $f^{-1}(y)$ および，f と f^{-1} の導関数を求めなさい。

◆◆◆◆◆ 練習問題 ◆◆◆◆◆　EXERCISE

1　次の関数を微分しなさい。

(1)　$y=(3x+5)^{10}$　　(2)　$y=(2x^2-4x+3)^8$

(3)　$y=\sqrt{2x+1}$　　(4)　$y=\sqrt{x^2+x+1}$

2　関数 $f(x)=\dfrac{2x}{x-1}$ の逆関数 f^{-1} を求め，f と f^{-1} の導関数を計算し，逆関数の微分公式が成り立っていることを確かめなさい。

5 いろいろな関数の微分（その1）

三角関数の微分

sin x, cos x, tan x の導関数

$(\sin x)'=\cos x$,　$(\cos x)'=-\sin x$,　$(\tan x)'=\dfrac{1}{\cos^2 x}$

補足…sin x, cos x の微分

$(\sin x)'=\cos x$ および，$(\cos x)'=-\sin x$ は，$\displaystyle\lim_{\theta\to 0}\frac{\sin\theta}{\theta}=1$ を利用して，定義式より導かれる。

例題 1 次の関数の導関数を求めなさい。

(1) $y=\sin 3x$　　(2) $y=x\cos x$

解答 (1) $u=3x$ とおくと，$y=\sin u$ であり，$\dfrac{du}{dx}=3$,

$\dfrac{dy}{du}=\cos u$　したがって，$\dfrac{dy}{dx}=\dfrac{dy}{du}\cdot\dfrac{du}{dx}=(\cos u)\cdot 3=3\cos 3x$

(2) 積の微分公式より，$y'=(x)'\cos x+x(\cos x)'=\cos x-x\sin x$

補足…tan x の微分

$$(\tan x)'=\left(\frac{\sin x}{\cos x}\right)'$$
$$=\frac{(\sin x)'\cos x-\sin x(\cos x)'}{\cos^2 x}$$
$$=\frac{\cos^2 x+\sin^2 x}{\cos^2 x}=\frac{1}{\cos^2 x}$$

問題 1 次の関数の導関数を求めなさい。

(1) $y=\cos 2x$　　(2) $y=x^2\sin x$

ネイピアの数

指数関数 a^x のグラフは必ず点 (0, 1) を通る。点 (0, 1) での接線の傾きがちょうど1になるときの底 a の値を e と書き，ネイピアの数という。つまり $f(x)=e^x$ とすると $f'(0)=1$ となることが e の定義である。

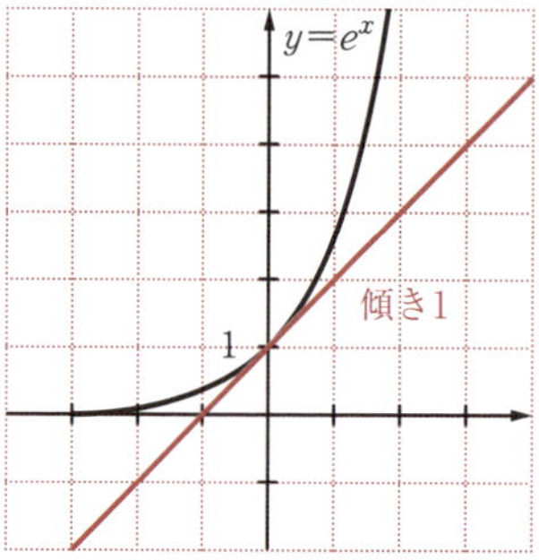

補足…ネイピアの数 e

$e=2.718281828\cdots$

であり，

$\displaystyle e=\lim_{h\to 0}(1+h)^{\frac{1}{h}}$

でもある。e は自然対数の底とも呼ばれる。

補足…log x の記法

この本では $\log_e x$ を略して $\log x$ と書く。

工学の書物や関数電卓では $\log_e x$ を $\ln(x)$ と表し，常用対数 $\log_{10}x$ を $\log x$ と表すこともあるので注意する。

指数関数の微分

$f(x)=e^x$ の導関数を求めよう。$f'(0)=1$ なので $\displaystyle f'(0)=\lim_{h\to 0}\frac{e^h-1}{h}=1$

だから $\displaystyle\lim_{h\to 0}\frac{e^{x+h}-e^x}{h}=e^x\lim_{h\to 0}\frac{e^h-1}{h}=e^x$　よって $(e^x)'=e^x$

e^x の導関数

$$(e^x)'=e^x$$

例題 2 次の関数の導関数を求めなさい。

(1) $y=2^x$　　(2) $y=e^{2x}$

解答 (1) $y'=(\log 2)2^x$

(2) $u=2x$ とおくと，$y=e^u$ であり，$\dfrac{du}{dx}=2$，$\dfrac{dy}{du}=e^u$

したがって，$\dfrac{dy}{dx}=\dfrac{dy}{du}\cdot\dfrac{du}{dx}=e^u\cdot 2=2e^{2x}$

■ **問題 2** ■ 次の関数の導関数を求めなさい。

(1) $y=e^{-x}$　　(2) $y=e^x\sin x$

補足…a^x の微分

対数の公式から $a=e^{\log_e a}$ である。$\log a=\log_e a$ として $a=e^{\log a}$ より $a^x=e^{(\log a)x}$

合成関数の微分公式から

$$(e^{(\log a)x})'=(\log a)e^{(\log a)x}$$
$$=(\log a)a^x$$

よって

$$(a^x)'=(\log a)a^x$$

対数関数の微分

$\log x$ の導関数

$$(\log x)'=\frac{1}{x}$$

$x<0$ のときも，次の公式が成り立つ。$(\log|x|)'=\dfrac{1}{x}$

補足…$\log x$ の微分

$y=\log x$ は $x=e^y$ と表されるので，逆関数の微分法より

$$\frac{dy}{dx}=\frac{1}{\frac{dx}{dy}}=\frac{1}{e^y}=\frac{1}{x}$$

例題 3 関数 $y=\log(x^2+x+3)$ の導関数を求めなさい。

解答 $u=x^2+x+3$ とおくと，$y=\log u$ であり，$\dfrac{du}{dx}=2x+1$，$\dfrac{dy}{du}=\dfrac{1}{u}$ したがって，$\dfrac{dy}{dx}=\dfrac{dy}{du}\cdot\dfrac{du}{dx}=(2x+1)\cdot\dfrac{1}{u}=\dfrac{2x+1}{x^2+x+3}$

補足…$\log|x|$ の微分

$x<0$ のとき $(\log|x|)'=\dfrac{1}{x}$

であることを証明する。

$y=\log|x|$，$u=|x|$ とおく。

このとき，$y=\log u$，

$$\frac{dy}{du}=\frac{1}{u},\quad \frac{du}{dx}=-1$$

となる。よって，

$$\frac{dy}{dx}=\frac{dy}{du}\cdot\frac{du}{dx}$$
$$=\frac{1}{u}(-1)=-\frac{1}{(-x)}=\frac{1}{x}$$

■ **問題 3** ■ 次の関数の導関数を求めなさい。

(1) $y=\log(3x+4)$　　(2) $y=x\log x$

◆◆◆◆◆ 練習問題 ◆◆◆◆◆ EXERCISE

■ **1** ■ 次の関数を微分しなさい。

(1) $y=\sin 2x+\cos 3x$　　(2) $y=\cos\left(2x-\dfrac{\pi}{3}\right)$

(3) $y=\sin x\cos x$　　(4) $y=\sin^2 x$

(5) $y=e^x-x-1$　　(6) $y=e^{2x+3}$

(7) $y=x^2e^x$　　(8) $y=e^{2x}\sin x$

(9) $y=\log(x^2+1)$　　(10) $y=x^2\log x$

■ **2** ■ 次の関数のグラフに指定された点で接する，接線の方程式を求めなさい。

(1) $y=\sin x$，点 A(0, 0)　　(2) $y=e^x$，点 B(1, e)

■ 6 ■ いろいろな関数の微分（その 2）

■ 対数微分法

関数 $y=f(x)$ を微分するときに，両辺の対数をまずとってから微分し，y' を求めることがある。この方法を対数微分法という。

対数微分法

$(\log|y|)'=\dfrac{y'}{y}$ によって y' を求める方法

補足
$(\log|y|)'=\dfrac{y'}{y}$ であることは次のように示される。
$z=\log|y|$ とおく。合成関数の微分法より，
$(\log|y|)'=\dfrac{dz}{dy}\cdot\dfrac{dy}{dx}=\dfrac{1}{y}\cdot y'$

例題 1 次の関数を対数微分法により微分しなさい。

(1) $y=2^x$　　(2) $y=\dfrac{(x+1)(x+3)}{(x+2)(x+4)}$

解答 (1) 両辺の対数をとると，$\log y=x\log 2$　この両辺を x で微分すると，$\dfrac{y'}{y}=\log 2$　よって，$y'=(\log 2)y=(\log 2)2^x$

(2) 両辺の絶対値の対数をとると，$\log|y|=\log\left|\dfrac{(x+1)(x+3)}{(x+2)(x+4)}\right|$

$=\log|x+1|+\log|x+3|-\log|x+2|-\log|x+4|$

両辺を x で微分すると，$\dfrac{y'}{y}=\dfrac{1}{x+1}+\dfrac{1}{x+3}-\dfrac{1}{x+2}-\dfrac{1}{x+4}$

よって，$y'=\dfrac{(x+1)(x+3)}{(x+2)(x+4)}\left(\dfrac{1}{x+1}+\dfrac{1}{x+3}-\dfrac{1}{x+2}-\dfrac{1}{x+4}\right)$

補足
α を実数とする。
公式 $(x^\alpha)'=\alpha x^{\alpha-1}$ を対数微分法により示す。
$y=x^\alpha$ について，両辺の絶対値の対数をとると，
$\log|y|=\log|x|^\alpha$
$=\alpha\log|x|$
両辺を x で微分すると，
$\dfrac{y'}{y}=\dfrac{\alpha}{x}$
よって，
$y'=\alpha\dfrac{y}{x}=\alpha\dfrac{x^\alpha}{x}=\alpha x^{\alpha-1}$

■ 問題 1 ■ 次の関数を対数微分法により微分しなさい。

(1) $y=2^{x^2}$　　(2) $y=\dfrac{(x+3)^3}{(x+1)(x+2)^2}$

■ 逆三角関数

関数 $y=\sin x$ の逆関数のグラフは，$y=\sin x$ のグラフを直線 $y=x$ で折り返したグラフ（右図）になる，と一応考えられる。しかし，このままでは，各 x に対する y の値が複数あり，関数のグラフとは言えない。グラフの範囲を制限して，「x の値を定めると y の値が定まる」ようにする必要がある。そこで，グラフの赤色の部分だけに注目すると，関数のグラフといえる。これが $y=\sin^{-1}x$ のグラフである。改めてかくと，次図の左が逆三角関数 $y=\sin^{-1}x$ のグラフ，右は元の関数 $y=\sin x$ $\left(-\dfrac{\pi}{2}\leqq x\leqq\dfrac{\pi}{2}\right)$ のグラフである。

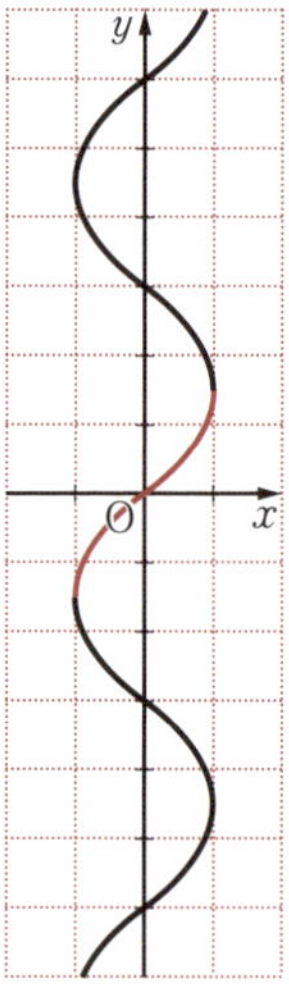

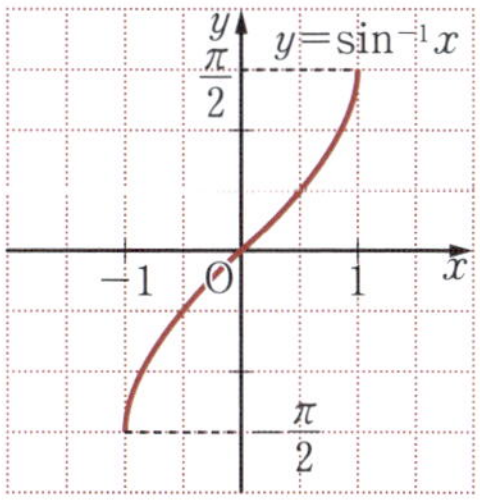

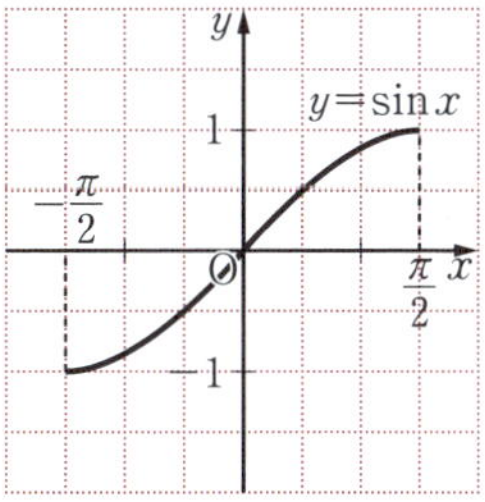

例題 2　$\sin^{-1}\left(\dfrac{1}{2}\right)$ の値を求めなさい。

解答　$x=\sin^{-1}\left(\dfrac{1}{2}\right)$ とおくと $\sin x=\dfrac{1}{2}$　$-\dfrac{\pi}{2}\leqq x\leqq\dfrac{\pi}{2}$ の範囲で $\sin x=\dfrac{1}{2}$ となる x を探すと，$x=\dfrac{\pi}{6}$。答えは　$\sin^{-1}\left(\dfrac{1}{2}\right)=\dfrac{\pi}{6}$

■ **問題 2** ■　$\sin^{-1}(1)$，$\sin^{-1}(0)$，$\sin^{-1}\left(\dfrac{1}{\sqrt{2}}\right)$ の値をそれぞれ求めなさい。

■ 逆三角関数の微分

$\sin^{-1}x$，$\tan^{-1}x$ の導関数

$$(\sin^{-1}x)'=\frac{1}{\sqrt{1-x^2}},\qquad (\tan^{-1}x)'=\frac{1}{1+x^2}$$

例題 3　関数 $y=\sin^{-1}\dfrac{x}{2}$ の導関数を求めなさい。

解答　$u=\dfrac{x}{2}$ とおくと，$y=\sin^{-1}u$，$\dfrac{du}{dx}=\dfrac{1}{2}$，$\dfrac{dy}{du}=\dfrac{1}{\sqrt{1-u^2}}$

したがって，$\dfrac{dy}{dx}=\dfrac{dy}{du}\cdot\dfrac{du}{dx}=\dfrac{1}{2\sqrt{1-u^2}}=\dfrac{1}{2\sqrt{1-\left(\dfrac{x}{2}\right)^2}}=\dfrac{1}{\sqrt{4-x^2}}$

■ **問題 3** ■　関数 $y=\tan^{-1}\dfrac{x}{3}$ の導関数を求めなさい。

補足

下は $y=\tan^{-1}x$ のグラフ。

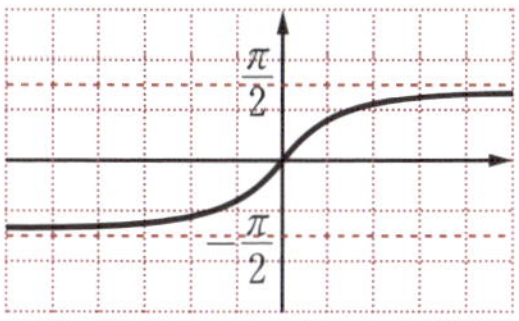

$y=\tan x\ \left(-\dfrac{\pi}{2}<x<\dfrac{\pi}{2}\right)$ の逆関数 $\tan^{-1}$ の，値の範囲は

$-\dfrac{\pi}{2}<\tan^{-1}x<\dfrac{\pi}{2}$

補足…$\sin^{-1}x$ の微分

$y=\sin^{-1}x \iff x=\sin y$

だから，逆関数の微分法より

$$\frac{dy}{dx}=\frac{1}{\frac{dx}{dy}}=\frac{1}{\cos y}$$

$\cos y=\sqrt{1-\sin^2 y}=\sqrt{1-x^2}$

より，$(\sin^{-1}x)'=\dfrac{1}{\sqrt{1-x^2}}$

補足…$\tan^{-1}x$ の微分

$y=\tan^{-1}x \iff x=\tan y$

を使う。逆関数微分より

$$\frac{dy}{dx}=\frac{1}{\frac{dx}{dy}}=\frac{1}{\frac{1}{\cos^2 y}}$$

$$=\cos^2 y$$

一方，

$$x^2=\tan^2 y=\frac{\sin^2 y}{\cos^2 y}$$

$$=\frac{1-\cos^2 y}{\cos^2 y}$$

より，$\cos^2 y=\dfrac{1}{1+x^2}$

よって，$(\tan^{-1}x)'=\dfrac{1}{1+x^2}$

◆◆◆◆◆ 練習問題 ◆◆◆◆◆　EXERCISE

■ **1** ■　次の関数を微分しなさい。

(1)　$y=e^{e^x}$　(2)　$y=\dfrac{x^2}{(x^2-1)^2}$　(3)　$y=x^x$　(4)　$y=\tan^{-1}\left(\dfrac{x}{2}\right)$

7 関数の増減と極大・極小

関数の増減

関数 $y=f(x)$ の $x=a$ における微分係数 $f'(a)$ は，$y=f(x)$ のグラフの点 $(a,\ f(a))$ での接線の傾きを表している。

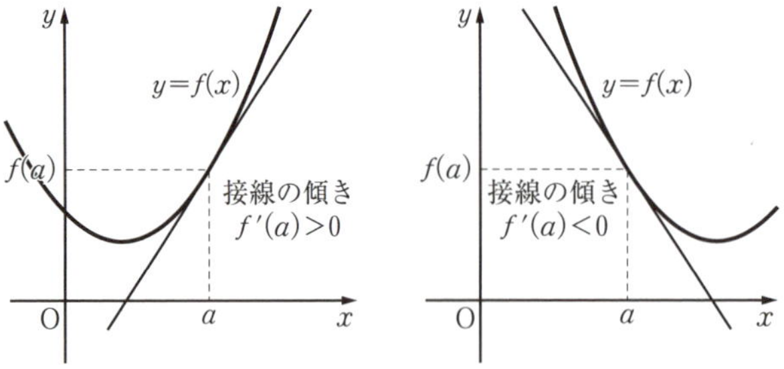

関数の増減

$f'(a)>0 \quad \Rightarrow \quad x=a$ の付近で $f(x)$ は増加

$f'(a)<0 \quad \Rightarrow \quad x=a$ の付近で $f(x)$ は減少

例題 1 $f(x)=x^3-3x+1$ の増減を調べなさい。

解答 $f'(x)=3x^2-3=3(x-1)(x+1)$ したがって，$x<-1$，$1<x$ のとき $f'(x)>0$ であり，$-1<x<1$ のとき $f'(x)<0$ である。よって，$f(x)$ は $x<-1$，$1<x$ で増加し，$-1<x<1$ で減少する。

例題 1 のグラフ

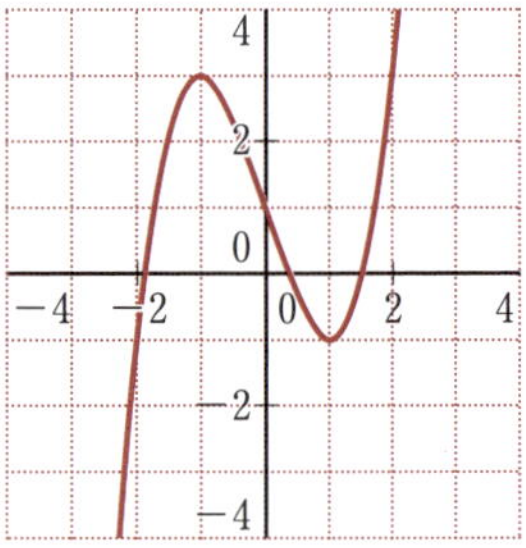

問題 1 $f(x)=x^3-3x^2+1$ の増減を調べなさい。

関数の極大・極小

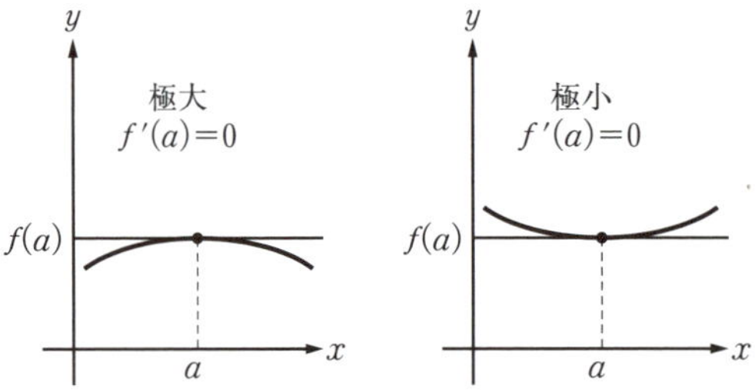

関数 $y=f(x)$ が，$x=a$ の前後で増加から減少に変わるとき，$f(x)$ は $x=a$ で極大となる，といい，$f(a)$ を極大値という。逆に，$x=a$ の前後で減少から増加に変わるとき，$f(x)$ は $x=a$ で極小となる，といい，$f(a)$ を極小値という。

補足…極値である条件

$f'(a)=0$ であっても $x=a$ で極値をとらないこともある。例えば，$f(x)=x^3$ を考える。$f'(x)=3x^2$ より，$f'(0)=0$ であるが，この関数は $x=0$ の付近で増加しており，$x=0$ で極値はとらない。

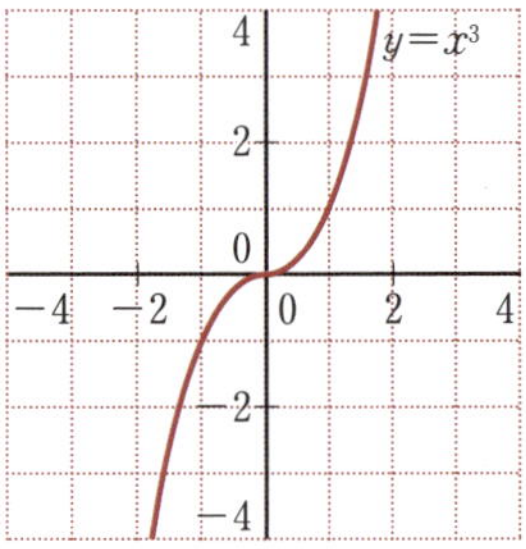

極値の判定

関数 $f(x)$ が $x=a$ で極値をとることを以下で判定できる。

極値

$f'(a)=0$ であって，

$x=a$ を境に $f'(x)$ の符号が正から負へ変化

$\Rightarrow$ $f(a)$ は極大値

$x=a$ を境に $f'(x)$ の符号が負から正へ変化

$\Rightarrow$ $f(a)$ は極小値

例題 2　次の関数の極値を求めなさい。

(1)　$f(x)=-x^3+3x^2+9x-2$　　(2)　$f(x)=x^3-3x^2+3x+8$

解答　(1)　$f'(x)=-3x^2+6x+9=-3(x-3)(x+1)$

よって，$x=-1$，3 で $f'(x)=0$ となり，極値をとる x の候補は $x=-1$ と $x=3$

x が増えるとき，$f'(x)$ の符号は $x=-1$ では負から正に，$x=3$ で正から負に変わる。よって，$x=-1$ で極小値 $f(-1)=-7$，$x=3$ で極大値 $f(3)=25$ をとる。

(2)　$f'(x)=3x^2-6x+3=3(x-1)^2$

よって，$x=1$ で $f'(x)=0$ となり，極値をとる x の候補は $x=1$

$f'(x)$ の符号は $x=1$ の左右で共に正である。よって，$x=1$ では極値をとらず，極値は存在しない。

例題 2 のグラフ

(1)

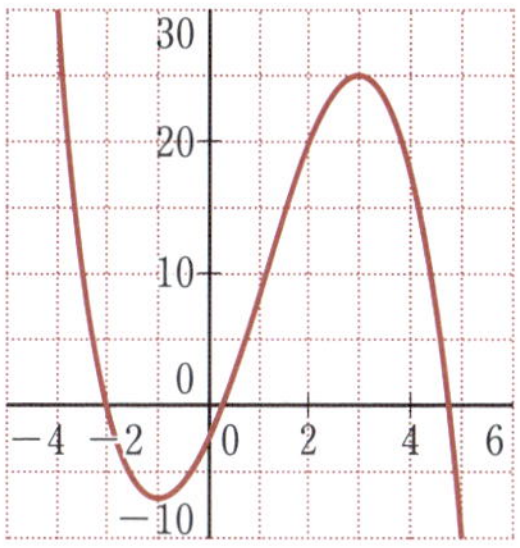

(2)

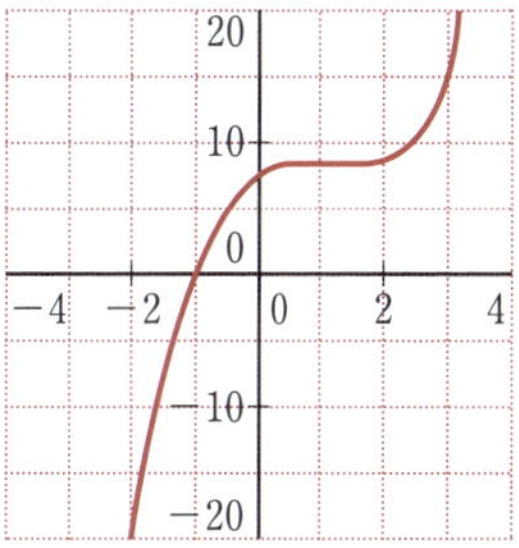

問題 2　次の関数の極値を求めなさい。

(1)　$f(x)=x^3+6x^2+4$　　(2)　$f(x)=-x^3+1$

練習問題　EXERCISE

1　次の関数の増減を調べ，極値を求めなさい。

(1)　$f(x)=x^2-4x$　　(2)　$f(x)=-x^3-6x^2+15x+5$

(3)　$f(x)=\sqrt{x^2+1}$　　(4)　$f(x)=\dfrac{e^x+e^{-x}}{2}$

2　次の関数の極値を求めなさい。ただし，$f(x)$ の定義域はカッコに示されている範囲とする。

(1)　$f(x)=x+\dfrac{1}{x}$　$(0<x)$　　(2)　$f(x)=xe^x$　$(-\infty<x<\infty)$

8 微分の応用

物体の運動——時間の関数としての位置と速度

数直線上を運動する物体の時刻 t（秒）での位置を $x(t)$（メートル）とする。このとき，時刻 $t=a$ から $t=b$ まで $b-a$ 秒間の物体の移動は $x(b)-x(a)$ である。

平均速度

$t=a$ から $t=b$ までの平均速度 v は　$v=\dfrac{x(b)-x(a)}{b-a}$

物体の時刻 $t=a$ における瞬間の速度は，平均速度 $\dfrac{x(b)-x(a)}{b-a}$ で $b\to a$ としたものである。つまり速度 $v(t)$ は位置 $x(t)$ の微分である。

速度

時刻 t における速度を $v(t)$ とすると　$v(t)=\dfrac{dx(t)}{dt}$

例題 1　時刻 t でのある物体の位置を $x(t)=t^2$ とする。このとき，$t=2$ における速度 $v(2)$ ［m/s］を求めなさい。

解答　$v(t)=\dfrac{dx}{dt}=2t$　よって，$v(2)=4$ ［m/s］

問題 1　時刻 t でのある物体の位置を $x(t)=t^3$ とする。このとき，$t=2$ における速度 $v(2)$ ［m/s］を求めなさい。

2 次導関数

関数 $f(x)$ の導関数 $f'(x)$ をもう一回微分した $(f'(x))'$ を 2 次導関数といい，$f''(x)$ と書く。

例　$f(x)=x^3$ のとき $f'(x)=3x^2$，$f''(x)=(f'(x))'=6x$

例　$f(x)=\sin x$ のとき $f'(x)=\cos x$，$f''(x)=(f'(x))'=-\sin x$

問題 2　次の関数の導関数と 2 次導関数を求めなさい。

(1)　$f(x)=4x^2+5x-6$　　(2)　$f(x)=\cos x$

(3)　$f(x)=e^x$　　(4)　$f(x)=\log x$

加速度

時刻 t での速度を $v(t)$ とする。速度の微分を加速度という。加速度は位置の 2 次導関数である。

補足
この節では数直線上の 1 次元的な運動のみを考える。平面上の 2 次元的な運動を考える場合は，時刻 t での位置をベクトル

$\boldsymbol{p}(t)=(x(t),\ y(t))$

とする。（9 節参照）

補足
この 8 節と次の 9 節では，時間の単位は s（秒），距離の単位は断らない限り m とする。速度の単位は $\dfrac{\text{m}}{\text{s}}$，力の単位は $\dfrac{\text{kg}\times\text{m}}{\text{s}^2}$ である。

補足…$f(x)$ の 2 次導関数
$y=f(x)$ のとき，2 次導関数 $f''(x)$ を

y''，$\dfrac{d^2f}{dx^2}$，$\dfrac{d^2y}{dx^2}$

などとも書く。

加速度

時刻 t における加速度を $a(t)$［m/s²］とすると

$$a(t)=\frac{dv(t)}{dt}=\frac{d^2x(t)}{dt^2}$$

例題 2 時刻 t でのある物体の位置を $x(t)=t^2$ とする。このとき，$t=2$ における加速度 $a(2)$［m/s²］を求めなさい。

解答 $a(t)=\dfrac{d^2x}{dt^2}=2$ よって，$a(2)=2$［m/s²］

■ 問題 3 ■ 時刻 t でのある物体の位置を $x(t)=t^3$ とする。このとき，$t=2$ における加速度 $a(2)$［m/s²］を求めなさい。

■ 問題 4 ■（重力による落下の加速度）時刻 $t=0$ で真上に速度 v_0 で投げ上げた物体の位置 $x(t)$ は $x(t)=-4.9t^2+v_0t+x(0)$ で与えられる。ただし，$x(0)$ は $t=0$ での位置（初期位置）である。速度 $v(t)$ と加速度 $a(t)$ を求めなさい。

補足
ガリレオ・ガリレイは，物体の落下距離は，時間の 2 乗に比例することを発見した。ピサの斜塔から鉄球と木製の球を落として実験したというのは後世の説で，実際は斜めのレールの上で落下実験を行った。他に，望遠鏡を使って初めて月面を観察したり，木星に衛星があることを発見したりして，大きな影響を与えた。
「自然は数学の言葉で書かれている」という有名な言葉を残している。

■ 加速度と力――ニュートンの運動方程式

質量 m の物体に働く力 F と物体の加速度 a には $F=ma$ の関係がある。これがニュートンの運動方程式である。この方程式から，力が働かないときは加速度がゼロ，したがって一定の速度で直線上を運動することがわかる。

補足
重力のみによる運動では，加速度は必ず g になる。ここで g は重力加速度であり，約 9.8 m/s² である。これは地球が，地球表面上の質量 m の物体に，大きさ mg で地球の中心方向へ向く力を及ぼしているからである。

■ 問題 5 ■ 質量 m の物体に一定の力 F が常時働いている。時刻 $t=0$ ではこの物体は位置 $x(0)=0$ で静止（$v(0)=0$）していたとする。物体の位置 $x(t)$ と速度 $v(t)$ を求めなさい。

◆◆◆◆◆ 練習問題 ◆◆◆◆◆ EXERCISE

■ 1 ■ 位置 $x(t)=\sqrt{T-t}$ の物体の速度と加速度を求めなさい。ただし T は正の定数とする。

■ 2 ■ ある質量 100 g の物体が，時刻 $t=0$ の位置 $x(0)=10$ m，速度 $v(0)=20$ m/s であったとする。この物体に力 $F=5$ kg m/s² が働くとき，速度 $v(t)$ と加速度 $a(t)$ を求めなさい。

9　2次元空間での運動

2次元の空間の運動には，座標 $x(t)$，$y(t)$ があり，時刻 t での位置はベクトル $\boldsymbol{p}(t)=(x(t),\ y(t))$ で表される。

速度はベクトル $\boldsymbol{v}(t)=(v_x(t),\ v_y(t))=(x'(t),\ y'(t))$，加速度はベクトル $\boldsymbol{a}(t)=(a_x(t),\ a_y(t))=(x''(t),\ y''(t))$ である。

ボール投げ

ボールを投げたときの運動は，鉛直方向 $y(t)$ と水平方向 $x(t)$ の成分を持つ。ボールが手を離れた時刻を $t=0$，そのときのボールの位置を $\boldsymbol{p}(0)=(x(0),\ y(0))$，速度（初期速度）を $\boldsymbol{v}(0)=(v_x(0),\ v_y(0))$ とすると，

$$x(t)=v_x(0)t+x(0),\qquad y(t)=-\frac{g}{2}t^2+v_y(0)t+y(0)\quad \cdots\cdots(1)$$

である。なお，ここでは $g=9.8\ \mathrm{m/s^2}$ とする。

問題1　ボールを投げたときの運動について，以下の問題に答えなさい。

(1)　上の(1)式から，ボールの速度ベクトル $\boldsymbol{v}(t)$ と加速度ベクトル $\boldsymbol{a}(t)$ を求めなさい。

(2)　$\boldsymbol{p}(0)=(0,\ 0)$，$\boldsymbol{v}(0)=(10,\ 19.6)$ とする。投げたボールが落ちてきて $y(t)=0$（$t>0$）となるときの t の値と，その t の値での $x(t)$，$x'(t)$ および $y''(t)$ の値を求めなさい。

(3)　(2)の条件の下で，$y'(t)=0$ となるときの t の値と，その t の値での $x(t)$ の値を求めなさい。

円運動

原点中心，半径 R の円周上を一定の角速度 ω で回転する物体の運動では，位置ベクトル

$$\boldsymbol{p}(t)=(x(t),\ y(t))=(R\cos(\omega t+\theta_0),\ R\sin(\omega t+\theta_0))$$

となる。ただし θ_0 は初期位相（初期角度）である。

ヨーロッパやエジプトでは古代より盛んに天体の運動が研究され，太陽，月，星は地球を中心に円運動していると考えられてきた。17世紀になるとガリレオ・ガリレイが望遠鏡を使って木星の衛星を発見し，コペルニクス説の大きな傍証を与えた。続いてチコ=ブラーエの精密な惑星観測を分析したケプラーは惑星運動の3法則を発見した。そしてついにニュートンが万有引力の法則とニュートンの運動方程式によって，地上の重力による運動も，すべての天体の運動も，同一の原理で説明できることを明らかにした。同時に，微分と積分が世界にデビューしたのであ

補足…コペルニクス
天体の運動は，天動説により概ね説明することができた。しかし惑星という数個の天体が軌道上で逆行するなど不規則な運動をしており，悩みの種であった。16世紀になってコペルニクスが唱えた地動説では惑星の運動が相対的な円運動として簡単に説明できる。

補足…ケプラーの3法則
第1法則：惑星の軌道は太陽を1つの焦点とする楕円である。
第2法則：惑星と太陽とを結ぶ線分が単位時間に描く面積は一定である。
第3法則：惑星の公転周期の2乗は，軌道の長径の3乗に比例する（比例定数は共通）

る。今日では数学と物理に分類されるこの発見は近代科学を生み出しただけでなく，人々の世界観・自然観を変え，やがて世界そのものを大きく変えることになった。

ケプラーは惑星の運動が円ではなく楕円であることを示し，ニュートンは惑星が楕円軌道をとることを彼の微分方程式から導いた。しかしここでは，数学的にずっと平易な円運動の範囲で，ニュートン理論の一端を垣間見よう。

補足…微分積分の創始者
ニュートンと同時期にライプニッツが微分積分の研究を公表した。微分や積分の記号 $\frac{dy}{dx}$，$\int f(x)\,dx$ はライプニッツによる。「創始者争い」もあったが，現在では「両者が作った」と認められている。

■ **問題 2** ■　上記の円運動について，以下の問題に答えなさい。

(1)　$\boldsymbol{v}(t)$ および $\boldsymbol{a}(t)$ を求めなさい。

(2)　$\boldsymbol{v}(t)$ は円の接線方向を向き $\boldsymbol{p}(t)$ の方向とは直交すること，$\boldsymbol{a}(t)$ は中心方向を向き $\boldsymbol{v}(t)$ とは直交することを示しなさい。

(3)　速度の絶対値 $|v(t)|=\sqrt{(x'(t))^2+(y'(t))^2}$ および加速度の絶対値 $|a(t)|=\sqrt{(x''(t))^2+(y''(t))^2}$ を求めなさい。

■ **問題 3** ■　月が地球の周りを回るのは，地球の重力が月を引っ張っているからである。この場合重力は，万有引力の法則により $F=G\frac{mm'}{R^2}$ とされる。地球と月の距離 $R=384{,}400\ \mathrm{km}$，月が地球の周りを回る公転周期を 27.3 日，万有引力定数 $G=6.674\times10^{-11}\ \mathrm{m^3\,kg^{-1}\,s^{-2}}$ として次の問いに答えなさい。

(1)　月の公転運動の角速度 ω を求めなさい。

(2)　月の公転で働いている力の大きさ F を，R，ω を用いた式で表しなさい。また，月の質量は m とする。

(3)　月の公転は地球の重力によるものとして，$F=G\frac{mm'}{R^2}$ の力が $F=ma$ の力に等しいとして，地球の質量 m' を求めなさい。

注意
新月から次の新月まで，あるいは満月から次の満月までの期間は 29.5 日である。公転周期と食い違うのは，地球が太陽の周りを公転しているからで，1 年につき月の 1 回転分の公転が「無視される」ことになるからである。

■ **問題 4** ■　問題 3 で，地球の質量を求める上で月の質量を知る必要がないのはなぜか説明しなさい。

◆◆◆◆◆ 練習問題 ◆◆◆◆◆　EXERCISE

■ **1** ■　ボール投げの問題で，$\boldsymbol{p}(0)=(0,\ 20)$，速度（初期速度）を $\boldsymbol{v}(0)=(10,\ 10)$ とする。$y(t_1)=0$ となる t_1 および $x(t_1)$ を求めなさい。

■ **2** ■　地球と太陽の間の距離はおよそ 149,600,000 km である。地球は 1 年 365 日を公転周期とするとして，太陽の質量を求めなさい。G の値は問題 3 のものを使うこと。

4 積分

1 不定積分

原始関数と不定積分

関数 $f(x)$ に対して，$F'(x)=f(x)$ となる関数 $F(x)$ を $f(x)$ の**原始関数**という。$f(x)$ の原始関数を求めることを**積分する**という。C を任意の定数とすると，$F(x)+C$ も $f(x)$ の原始関数であり，任意の原始関数は $F(x)+C$ と表される。これを $f(x)$ の**不定積分**といい，次式のように書き表す。

$$\int f(x)\,dx=F(x)+C$$

ここで，$f(x)$ を**被積分関数**，x を**積分変数**，C を**積分定数**という。

不定積分の定義

$$\int f(x)dx=F(x)+C \iff F'(x)=f(x)$$

基本的な関数の不定積分

$$\int x^a dx=\frac{1}{a+1}x^{a+1}+C \quad (\text{ただし，}a \fallingdotseq -1)$$

$$\int \cos x\,dx=\sin x+C, \quad \int \sin x\,dx=-\cos x+C,$$

$$\int \frac{1}{\cos^2 x}dx=\tan x+C, \quad \int e^x dx=e^x+C,$$

$$\int \frac{1}{x}dx=\log|x|+C$$

微分公式

$(x^a)'=ax^{a-1}$,

$(\sin x)'=\cos x$,

$(\cos x)'=-\sin x$,

$(\tan x)'=\dfrac{1}{\cos^2 x}$,

$(e^x)'=e^x$,

$(\log|x|)'=\dfrac{1}{x}$

p.47 側注参照。

例題 1 次の不定積分を求めなさい。

(1) $\int x^3 dx$　(2) $\int \frac{1}{x^3}dx$　(3) $\int \sqrt{x}\,dx$

解答 (1) $\int x^3 dx=\frac{1}{4}x^4+C$

(2) $\int \frac{1}{x^3}dx=\int x^{-3}dx=\frac{1}{-2}x^{-2}+C=-\frac{1}{2x^2}+C$

(3) $\int \sqrt{x}\,dx=\int x^{\frac{1}{2}}dx=\frac{2}{3}x^{\frac{3}{2}}+C=\frac{2}{3}x\sqrt{x}+C$

補足

x^a の積分は，まず次数を1つ上げた x^{a+1} を微分して考えよう。例えば例題1(2)の場合，x^{-3} の次数を1つ上げ x^{-2} を微分し，

$(x^{-2})'=-2x^{-3}$

よって両辺を -2 で割って

$\left(\frac{1}{-2}x^{-2}\right)'=x^{-3}$

として不定積分を求める。

$a=-1$ の場合，つまり $x^{-1}=\frac{1}{x}$ なので $\log|x|+C$ となる。

問題 1 次の不定積分を求めなさい。

(1) $\int x\,dx$　(2) $\int 1\,dx$　(3) $\int x^{-4}dx$　(4) $\int x^{-\frac{1}{2}}dx$

積分の線形性

微分の線形性，つまり関数 $f(x)$，$g(x)$ と定数 k に対して

$$(kf(x))'=kf'(x),\quad (f(x)+g(x))'=f'(x)+g'(x)$$

が成り立つことから，次の**不定積分の線形性**が導かれる。

積分の線形性

$$\int kf(x)\,dx=k\int f(x)\,dx$$

$$\int (f(x)+g(x))\,dx=\int f(x)\,dx+\int g(x)\,dx$$

補足
不定積分の線形性より

$$\int \{f(x)-g(x)\}\,dx$$
$$=\int f(x)\,dx-\int g(x)\,dx$$

も成立する。

例題 2 次の不定積分を求めなさい。

(1) $\int\left(x^2-2x-4+\frac{3}{x}\right)dx$　　(2) $\int(4e^x+5\cos x)\,dx$

解答 (1) $\int\left(x^2-2x-4+\frac{3}{x}\right)dx=\frac{1}{3}x^3-x^2-4x+3\log|x|+C$

(2) $\int(4e^x+5\cos x)\,dx=4e^x+5\sin x+C$

問題 2 次の不定積分を求めなさい。

(1) $\int(x^3+2x^2+3x-2)\,dx$　　(2) $\int\left(2+\frac{3}{x}-\frac{4}{x^2}\right)dx$

練習問題　EXERCISE

1 次の不定積分を求めなさい。

(1) $\int x^4\,dx$　　(2) $\int\frac{1}{x^4}\,dx$

(3) $\int\sqrt[5]{x}\,dx$　　(4) $\int\frac{1}{\sqrt{x}}\,dx$

(5) $\int\sin x\,dx$　　(6) $\int e^x\,dx$

2 次の不定積分を求めなさい。

(1) $\int(x^2+3x-1)\,dx$　　(2) $\int\frac{x^5+2x^2-3}{x^3}\,dx$

(3) $\int\left(\frac{1}{2}e^x-3\sin x\right)dx$　　(4) $\int\left(\frac{5}{\cos^2 x}-2\cos x\right)dx$

(5) $\int\left(3x-2+\frac{3}{x}-\frac{1}{x^2}\right)dx$　　(6) $\int\left(x^{\frac{5}{3}}+3x^{\frac{1}{2}}-x^{-\frac{1}{2}}+4x^{-\frac{5}{3}}\right)dx$

2 不定積分の計算

置換積分

積分変数を置き換えて積分することを**置換積分**という。

例 積分$\int(3x+2)^2dx$で，$t=3x+2$ …①とおく。

①式の両辺を t で微分すると $1=3\dfrac{dx}{dt}$ より $\dfrac{dx}{dt}=\dfrac{1}{3}$

ここで $dx=\dfrac{dx}{dt}dt$ と考え，さらに被積分関数 $(3x+2)^2$ を t^2 で書き換えると，次のように積分される。

$$\int(3x+2)^2dx=\int t^2\frac{dx}{dt}dt=\int t^2\cdot\frac{1}{3}dt=\frac{1}{3}\int t^2dt=\frac{1}{9}t^3+C$$

$$=\frac{1}{9}(3x+2)^3+C$$

以上を公式にまとめると，次のようになる。

置換積分

$x=g(t)$ のとき

$$\int f(x)dx=\int f(g(t))\cdot\frac{dx}{dt}dt$$

補足
左の例の結果が正しいかどうか，結果を微分して確かめなさい。

補足…置換積分
要点は $dx=\dfrac{dx}{dt}dt$ である。
この部分だけが大事。要は約分である。
あとは変数 x をすべて t の式に置き換えて積分し，最後に x に戻す。

例題 1 次の不定積分を求めなさい。

(1) $\int(3x-2)^4dx$　(2) $\int\sin(2x+1)dx$　(3) $\int\dfrac{1}{3x-2}dx$

解答 (1) 与式$=\dfrac{1}{15}(3x-2)^5+C$

(2) 与式$=-\dfrac{1}{2}\cos(2x+1)+C$　(3) 与式$=\dfrac{1}{3}\log|3x-2|+C$

例 $\int x(x^2-1)^2dx$ の積分で，$t=x^2-1$ …②とおく。②式の両辺を t で微分して $1=2x\dfrac{dx}{dt}$，これから $2xdx=dt$，さらに $xdx=\dfrac{1}{2}dt$ として

$$\int x(x^2-1)^2dx=\int(x^2-1)^2xdx=\int t^2\cdot\frac{1}{2}dt=\frac{1}{6}t^3+C$$

$$=\frac{1}{6}(x^2-1)^3+C$$

補足
一般に $g(x)=h(t)$ のとき，左辺は x で微分して dx を書き加え，右辺は t で微分して dt を書き加え形式的に
$g'(x)dx=h'(t)dt$
となると考える。

補足
左の例の積分の結果が本当に正しいかどうか，結果を微分して確かめなさい。

問題 1 次の不定積分を求めなさい。

(1) $\int x\sin(x^2+1)dx$　(2) $\int\dfrac{(\log x)^2}{x}dx$　(3) $\int x\sqrt{1-x}\,dx$

■ 部分積分

積の微分公式を使って $f(x)g(x)$ を微分すると，

$$(f(x)g(x))'=f'(x)g(x)+f(x)g'(x)$$

よって　$f'(x)g(x)=(f(x)g(x))'-f(x)g'(x)$

であるから，この両辺を積分すると次の**部分積分**の公式が得られる。

部分積分

$$\int f'(x)g(x)\,dx=f(x)g(x)-\int f(x)g'(x)\,dx$$

$$\int f'(x)g(x)\,dx=f(x)g(x)-\int f(x)g'(x)\,dx$$

積分　微分

補足
部分積分は関数を入れ替えて

$$\int f\cdot g'\,dx=f\cdot g-\int f'\cdot g\,dx$$

微分　積分

のように計算してもよい。どちらを積分し，どちらを微分するかは重大な問題である。

例題 2　次の不定積分を求めなさい。

(1) $\int x\log x\,dx$　　(2) $\int x\sin x\,dx$

解答　(1) $\int x\log x\,dx=\int\left(\frac{1}{2}x^2\right)'\log x\,dx$

$=\frac{1}{2}x^2\log x-\int\frac{1}{2}x^2(\log x)'\,dx$

$=\frac{1}{2}x^2\log x-\frac{1}{2}\int x\,dx=\frac{1}{2}x^2\log x-\frac{1}{4}x^2+C$

(2) $\int x\sin x\,dx=\int x(-\cos x)'\,dx$

$=x(-\cos x)-\int(x)'(-\cos x)\,dx=-x\cos x+\int\cos x\,dx$

$=-x\cos x+\sin x+C$

補足
関数の積の形になっていても必ず部分積分法で計算できるとは限らない。
部分積分法でまず積分してみる関数としては，
① 指数関数
② 三角関数
③ 多項式型の関数
の順に優先するとよい。

補足
本書では，まず積分している部分がどこかを明確にするため，例題2のように，関数 $f(x)$ の積分が $F(x)$ なら $f(x)$ を $(F(x))'$ と記している。
このように書いておくと，どの関数を積分したのか分かりやすく間違えにくい。

練習問題　EXERCISE

1　次の不定積分を求めなさい。

(1) $\int(2x+3)^3\,dx$　　(2) $\int\cos(3x-1)\,dx$　　(3) $\int\frac{1}{3-2x}\,dx$

2　次の不定積分を［ ］に示された置換を用いて求めなさい。

(1) $\int x^2(x^3+1)^2\,dx$ $[x^3+1=t]$　　(2) $\int\frac{e^x}{e^x+2}\,dx$ $[e^x+2=t]$

3　次の不定積分を求めなさい。

(1) $\int x\cos x\,dx$　　(2) $\int xe^x\,dx$　　(3) $\int\log x\,dx$

ヒント
(3) 積分される関数 $\log x$ を1との積 $1\cdot\log x$ と見なして部分積分を行う。

3 定積分

定積分とその性質

関数 $f(x)$ の原始関数の一つを $F(x)$ として，次の

$$\int_a^b f(x)\,dx=\Big[F(x)\Big]_a^b=F(b)-F(a)$$

を関数 $f(x)$ の **a から b までの定積分**という。ここで，a を**下端**，b を**上端**，$a \leqq x \leqq b$ の区間を**積分区間**という。

定積分は，原始関数のとり方によらない。積分定数は無視してよい。また積分変数のとり方にもよらない。つまり

$$\int_a^b f(x)\,dx=\int_a^b f(t)\,dt$$

であって，定積分の値は関数 f 自体と積分区間で決まる。

不定積分と同様，線形性が成り立つ。

線形性

$$\int_a^b kf(x)\,dx=k\int_a^b f(x)\,dx,$$

$$\int_a^b \{f(x)+g(x)\}\,dx=\int_a^b f(x)\,dx+\int_a^b g(x)\,dx$$

補足
不定積分と同様，次も成り立つ。

$$\int_a^b \{f(x)-g(x)\}\,dx$$
$$=\int_a^b f(x)\,dx-\int_a^b g(x)\,dx$$

例題 1 次の定積分の値を求めなさい。

(1) $\displaystyle\int_4^9 \sqrt{x}\,dx$ (2) $\displaystyle\int_1^e \frac{1}{x}\,dx$ (3) $\displaystyle\int_0^\pi (2\sin x+3\cos x)\,dx$

解答 (1) $\displaystyle\int_4^9 \sqrt{x}\,dx=\int_4^9 x^{\frac{1}{2}}\,dx=\left[\frac{2}{3}x^{\frac{3}{2}}\right]_4^9$

$$=\frac{2}{3}\left(9^{\frac{3}{2}}-4^{\frac{3}{2}}\right)=\frac{2}{3}(27-8)=\frac{38}{3}$$

(2) $\displaystyle\int_1^e \frac{1}{x}\,dx=\Big[\log|x|\Big]_1^e=\log e-\log 1=1$

(3) $\displaystyle\int_0^\pi (2\sin x+3\cos x)\,dx=\Big[-2\cos x+3\sin x\Big]_0^\pi$

$$=-2\Big[\cos x\Big]_0^\pi+3\Big[\sin x\Big]_0^\pi$$

$$=-2(\cos\pi-\cos 0)+3(\sin\pi-\sin 0)=-2(-1-1)+3(0-0)=4$$

ヒント

(1) $9^{\frac{3}{2}}=(9^{\frac{1}{2}})^3=3^3=27$

$4^{\frac{3}{2}}=(4^{\frac{1}{2}})^3=2^3=8$

(2) $\log e=1$，$\log 1=0$

問題 1 次の定積分の値を求めなさい。

(1) $\displaystyle\int_{-1}^3 (x^2+4x-5)\,dx$ (2) $\displaystyle\int_1^{16} \frac{1}{\sqrt{x}}\,dx$

(3) $\displaystyle\int_0^{\pi/2} \sin x\,dx$ (4) $\displaystyle\int_0^1 e^x\,dx$

■ **定積分と面積**

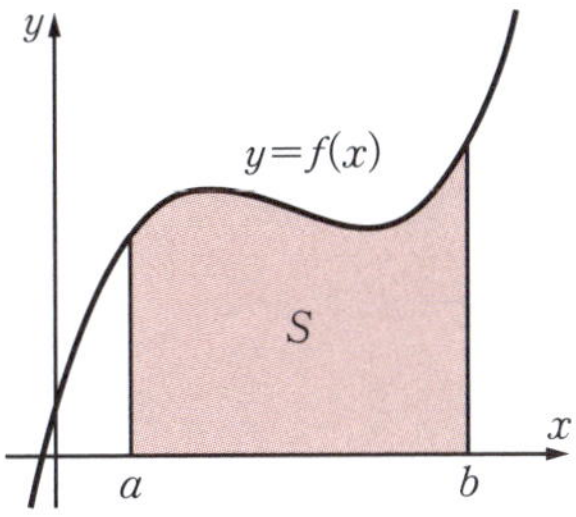

区間 $a \leqq x \leqq b$ で $f(x) \geqq 0$ のとき，曲線 $y=f(x)$ と x 軸および2直線 $x=a$，$x=b$ で囲まれた図形の面積を S とすると

$$S=\int_a^b f(x)\,dx$$

である。本来定積分はこのように面積で定義される。実際，関数 e^{-x^2} の原始関数は，多項式，分数式，無理式，三角関数，逆三角関数，指数・対数関数やその四則演算・合成関数などで表すことはできない。強いて言えば，上端が変数 x の定積分を使って

$$F(x)=\int_0^x e^{-t^2}\,dt=S(x)$$

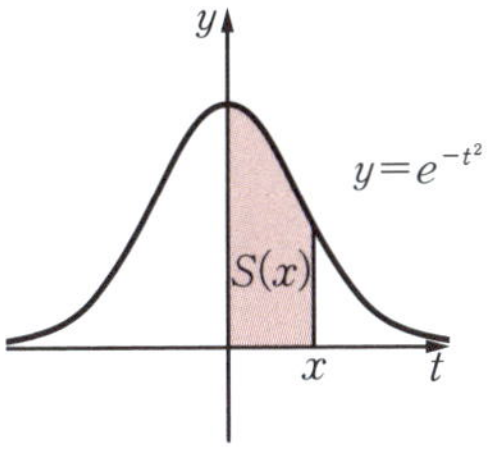

と定義すると

$$\frac{dF}{dx}=\frac{d}{dx}\int_0^x e^{-t^2}\,dt=e^{-x^2} \qquad (\text{I})$$

が成り立つので，$F(x)$ は e^{-x^2} の原始関数である。上端が変数の定積分が原始関数になるのだ。

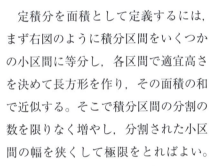

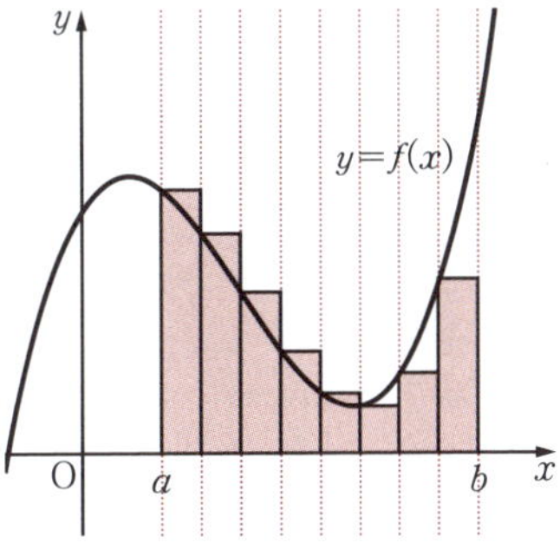

定積分を面積として定義するには，まず右図のように積分区間をいくつかの小区間に等分し，各区間で適宜高さを決めて長方形を作り，その面積の和で近似する。そこで積分区間の分割の数を限りなく増やし，分割された小区間の幅を狭くして極限をとればよい。この方法を**区分求積法**という。

このように面積によって値が定まった定積分について，

$$\int_a^b F'(x)\,dx=F(b)-F(a) \qquad (\text{II})$$

が成り立つ。(I)，(II)の両式は，**微分積分学の基本定理**と呼ばれている。本書では成り立つという事実のみ述べ，証明には立ち入らない。

◆◆◆◆◆ 練習問題 ◆◆◆◆◆ EXERCISE

■ **1** ■ 次の定積分の値を求めなさい。

(1) $\displaystyle\int_2^5 dx$　(2) $\displaystyle\int_1^2 \frac{x+2}{x^2}\,dx$　(3) $\displaystyle\int_0^1 \frac{1}{3}e^x\,dx$　(4) $\displaystyle\int_0^{\frac{\pi}{4}} \frac{2}{\cos^2 x}\,dx$

補足

$\int 1\,dx$ や $\int_a^b 1\,dx$ は，

$\int dx$ や $\int_a^b dx$ とも書かれる。

4 定積分の計算

置換積分

定積分で置換積分を行うときは，積分変数の置き換えに応じて積分区間（上端・下端の値）も置き換える必要がある。

例えば，$\int_0^2 (2x-1)^3 dx$ を $t=2x-1$ とおいて置換積分で求めるとき積分区間 $0 \leqq x \leqq 2$ は，$-1 \leqq t \leqq 3$ となる。これを表で

x	$0 \to 2$
t	$-1 \to 3$

と表すことにする。

$t=2x-1$ より $dt=2dx$ だから $dx=\frac{1}{2}dt$ となり，置換積分によって

$$\int_0^2 (2x-1)^3 dx = \int_{-1}^3 t^3 \cdot \frac{1}{2} dt = \frac{1}{2}\left[\frac{1}{4}t^4\right]_{-1}^3 = \frac{1}{8}(3^4-(-1)^4) = 10$$

補足
$t=2x-1$ とおくと
$x=0$ のとき
$t=2\times 0-1=-1$
$x=2$ のとき
$t=2\times 2-1=3$

補足
定積分の置換積分でも，不定積分と同様に形式的に
$\frac{dt}{dx}=2$ を $dt=2dx$ として計算することができる。

例題 1 次の定積分の値を求めなさい。

(1) $\int_0^{\frac{\pi}{2}} \sin 2x\, dx$　　(2) $\int_0^1 x\sqrt{1-x}\, dx$

解答 (1) $2x=t$ とおくと，$2dx=dt$ より

$dx=\frac{1}{2}dt$ で

x	$0 \to \frac{\pi}{2}$
t	$0 \to \pi$

であるから

$$\int_0^{\frac{\pi}{2}} \sin 2x\, dx = \int_0^{\pi} \sin t \cdot \frac{1}{2} dt = \frac{1}{2}\Big[-\cos t\Big]_0^{\pi}$$
$$= -\frac{1}{2}(\cos \pi - \cos 0) = 1$$

(2) $t=\sqrt{1-x}$ とおくと $t^2=1-x$ 　よって　$x=-t^2+1$，

$dx=-2tdt$ 　で

x	$0 \to 1$
t	$1 \to 0$

であるから

$$\int_0^1 x\sqrt{1-x}\, dx = \int_1^0 (-t^2+1)t(-2t)\, dt = \int_1^0 (2t^4-2t^2)\, dt$$
$$= \left[\frac{2}{5}t^5 - \frac{2}{3}t^3\right]_1^0 = \frac{2}{5}(0-1) - \frac{2}{3}(0-1) = \frac{4}{15}$$

補足
(1) $\left(-\frac{1}{2}\cos 2x\right)' = \sin 2x$
に気づけば，置換積分を用いなくても
与式 $=-\frac{1}{2}\Big[\cos 2x\Big]_0^{\frac{\pi}{2}}$
として求めることができる。

問題 1 次の定積分の値を［　］に示された置換積分で求めなさい。

(1) $\int_0^{\frac{\pi}{4}} \cos 2x\, dx$ $[t=2x]$　　(2) $\int_e^{e^2} \frac{dx}{x\log x}$ $[t=\log x]$

(3) $\int_0^2 x^2 e^{x^3} dx$ $[t=x^3]$　　(4) $\int_0^1 x(1-x)^4 dx$ $[t=1-x]$

部分積分

定積分における部分積分は，次のようになる。

部分積分

$$\int_a^b f'(x)g(x)\,dx=\Big[f(x)g(x)\Big]_a^b-\int_a^b f(x)g'(x)\,dx$$

例題 2　次の定積分の値を求めなさい。

(1) $\displaystyle\int_1^2 x^2\log x\,dx$　　(2) $\displaystyle\int_0^1 xe^x\,dx$

解答　(1) $\displaystyle\int_1^2 x^2\log x\,dx=\int_1^2\left(\frac{1}{3}x^3\right)'\log x\,dx$

$$=\left[\frac{1}{3}x^3\log x\right]_1^2-\int_1^2\frac{1}{3}x^3(\log x)'\,dx=\frac{1}{3}(8\log 2-\log 1)-\frac{1}{3}\int_1^2 x^2\,dx$$

$$=\frac{8}{3}\log 2-\frac{1}{3}\left[\frac{1}{3}x^3\right]_1^2=\frac{8}{3}\log 2-\frac{1}{3}\cdot\frac{1}{3}(8-1)=\frac{8}{3}\log 2-\frac{7}{9}$$

(2) $\displaystyle\int_0^1 xe^x\,dx=\int_0^1 x(e^x)'\,dx=\Big[xe^x\Big]_0^1-\int_0^1(x)'e^x\,dx$

$$=e-\int_0^1 e^x\,dx=e-\Big[e^x\Big]_0^1=e-(e-1)=1$$

問題 2　次の定積分の値を求めなさい。

(1) $\displaystyle\int_0^\pi x\sin x\,dx$　　(2) $\displaystyle\int_0^1 xe^{2x}\,dx$

練習問題　EXERCISE

1　次の定積分の値を求めなさい。

(1) $\displaystyle\int_1^2\sqrt{2x-1}\,dx$　　(2) $\displaystyle\int_0^1 e^{2x+1}\,dx$　　(3) $\displaystyle\int_0^1\frac{2e^x}{e^x+1}\,dx$

2　次の定積分の値を求めなさい。

(1) $\displaystyle\int_0^{\frac{\pi}{2}} x\cos x\,dx$　　(2) $\displaystyle\int_1^e x^3\log x\,dx$

(3) $\displaystyle\int_0^2(x+1)e^x\,dx$　　(4) $\displaystyle\int_0^1 x^2e^x\,dx$

ヒント

(4) 部分積分を2回繰り返す。e^x の方を積分し，x の多項式は微分する。

■ 5 ■ 原始関数を計算できる関数

一般に原始関数を求めるのは導関数を求める場合と異なって難しいが，関数を適当な形に変形することで求められる場合がある。

有理関数（分数式）

有理関数とは，$\dfrac{\text{多項式}}{\text{多項式}}$ の形の関数である。ただし，1 などの定数も多項式に含まれるから，定数や多項式自身も有理関数であり，$\dfrac{1}{x}$ のような単純な分数式も有理関数である。有理関数は原始関数を求めることができる。ここでは基本的なものを例としてあげる。

例 a が定数のとき，$(\log|x+a|)'=\dfrac{1}{x+a}$ であるから

$$\int\frac{1}{x+a}dx=\log|x+a|+C$$

例 関数 $\dfrac{1}{x(x+1)}$ は $\dfrac{1}{x(x+1)}=\dfrac{1}{x}-\dfrac{1}{x+1}$ と変形できるので

$$\int\frac{1}{x(x+1)}dx=\int\left(\frac{1}{x}-\frac{1}{x+1}\right)dx$$

$$=\log|x|-\log|x+1|+C=\log\left|\frac{x}{x+1}\right|+C$$

このような変形を部分分数分解という。

例 $(\tan^{-1}x)'=\dfrac{1}{x^2+1}$ であったから，$\displaystyle\int\frac{1}{x^2+1}dx=\tan^{-1}x+C$

■ 問題 1 ■ 次の不定積分を計算しなさい。

(1) $\displaystyle\int\frac{2x+2}{x(x+2)}dx$ (2) $\displaystyle\int\frac{2x^2+2x+1}{x^2(x+1)}dx$

(3) $\displaystyle\int\frac{x}{x^2+1}dx$ (4) $\displaystyle\int\frac{1}{x^2+4}dx$

ヒント
それぞれの被積分関数を
(1)は $\dfrac{A}{x}+\dfrac{B}{x+2}$,
(2)は $\dfrac{A}{x}+\dfrac{B}{x^2}+\dfrac{C}{x+1}$
と考えてみる。
(4) $x^2+4=4\left(\left(\dfrac{x}{2}\right)^2+1\right)$
であるから，$t=\dfrac{x}{2}$ とおけばよい。

三角関数の多項式

例 三角関数の半角公式を用いれば $\cos^2x=\dfrac{1+\cos 2x}{2}$ であり，$(\sin 2x)'=2\cos 2x$ が成立するから

$$\int\cos^2x\,dx=\int\frac{1}{2}(1+\cos 2x)\,dx=\frac{1}{2}\left(x+\frac{1}{2}\sin 2x\right)+C$$

$$=\frac{1}{2}x+\frac{1}{4}\sin 2x+C$$

例 $I=\displaystyle\int\sin^3x\,dx$ を計算しよう。

$$I=\int\sin^2 x\sin x\,dx=\int(1-\cos^2 x)\sin x\,dx$$

$$=\int\sin x\,dx-\int\cos^2 x\sin x\,dx$$

と計算される。最右辺の第 2 項は $\cos x=t$ とおいて置換積分すると

$$-\int(\cos x)^2\sin x\,dx=-\int t^2\left(-\frac{dt}{dx}\right)dx=\int t^2\,dt=\frac{1}{3}t^3+C$$

$$=\frac{1}{3}\cos^3 x+C$$

以上を整理すれば，$I=-\cos x+\dfrac{1}{3}\cos^3 x+C$

補足
左の計算結果を微分して，正しいかどうか確認しなさい。

■ 三角関数の分数式

三角関数の分数式は，$\tan\dfrac{x}{2}=t$ の置換によって積分を計算できる。かなり複雑な計算を必要とするので，ここでは事実を述べるだけにする。

■ 三角関数を利用した置換積分

また，三角関数を用いて置換積分すると求められる場合もある。

例えば，$\displaystyle\int_0^1\sqrt{1-x^2}\,dx$ の場合，

$x=\sin t$ とおいて，

x	$0\to 1$
t	$0\to\dfrac{\pi}{2}$

と考えると，$dx=\cos t\,dt$

であり，t が上記の範囲にある場合 $\cos t\geqq 0$ であるから

$$\sqrt{1-x^2}=\sqrt{1-\sin^2 t}=\sqrt{\cos^2 t}=\cos t$$

したがって $\displaystyle\int_0^1\sqrt{1-x^2}\,dx=\int_0^{\frac{\pi}{2}}\cos t\cdot\cos t\,dt$

$$=\frac{1}{2}\int_0^{\frac{\pi}{2}}(1+\cos 2t)\,dt=\frac{1}{2}\left[t+\frac{\sin 2t}{2}\right]_0^{\frac{\pi}{2}}=\frac{1}{2}\left(\frac{\pi}{2}+\frac{\sin\pi}{2}\right)=\frac{\pi}{4}$$

このほかにも原始関数を「私たちが知っている関数」で求めることができる様々な関数がある。

◆◆◆◆◆ 練 習 問 題 ◆◆◆◆◆ EXERCISE

■ **1** ■ 次の定積分の値を求めなさい。

(1) $\displaystyle\int_0^{\frac{\pi}{2}}\sin^2 x\,dx$　(2) $\displaystyle\int_2^3\frac{2}{(x-1)(x+1)}dx$

(3) $\displaystyle\int_0^{\frac{\pi}{4}}\tan^2 x\,dx$　(4) $\displaystyle\int_0^1\frac{1}{1+x^2}dx$

ヒント
(4) $(\tan^{-1}x)'$ を活用するか，$x=\tan t$ の置換積分。

6 面積と体積

2曲線で囲まれた面積

区間 $a \leqq x \leqq b$ で $f(x) \geqq g(x)$ のとき，2曲線 $y=f(x)$，$y=g(x)$ および2直線 $x=a$，$x=b$ で囲まれた図形の面積を S とすると

$$S=\int_a^b \{f(x)-g(x)\}dx$$

となる。

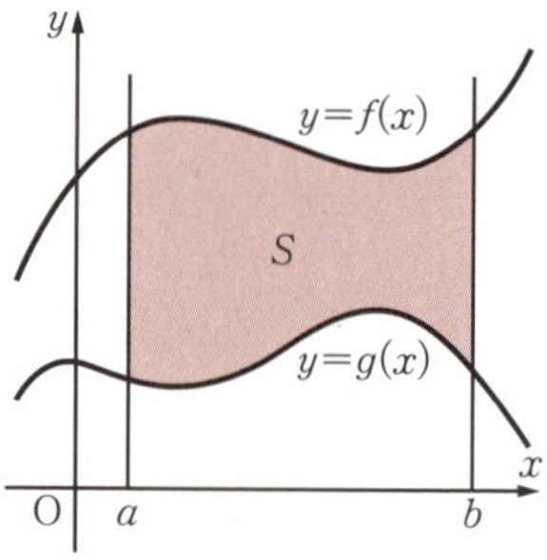

例題 1 次の図形の面積 S を求めなさい。

(1) 曲線 $y=\sin x$ $(0 \leqq x \leqq \pi)$ と x 軸とで囲まれる図形。

(2) 曲線 $y=\sqrt{x}$ と，y 軸および直線 $y=1$ で囲まれる図形。

解答 (1) $S=\int_0^\pi \sin x\,dx=\Big[-\cos x\Big]_0^\pi=-(\cos\pi-\cos 0)=2$

(2) $S=\int_0^1(1-\sqrt{x})dx=\int_0^1(1-x^{\frac{1}{2}})dx=\Big[x-\dfrac{2}{3}x^{\frac{3}{2}}\Big]_0^1=1-\dfrac{2}{3}=\dfrac{1}{3}$

補足

(1)

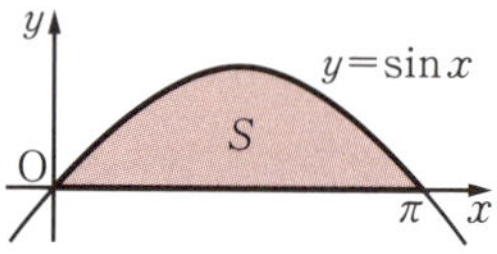

(2)

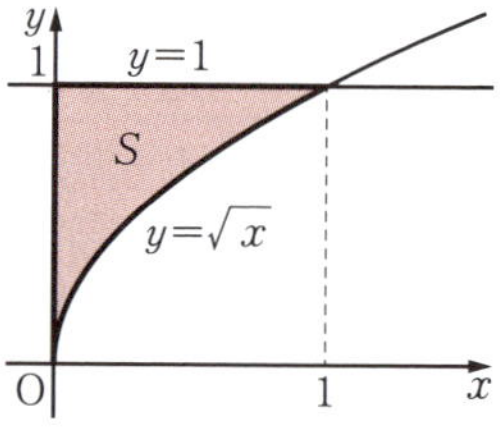

体積

右図のように $a \leqq x \leqq b$ において，x 軸に垂直な平面による切り口の面積が，関数 $S(x)$ で与えられる立体の体積 V は，切り口の面積を（切り口と垂直な）x 軸方向に積分すれば求められる。

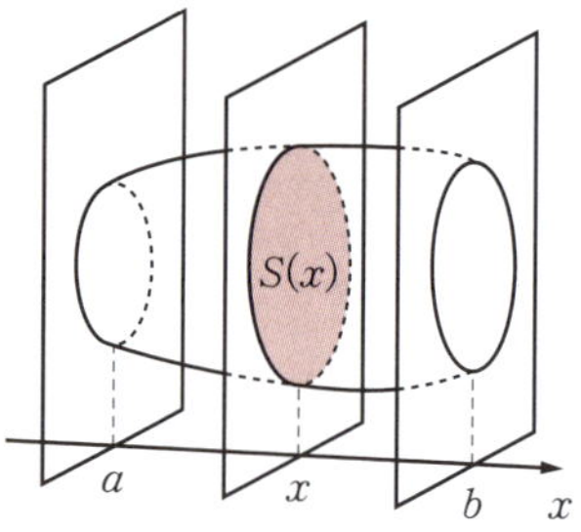

$$V=\int_a^b S(x)dx$$

特に，曲線 $y=f(x)$ と x 軸，および2直線 $x=a$，$x=b$ $(a<b)$ とで囲まれる図形を x 軸の周りに回転してできる回転体の場合，x 座標が x である点を通り x 軸に垂直な平面での切り口が，半径 $f(x)$ の円となるので

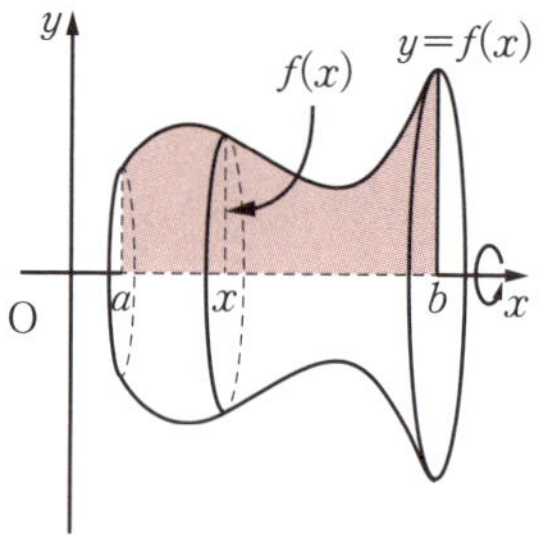

$$S(x)=\pi\{f(x)\}^2$$

となることから，回転体の体積 V は次のようになる。

$$V=\pi\int_a^b \{f(x)\}^2 dx$$

補足
正確には，半径 $|f(x)|$ の円だが，$S(x)$ は同じである。

例題 2 次の立体の体積 V を求めなさい。

(1) 曲線 $y=\sqrt{x}$ と x 軸，および直線 $x=1$ で囲まれる図形を x 軸の周りに回転してできる回転体。

(2) 座標平面上の 2 点 $\mathrm{P}(x,\ 0)$，$\mathrm{Q}(x,\ x)$ を結ぶ線分を 1 辺とする正方形を，x 軸に垂直な平面上に作る。点 P が x 軸上を原点 O から点 $\mathrm{A}(1,\ 0)$ まで動くとき，この正方形が描く立体（四角すい）。

(1)

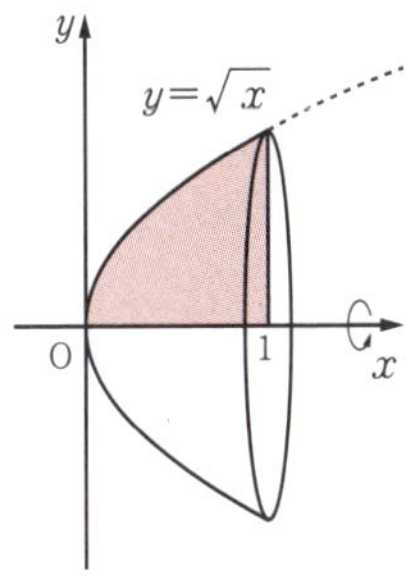

(2)

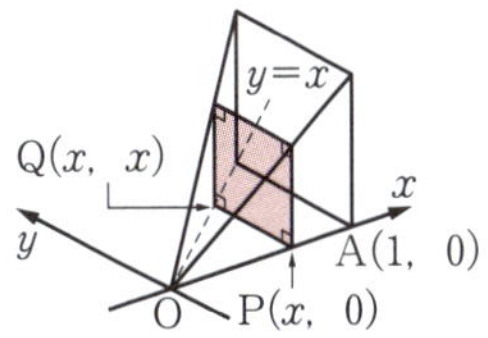

解答 (1) $V=\pi\displaystyle\int_0^1(\sqrt{x})^2dx=\pi\left[\frac{1}{2}x^2\right]_0^1=\frac{\pi}{2}$

(2) $V=\displaystyle\int_0^1 x^2dx=\left[\frac{1}{3}x^3\right]_0^1=\frac{1}{3}$

◆◆◆◆◆ 練習問題 ◆◆◆◆◆ EXERCISE

1 次の図形の面積 S を求めなさい。

(1) 曲線 $y=6x^2+4$ と x 軸および 2 直線 $x=1$，$x=2$ で囲まれる図形。

(2) 曲線 $y=\dfrac{1}{x}$ と x 軸および 2 直線 $x=1$，$x=3$ で囲まれる図形。

(3) 曲線 $y=e^x$ と y 軸および 2 直線 $y=x$，$x=1$ で囲まれる図形。

(4) 曲線 $y=\cos x$ $\left(0\leqq x\leqq\dfrac{\pi}{2}\right)$ と 2 直線 $y=1$，$x=\dfrac{\pi}{2}$ で囲まれる図形。

2 次の図形を x 軸の周りに回転してできる回転体の体積 V を求めなさい。

(1) 曲線 $y=\sqrt{r^2-x^2}$ と x 軸で囲まれる図形。

(2) 曲線 $y=\dfrac{1}{x}$ と x 軸および 2 直線 $x=1$，$x=3$ で囲まれる図形。

(3) 曲線 $y=\sin x$ $(0\leqq x\leqq\pi)$ と x 軸で囲まれる図形。

(4) 曲線 $y=e^x$ と x 軸，y 軸および直線 $x=1$ で囲まれる図形。

7 定積分の応用

台形公式による数値積分

原始関数を求めるのは一般には難しく，不可能な場合もある。しかし，区分求積などの方法で，定積分の値の近似値を計算することはできる。このようにして定積分の近似値を求めることを**数値積分**という。数値積分では誤差に気をつける必要がある。通常，精度を高めるため区間の分割数を大きくし，コンピュータを用いて計算する。曲線 $y=f(x)$ でできる図形を長方形に分割する（右上図）より，台形に分割（右下図）した方が誤差が少ない。

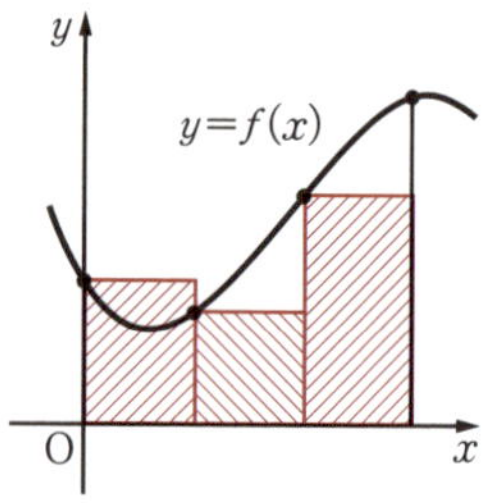

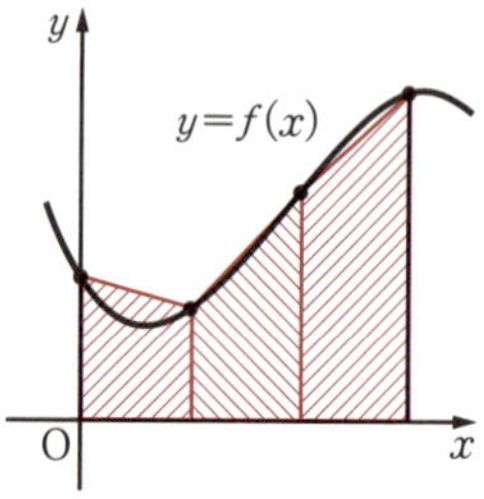

関数 $y=f(x)$ に対し，区間 $0 \leqq x \leqq 1$ を例えば $x=0,\ \frac{1}{3},\ \frac{2}{3},\ \frac{3}{3}$ $(=1)$ で3等分して図のような台形を作る。それぞれの面積は

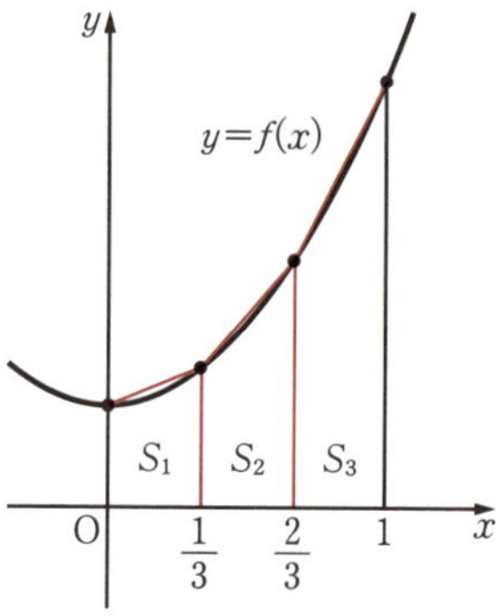

$$S_1=\frac{1}{2}\left(f(0)+f\left(\frac{1}{3}\right)\right)\times\frac{1}{3}$$

$$S_2=\frac{1}{2}\left(f\left(\frac{1}{3}\right)+f\left(\frac{2}{3}\right)\right)\times\frac{1}{3}$$

$$S_3=\frac{1}{2}\left(f\left(\frac{2}{3}\right)+f(1)\right)\times\frac{1}{3}$$

であるからその和は

$$S=S_1+S_2+S_3=\frac{1}{2}\left\{f(0)+2f\left(\frac{1}{3}\right)+2f\left(\frac{1}{3}\right)+f(1)\right\}\times\frac{1}{3}$$

となる。

一般に，積分区間 $a \leqq x \leqq b$ を $x_0=a,\ x_1,\ x_2,\ x_3,\ \cdots,\ x_n=b$ で n 等分して作った台形の面積の和を計算して，次の**台形公式**を得る。

$$\int_a^b f(x)\,dx \fallingdotseq \frac{b-a}{2n}\{f(x_0)+2f(x_1)+2f(x_2)+\cdots+2f(x_{n-1})+f(x_n)\}$$

注意
記号 ≒ は右辺と左辺が「ほぼ等しい」こと，つまり近似値であることを表す。

ここでは p. 65 練習問題 1 (4)で求めた定積分の値から，台形公式を逆に用いて π の近似値を求めてみる。

例題 1 $\displaystyle\int_0^1 \frac{4}{1+x^2}\,dx=\pi$ であることが分かっている。区間 $0 \leqq x \leqq 1$ を10等分して，台形公式から π の近似値を小数第2位まで求めなさい。

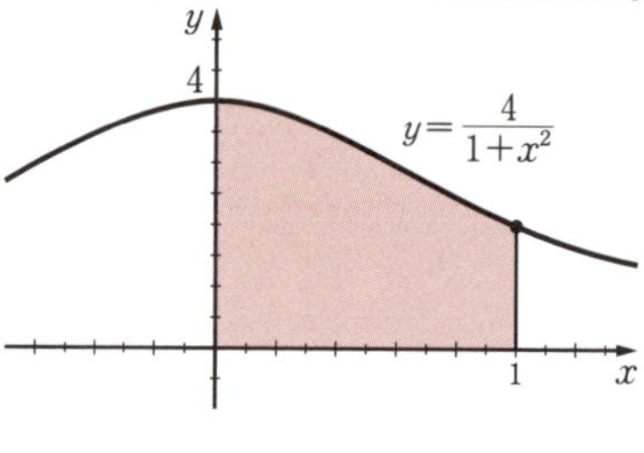

解答　$x=0,\ 0.1,\ 0.2,\ 0.3,\ \cdots,\ 0.9,\ 1.0$ に対して，$\dfrac{4}{1+x^2}$ の値 y_0，$y_1,\ y_2,\ y_3,\ \cdots,\ y_9,\ y_{10}$ の値は右の表のようになるから

$$\pi=\int_0^1 \frac{4}{1+x^2}\,dx$$
$$\cong\frac{1}{20}\{y_0+2(y_1+y_2+y_3+y_4+y_5+y_6+y_7+y_8+y_9)+y_{10}\}$$
$$=3.139\cdots\cong 3.14$$

x	$y=$	$\dfrac{4}{1+x^2}$
0.0	$y_0=$	4.000
0.1	$y_1=$	3.960
0.2	$y_2=$	3.846
0.3	$y_3=$	3.670
0.4	$y_4=$	3.448
0.5	$y_5=$	3.200
0.6	$y_6=$	2.941
0.7	$y_7=$	2.685
0.8	$y_8=$	2.439
0.9	$y_9=$	2.210
1.0	$y_{10}=$	2.000

■ 数列の和の極限

区分求積法により曲線 $y=f(x)$ $(0\leqq x\leqq 1)$ が作る図形の面積を次のように求めることができる。

$$\int_0^1 f(x)\,dx=\lim_{n\to\infty}\frac{1}{n}\sum_{k=1}^{n} f\left(\frac{k}{n}\right)$$

左辺の定積分は，原始関数を利用して計算できる。式を逆に利用して数列の和の極限を，定積分を用いて求めることができる場合がある。

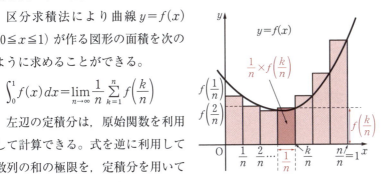

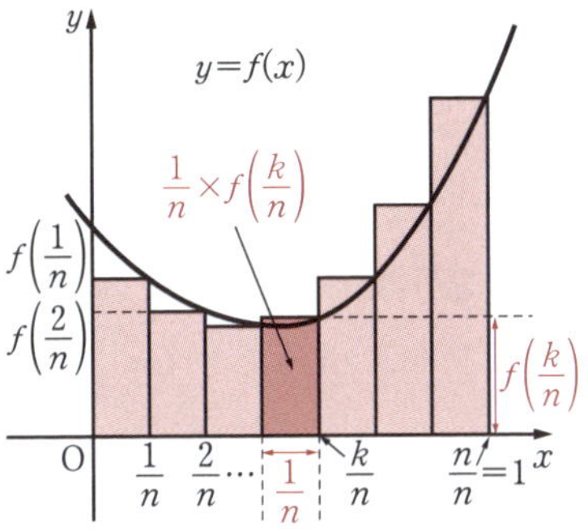

注意
正確には，微分積分学の基本定理を使った結果である。

例題 2　次の極限値を求めなさい。

$$\lim_{n\to\infty}\left(\frac{1}{n+1}+\frac{1}{n+2}+\frac{1}{n+3}+\cdots+\frac{1}{n+(n-1)}+\frac{1}{n+n}\right)$$

解答　与式

$$=\lim_{n\to\infty}\frac{1}{n}\left(\frac{1}{1+\frac{1}{n}}+\frac{1}{1+\frac{2}{n}}+\frac{1}{1+\frac{3}{n}}+\cdots+\frac{1}{1+\frac{n-1}{n}}+\frac{1}{1+\frac{n}{n}}\right)$$

$$=\lim_{n\to\infty}\frac{1}{n}\sum_{k=1}^{n}\frac{1}{1+\frac{k}{n}}=\int_0^1\frac{1}{1+x}\,dx=\Big[\log(1+x)\Big]_0^1=\log 2$$

◆◆◆◆◆ 練習問題 ◆◆◆◆◆　EXERCISE

1　次の極限値を求めなさい。

(1) $\displaystyle\lim_{n\to\infty}\frac{1}{n}\left(\sqrt{\frac{1}{n}}+\sqrt{\frac{2}{n}}+\sqrt{\frac{3}{n}}+\cdots+\sqrt{\frac{n}{n}}\right)$

(2) $\displaystyle\lim_{n\to\infty}\left(\frac{n}{4n^2-1^2}+\frac{n}{4n^2-2^2}+\frac{n}{4n^2-3^2}+\cdots+\frac{n}{4n^2-n^2}\right)$

2　例題 2 の $\displaystyle\int_0^1\frac{1}{1+x}\,dx=\log 2$ を用い，区間 $0\leqq x\leqq 1$ を 10 等分して，台形公式から $\log 2$ の近似値を小数第 2 位まで求めなさい。

5 微分方程式

y が x の関数である場合，y と x の関係式を一般に方程式という。その方程式に y' や y'' などの微分を含む項があれば，その式を微分方程式という。すなわち，y'，y'' 等を含む等式

$$ay+by'+cy''+d=0 \quad や \quad axy+bxy'+c=0$$

などは，微分方程式である。また，“微分方程式を解く”というのは，上記の等式が成り立つ y を求めることである。

高階微分の表記法
y' を1階の微分，y'' を2階の微分という。3階以上の微分は $y^{(3)}$，$y^{(4)}$，…，$y^{(n)}$ と表す。また，1階微分，2階微分をそれぞれ，$\dfrac{dy}{dx}$，$\dfrac{d^2y}{dx^2}$ とも表記する。

1 変数分離形

以下の形式の微分方程式を変数分離形という。

$$\frac{dy}{dx}=f(x)g(y)$$

すなわち，右辺の式が“x の関数”と“y の関数”の積で表されているので，式の両辺に x の関数と y の関数を分離することができる。そこで両辺の式は以下のようにそれぞれ独立して積分できる。上式の両辺を $g(y)$ で割ると，

$$\frac{1}{g(y)}\frac{dy}{dx}=f(x)$$

両辺を x で積分して，

$$\int\frac{1}{g(y)}\frac{dy}{dx}dx=\int f(x)dx+C$$

したがって，$\displaystyle\int\frac{1}{g(y)}dy=\int f(x)dx+C$

また，初期条件が与えられているとき C が決まり，特解が求まる。

微分方程式は，すでに登場？
前節で積分公式を学習したが，例えば，
「$y'=\cos x$ のとき y を求めよ」と問われ，
「$y=\sin x+C$ です」と解答するのは，微分方程式を解いたことになる。

一般解と特解
$y=\sin x+C$ には，定数 C が含まれており**一般解**という。例えば初期条件として $x=\pi$ のとき $y=1$，などと条件を与えられると $C=1$ と決めることができる。これは，特別の値をもった解なので，“**特解**”または“**特殊解**”と呼ばれる。

変数分離形の解法

$$\frac{dy}{dx}=f(x)g(y) \Longrightarrow \int\frac{1}{g(y)}dy=\int f(x)dx+C$$

例題 1 以下の微分方程式の一般解を求めなさい。

(1) $\dfrac{dy}{dx}=3x^2y$ (2) $\dfrac{dy}{dx}=(1+2x)y^2$

解答 (1) 両辺を y で割り，変数 x^2 と y を式の両辺に分離すると，
$\dfrac{1}{y}dy=3x^2dx$ となる。両辺を積分すると，

$$\int\frac{1}{y}dy=3\int x^2dx+C_1 \qquad これを解くと，$$

$$\log|y|=x^3+C_1 \qquad y=\pm e^{(x^3+C_1)}=\pm e^{C_1}e^{x^3}$$

ここで $\pm e^{C_1}$ を改めて C とおいて，$y=Ce^{x^3}$ となる。

積分式の作り方
$\dfrac{dy}{dx}=3x^2y$ を形式的に

$$\frac{1}{y}dy=3x^2dx$$

とあたかも分数式のように変形してから積分記号を付し，

$$\int\frac{1}{y}dy=3\int x^2dx+C_1$$

としてよい。

記号 $\log x$ について
ここではネイピアの数 e を底とする対数 $\log_e x$ を $\log x$ と書く。p. 46 の側注を参照。

(2) 両辺を y^2 で割り，積分すると

$$\int \frac{1}{y^2}dy = \int (1+2x)\,dx + C \qquad -\frac{1}{y} = x + x^2 + C,$$

したがって，$y = -\dfrac{1}{x^2+x+C}$ となる。

初期条件 $y(2)=1$
y が x の関数であることを強調するとき $y(x)$ と書く。また $x=2$ のとき $y=1$，というのを $y(2)=1$ と表記する。

例題 2 (1) $\dfrac{dy}{dx} = \dfrac{y}{x}$ の一般解を求め，$y(2)=1$ として特解を求めなさい。

(2) $\dfrac{dy}{dx} = y^2 \sin x$ の一般解を求め，$y(0) = \dfrac{1}{2}$ として特解を求めなさい。

解答 (1) 変数分離により，一般解を求める。

$$\int \frac{1}{y}dy = \int \frac{1}{x}dx + C_1$$

$\log|y| = \log|x| + C_1 = \log|x| + \log C_2$（$C_1$ を改めて $\log C_2$ とおく）

$= \log C_2|x|$

$y = \pm C_2 x = Cx$（$\pm C_2$ を改めて C とおく）（一般解）

$y(2)=1$ より $1=2C$　つまり $C=\dfrac{1}{2}$，よって，特解は $y=\dfrac{1}{2}x$

(2) 変数分離し両辺を x で積分すると，

$$\int \frac{1}{y^2}dy = \int \sin x\,dx + C \quad \text{より，} \quad -\frac{1}{y} = -\cos x + C$$

$$y = \frac{1}{\cos x - C}\ \text{（一般解）}$$

また，$x=0$ のとき $y=\dfrac{1}{2}$ であるから，$C=-1$

したがって，特解は，$y=\dfrac{1}{\cos x + 1}$ となる。

練習問題 EXERCISE

1 微分方程式 $\dfrac{dy}{dx} = xy$ の一般解を求めなさい。

2 微分方程式 $\dfrac{dy}{dx} = (x+1)y^2$ の一般解を求めなさい。

3 微分方程式 $\dfrac{dy}{dx} = \dfrac{y+2}{x-1}$ の一般解を求めなさい。また，$y(2)=2$ として，特解を求めなさい。

4 微分方程式 $\dfrac{dy}{dx} = y\log x$ の一般解を求めなさい。また，$y(1)=\dfrac{2}{e}$ として，特解を求めなさい。

2 同次形

以下の形式の微分方程式を**同次形**という。

$$\frac{dy}{dx}=f\left(\frac{y}{x}\right) \tag{1}$$

この形の微分方程式の解法について，結果を以下に示す。導出は側注を参照のこと。

同次形の解法

$$\frac{dy}{dx}=f\left(\frac{y}{x}\right) \Longrightarrow \int\frac{1}{f(u)-u}du=\log C|x| \ \left(\text{ただし，}\frac{y}{x}=u\right)$$

例題 1 以下の微分方程式の一般解を求めよ。

(1) $y'=\dfrac{x^2+y^2}{xy}$　　(2) $y'=\dfrac{2xy+y^2}{x^2}$

解答 (1) $\dfrac{dy}{dx}=\dfrac{x^2+y^2}{xy}=\dfrac{x}{y}+\dfrac{y}{x}$　ここで，$\dfrac{y}{x}=u$ とおき，

$f(u)=\dfrac{1}{u}+u$ を公式に代入し，$\displaystyle\int\frac{1}{\left(\frac{1}{u}+u\right)-u}du=\log C|x|$

$\displaystyle\int udu=\log C|x|$，$\dfrac{1}{2}u^2=\log C|x|$，したがって，

$y^2=2x^2\log C|x|$

(2) $\dfrac{dy}{dx}=\dfrac{2xy+y^2}{x^2}=2\dfrac{y}{x}+\left(\dfrac{y}{x}\right)^2$　ここで，$\dfrac{y}{x}=u$ とおくと，

$f(u)=2u+u^2$ より，公式の左辺は，

$$\int\frac{1}{2u+u^2-u}du=\int\frac{1}{u+u^2}du$$

部分分数に分解し，

$$\int\left(\frac{1}{u}-\frac{1}{u+1}\right)du=\log|u|-\log|u+1|=\log\left|\frac{u}{u+1}\right|$$

したがって，$\left|\dfrac{u}{u+1}\right|=C_1|x|$ となり，$\dfrac{y}{y+x}=Cx$

よって，$y=Cx(y+x)$　となる。

例題 2 (1) 微分方程式 $xyy'=xy-y^2$ の一般解を求め，$y(2)=2$ として特解を求めなさい。

(2) 微分方程式 $y'=\dfrac{y^2}{xy-x^2}$ の一般解を求め，$y(2)=2$ として特解を求めなさい。

同次形微分方程式の解の導出

$\dfrac{y}{x}=u$ とおくと，$y=ux$ となる。両辺を x で微分して，

$$\frac{dy}{dx}=u+x\frac{du}{dx}$$

を上式(1)に代入すると，

$$u+x\frac{du}{dx}=f(u)$$

u を移項し

$$x\frac{du}{dx}=f(u)-u$$

となる。これは変数分離形であり，

$$\frac{1}{f(u)-u}\frac{du}{dx}=\frac{1}{x}$$

$$\int\frac{1}{f(u)-u}du=\int\frac{1}{x}dx+C_1$$

$$\int\frac{1}{f(u)-u}du=\log C|x|$$

部分分数分解

部分分数分解は，

$$\frac{1}{u+u^2}=\frac{1}{u(u+1)}=\frac{A}{u}+\frac{B}{u+1}$$

とおくと，

$$\frac{A(u+1)+Bu}{u(u+1)}$$

より，$A=1$，$B=-1$ となる。

解答 (1) 両辺を xy で割ると，$y'=1-\dfrac{y}{x}$ となるので，同次形である。$y=ux$ より，$\dfrac{dy}{dx}=u+x\dfrac{du}{dx}$

上式に代入して，$u+x\dfrac{du}{dx}=1-u$，よって $x\dfrac{du}{dx}=1-2u$

$$\int\frac{1}{1-2u}du=\int\frac{1}{x}dx+C \qquad -\frac{1}{2}\log|1-2u|=\log|x|+C$$

$$\log|1-2u|=-2\log C|x| \qquad 1-2u=\frac{C}{x^2} \qquad 2u=1-\frac{C}{x^2}$$

$2\dfrac{y}{x}=1-\dfrac{C}{x^2}$，よって，一般解は $y=\dfrac{1}{2}x-\dfrac{C}{x}$ となる。

$y(2)=2$ より $2=1-\dfrac{C}{2}$ $\qquad C=-2$

よって，このときの特解は $y=\dfrac{1}{2}x+\dfrac{2}{x}$

(2) 与式の右辺の分母分子を x^2 で割ると，

$$y'=\frac{\left(\dfrac{y}{x}\right)^2}{\dfrac{y}{x}-1}$$

となるので同次形である。ここで $\dfrac{y}{x}=u$ とおくと，公式の左辺は

$$\int\frac{1}{f(u)-u}du=\int\frac{1}{\dfrac{u^2}{u-1}-u}du$$

$$=\int\frac{u-1}{u}du=\int\left(1-\frac{1}{u}\right)du=u-\log|u|$$

したがって公式より，$u-\log|u|=\log C|x|$

$$u=\log C|x||u| \qquad \frac{y}{x}=\log Cy \text{ より，} Cy=e^{\frac{y}{x}}$$

一般解は，$y=Ce^{\frac{y}{x}}$

$y(2)=2$ より $\quad C=\dfrac{2}{e}$ $\qquad$ よってこのときの特解は $y=2e^{\frac{y}{x}-1}$

補足
ここで，C は任意定数を表すものとして使っている。等式中で特定の値を示すものではない。これ以降，C をこのように用いていく。

微分方程式の解答について
例題1や例題2(2)の解答は，「$y=x$ の関数」の形式になっていない。
最終的にこの形式で導き出すこともできるが，かえって複雑になる。
微分方程式を解く場合は，y と x の関係式が微分または積分項を含まない式として明示されることで，解答として認めることが多い。

◆◆◆◆◆ 練 習 問 題 ◆◆◆◆◆ EXERCISE

1 以下の微分方程式の一般解を求めなさい。また，カッコ内の［条件］のときの，特解を求めなさい。

(1) $2xyy'=x^2+y^2$ $\quad [y(1)=2]$

(2) $y'=\dfrac{-2x-y}{x-y}$ $\quad [y(0)=e^2]$

(3) $y'=\dfrac{2xy}{x^2+y^2}$ $\quad [y(0)=-1]$

3　1階の線形微分方程式

以下の形式の微分方程式を1階の線形微分方程式という。

$$\frac{dy}{dx}+P(x)y=Q(x) \tag{1}$$

この式において右辺をゼロとおいた式

$$\frac{dy}{dx}+P(x)y=0$$

を**同次方程式**という。それに対して右辺がゼロでない式を**非同次方程式**という。同次方程式は，変数分離の形をしており，解き方はp. 70の手順に則って以下のように計算できる。

$$\frac{dy}{dx}+P(x)y=0 \qquad \frac{dy}{dx}=-P(x)y \qquad \int\frac{1}{y}dy=-\int P(x)dx+C_1$$

$$\log|y|=-\int P(x)dx+C_1 \qquad y=\pm e^{C_1}e^{-\int P(x)dx}$$

$$y=C_2e^{-\int P(x)dx} \tag{2}$$

右辺がゼロでない場合（非同次方程式の場合）はどうなるか。同次式の場合の C は定数だが，非同次式の場合この定数を x の関数と考えるとうまくいくことが分かっている。この方法を**定数変化法**という。

今，式(2)で $C_2=u(x)$ とおいて元の式(1)に代入してみる。

$$(u(x)e^{-\int P(x)dx})'+P(x)u(x)e^{-\int P(x)dx}=Q(x)$$

$$u'(x)e^{-\int P(x)dx}+u(x)(e^{-\int P(x)dx})'+P(x)u(x)e^{-\int P(x)dx}=Q(x) \tag{3}$$

左辺の第二項の微分の部分は，

$$(e^{-\int P(x)dx})'=\left(-\int P(x)dx\right)'e^{-\int P(x)dx}=-P(x)e^{-\int P(x)dx}$$

となり，第三項とキャンセルされるので，式(3)は，

$$u'(x)e^{-\int P(x)dx}=Q(x), \quad u(x)=\int Q(x)e^{\int P(x)dx}dx+C$$

となる。式(2)の C_2 に代入すると，

$$y=e^{-\int P(x)dx}\left(\int Q(x)e^{\int P(x)dx}dx+C\right)$$

となる。

1階の線形微分方程式の解法

$$\frac{dy}{dx}+P(x)y=Q(x)$$

$$\Longrightarrow \quad y=e^{-\int P(x)dx}\left(\int Q(x)e^{\int P(x)dx}dx+C\right)$$

例題 1 以下の微分方程式の一般解を求めなさい。

(1) $y'+\frac{1}{x}y=x+1$　　(2) $y'+xy=x^2+1$

解答 (1) $P(x)=\frac{1}{x}$，$Q(x)=x+1$ とおくと，

$$\int P(x)\,dx=\int\frac{1}{x}\,dx=\log|x|$$

公式に代入して，

$$y=e^{-\log|x|}\left(\int(x+1)e^{\log|x|}\,dx+C\right)$$

$$=\frac{1}{x}\left(\int(x+1)x\,dx+C\right)=\frac{1}{x}\left(\frac{1}{3}x^3+\frac{1}{2}x^2+C\right)$$

$$=\frac{1}{3}x^2+\frac{1}{2}x+\frac{C}{x}$$

(2) $P(x)=x$，$Q(x)=x^2+1$ とおくと，

$$\int P(x)\,dx=\int x\,dx=\frac{1}{2}x^2$$

公式に代入して，

$$y=e^{-\frac{1}{2}x^2}\left(\int(x^2+1)e^{\frac{1}{2}x^2}\,dx+C\right)$$

$$=e^{-\frac{1}{2}x^2}\left(xe^{\frac{1}{2}x^2}+C\right)=x+Ce^{-\frac{1}{2}x^2}$$

$e^{\log|x|}$ について

$x>0$ のとき

$e^{\log|x|}=x$，$e^{-\log|x|}=\frac{1}{x}$

$x<0$ のとき

$e^{\log|x|}=-x$，$e^{-\log|x|}=-\frac{1}{x}$

よって，例題 1 (1)の解答をそれぞれ場合分けして求めると，x の符号に関わらず，同じ結果となる。

補足

左の式の積分は，

$(xe^{\frac{1}{2}x^2})'=e^{\frac{1}{2}x^2}+x^2e^{\frac{1}{2}x^2}$

$=(x^2+1)e^{\frac{1}{2}x^2}$

より考える。

すなわち部分積分の手法である。

例題 2 (1) 微分方程式 $y'+\frac{y}{x}=x^2$ の一般解を求め，$y(2)=3$ として特解を求めなさい。

(2) 微分方程式 $y'+\frac{1}{x}y=\frac{1}{x}+1$ の一般解を求め，$y(2)=5$ として特解を求めなさい。

解答 (1) $P(x)=\frac{1}{x}$，$Q(x)=x^2$ とおくと，

$$\int P(x)\,dx=\int\frac{1}{x}\,dx=\log|x|$$

公式に代入して，

$$y=e^{-\log|x|}\left(\int x^2e^{\log|x|}\,dx+C\right)=\frac{1}{x}\left(\int x^3\,dx+C\right)$$

$$=\frac{1}{x}\left(\frac{1}{4}x^4+C\right)=\frac{x^3}{4}+\frac{C}{x}$$

ここで，$x=2$ を代入して，

$$y(2)=\frac{8}{4}+\frac{C}{2}=3 \text{ より}, \ C=2$$

したがって,

$$y=\frac{x^3}{4}+\frac{2}{x}$$

(2) $P(x)=\dfrac{1}{x}$, $Q(x)=\dfrac{1}{x}+1$ とおくと,

$$\int P(x)\,dx=\int\frac{1}{x}\,dx=\log|x|$$

公式に代入して,

$$y=e^{-\log|x|}\left[\int\left(\frac{1}{x}+1\right)e^{\log|x|}\,dx+C\right]=\frac{1}{x}\left(\int(x+1)\,dx+C\right)$$

$$=\frac{1}{x}\left(\frac{1}{2}x^2+x+C\right)=\frac{x}{2}+1+\frac{C}{x}$$

ここで, $x=2$ を代入して,

$$y(2)=1+1+\frac{C}{2}=5 \text{ より}, \ C=6$$

したがって,

$$y=\frac{x}{2}+1+\frac{6}{x}$$

◆◆◆◆◆ 練習問題 ◆◆◆◆◆ EXERCISE

1 次の微分方程式を解きなさい。

(1) $y'-2y=2x^2$

(2) $y'+\dfrac{2y}{x}=x-3$

2 次の微分方程式を解きなさい。

(1) $y'+y=2e^x$ の一般解を求め, $y(0)=3$ として特解を求めなさい。

(2) $y'-3y=10\cos x$ の一般解を求め, $y(0)=2$ として特解を求めなさい。

4 定数係数の 2 階線形微分方程式——同次形——

$y''+ay'+by=0$ の形式の方程式を「定数係数の 2 階線形同次微分方程式」という。この微分方程式の解は，**特性方程式**と呼ばれる $\lambda^2+a\lambda+b=0$ の 2 つの解 λ_1，λ_2 を用いて，以下のように求めることができる。

特性方程式の求め方

$y''+ay'+by=0$ において，$y''\to\lambda^2 y$，$y'\to\lambda y$ と置き換えると，$\lambda^2 y+a\lambda y+by=0$ となる。y でくくりだすと，$(\lambda^2+a\lambda+b)y=0$ となり，$\lambda^2+a\lambda+b=0$ となる。これを特性方程式という。

2 階線形微分方程式——同次形——

$y''+ay'+by=0$ の形式の微分方程式

(i) 特性方程式の解が実数で $\lambda_1\neq\lambda_2$ のとき，

$$y=C_1e^{\lambda_1 x}+C_2e^{\lambda_2 x}$$

(ii) 特性方程式の解が実数で $\lambda_1=\lambda_2$（重解 λ とおく）のとき，

$$y=(C_1+C_2x)e^{\lambda x}$$

(iii) 特性方程式の解が虚数解で，$\lambda_1=\alpha+i\beta$，$\lambda_2=\alpha-i\beta$ のとき，

$$y=e^{\alpha x}(C_1\cos\beta x+C_2\sin\beta x)$$

上の式には，2 つの未知定数 C_1，C_2 が含まれる。特解を求めるには，初期条件が 2 つ必要となる。詳細は，以下の例題を解きながら学習することとする。

例題 1 以下の微分方程式の一般解を求めよ。また，カッコ内の［条件］のとき，特解を求めなさい。

(1) $y''-y'-6y=0$ $[y(0)=0,\ y'(0)=5]$

(2) $2y''+5y'+2y=0$ $[y(0)=2,\ y'(0)=2]$

(3) $y''-6y'+9y=0$ $[y(0)=3,\ y'(0)=5]$

(4) $y''-2y'+5y=0$ $[y(0)=2,\ y'(0)=8]$

解答 (1) 特性方程式は，$\lambda^2-\lambda-6=0$ となり，その解は $\lambda_1=3$，$\lambda_2=-2$ である。したがって，一般解は，

$$y=C_1e^{3x}+C_2e^{-2x}$$

一般解を微分して，

$$y'=3C_1e^{3x}-2C_2e^{-2x}$$

条件式 $y(0)=0$，$y'(0)=5$ より，$C_1+C_2=0$，$3C_1-2C_2=5$ を連立方程式として解くと $C_1=1$，$C_2=-1$ となる。したがって，特解は，

$$y=e^{3x}-e^{-2x}$$

(2) 特性方程式は，$2\lambda^2+5\lambda+2=0$ となり，その解は $\lambda_1=-2$，

$\lambda_2=-\dfrac{1}{2}$ である。したがって一般解は,

$$y=C_1e^{-2x}+C_2e^{-\frac{1}{2}x}$$

一般解を微分して

$$y'=-2C_1e^{-2x}-\frac{1}{2}C_2e^{-\frac{1}{2}x}$$

条件式 $y(0)=2$, $y'(0)=2$ より, $C_1+C_2=2$, $-2C_1-\dfrac{1}{2}C_2=2$

連立方程式を解くと $C_1=-2$, $C_2=4$ となる。したがって特解は,

$$y=-2e^{-2x}+4e^{-\frac{1}{2}x}$$

(3) 特性方程式は, $\lambda^2-6\lambda+9=0$ となり, その解は $\lambda=3$ の重解である。したがって一般解は,

$$y=(C_1+C_2x)e^{3x}$$

一般解を微分して,

$$y'=C_2e^{3x}+3(C_1+C_2x)e^{3x}$$

条件式 $y(0)=3$, $y'(0)=5$ より, $C_1=3$, $C_2=-4$ となり, 特解は,

$$y=(3-4x)e^{3x}$$

(4) 特性方程式は, $\lambda^2-2\lambda+5=0$ となり, その解は虚数解であり, $\lambda_1=1+i2$, $\lambda_2=1-i2$ である。したがって一般解は,

$$y=e^x(C_1\cos 2x+C_2\sin 2x)$$

$y(0)=2$ より, $C_1=2$ となり, 上式を微分し, $y'(0)=8$ より, $C_2=3$ となる。したがって特解は,

$$y=e^x(2\cos 2x+3\sin 2x)$$

◆◆◆◆◆ 練 習 問 題 ◆◆◆◆◆ EXERCISE

■ **1** ■ 以下の微分方程式の一般解を求めなさい。また, カッコの［条件］のときの, 特解を求めなさい。

(1) $y''-4y'-5y=0$ 　[$y(0)=1$, $y'(0)=2$]

(2) $2y''+3y'-9y=0$ 　[$y(0)=3$, $y'(0)=9$]

(3) $4y''+12y'+9y=0$ 　[$y(0)=2$, $y'(0)=2$]

(4) $y''-4y'+13y=0$ 　[$y(0)=2$, $y'(0)=7$]

5　定数係数の 2 階線形微分方程式——非同次形——

$y''+ay'+by=g(x)$ の形の方程式を「定数係数形の 2 階線形微分方程式」という。これを解くには，以下のようにする。

2 階線形微分方程式——非同次形——

$y''+ay'+by=g(x)$ の形式の微分方程式

(i)　右辺を 0 とした同次方程式 $y''+ay'+by=0$ の解 y_c（余関数）を求める。

(ii)　何らかの方法で特解 y_s を求める。特解とは与えられた微分方程式を満たす解であれば何でも OK である。

(iii)　$y=y_c+y_s$ すなわち (余関数)+(特解) が与えられた微分方程式の解となる。

右辺 $g(x)$ について
右辺の $g(x)$ を**駆動関数**という。この駆動関数を見て，(ii) の特解を予想できることが多い。

y_c について
y_c のことを元の微分方程式の**余関数**という。

特解を求めるには
特解を求めるには，「未定係数法」と p. 74 で説明したのと同じような「定数変化法」がある。解がおおよそ予想できる場合は，「未定係数法」で計算する方が圧倒的に易しい。ここでは「未定係数法」のみ扱う。

例題 1　次の微分方程式を解きなさい。

$$y''+y'-12y=6$$

解答　$y''+y'-12y=0$ の解は，

$$y_c=C_1e^{3x}+C_2e^{-4x}$$

である。与式の右辺は定数なので，特解を $y_s=A$（A は定数）とおいてみる。$y_s'=y_s''=0$ および $y_s=A$ を与式に代入すると，$-12A=6$，$A=-\dfrac{1}{2}$ である。よって，特解 $y_s=-\dfrac{1}{2}$ で，求める解は

$$y=y_c+y_s=C_1e^{3x}+C_2e^{-4x}-\frac{1}{2}$$

例題 2　次の微分方程式を解きなさい。

$$y''-y'-6y=6x$$

解答　$y''-y'-6y=0$ の解は，

$$y_c=C_1e^{3x}+C_2e^{-2x}$$

である。与式の右辺は x の一次式なので，特解を $y_s=A_1x+A_2$（A_1, A_2 は定数）とおいてみる。$y_s'=A_1$，$y_s''=0$ および y_s を与式に代入すると

$$-A_1-6(A_1x+A_2)=6x,$$

両辺の係数を比較して，$A_1=-1$，$A_2=\dfrac{1}{6}$

したがって $y_s=-x+\dfrac{1}{6}$ は特解で，求める解は，

$$y=y_c+y_s=C_1e^{3x}+C_2e^{-2x}-x+\frac{1}{6}$$

例題 3 次の微分方程式を解きなさい。

$$y''-3y'-4y=e^{2x}$$

解答 $y''-3y'-4y=0$ の解は，

$$y_c=C_1e^{-x}+C_2e^{4x}$$

である。与式の右辺は e^{2x} なので，特解を $y_s=Ae^{2x}$（A は定数）とおいてみる。$y_s'=2Ae^{2x}$，$y_s''=4Ae^{2x}$ であるから与式に代入すると，

$$4Ae^{2x}-3\cdot 2Ae^{2x}-4Ae^{2x}=e^{2x}$$

つまり，$-6Ae^{2x}=e^{2x}$，よって $A=-\dfrac{1}{6}$ より　$y_s=-\dfrac{1}{6}e^{2x}$

となり，求める解は，

$$y=y_c+y_s=C_1e^{-x}+C_2e^{4x}-\frac{1}{6}e^{2x}$$

例題 4 次の微分方程式を解きなさい。

$$y''+6y'+9y=e^{-3x}$$

解答 余関数は，特性方程式の解が $\lambda=-3$（重解）だから，

$$y_c=C_1e^{-3x}+C_2xe^{-3x}$$

となる。一方，与式の右辺（駆動関数）は e^{-3x} で，余関数にも同じ e^{-3x} がある。そこで，余関数の e^{-3x}，xe^{-3x} における x の次数を一つ上げて

$y_s=Ax^2e^{-3x}$（A は定数）　とおいてみる。

$y_s'=2Axe^{-3x}-3Ax^2e^{-3x}$，$y_s''=2Ae^{-3x}-12Axe^{-3x}+9Ax^2e^{-3x}$

を与式に代入すると，

$$2Ae^{-3x}-12Axe^{-3x}+9Ax^2e^{-3x}+6(2Axe^{-3x}-3Ax^2e^{-3x})+9Ax^2e^{-3x}=e^{-3x}$$

$$2Ae^{-3x}=e^{-3x}\qquad A=\frac{1}{2}$$

したがって，$y_s=\dfrac{1}{2}x^2e^{-3x}$ は特解であり，求める解は，

$$y=y_c+y_s=C_1e^{-3x}+C_2xe^{-3x}+\frac{1}{2}x^2e^{-3x}$$

補足
与式の右辺は e^{-3x} なので，特解 $y_s=Ae^{-3x}$ や $y_s=Axe^{-3x}$ と予想し与式に代入しても，$0=e^{-3x}$ となり，うまくいかない。
例題のように，駆動関数（問題式の右辺）に重解と同じ e^{-3x} を含んでいる場合は，どうすればよいか？　以下の式を良くながめると察しがつく。
（一般解）
$=C_1e^{-3x}+C_2xe^{-3x}+$(特解)
x の次数を一つ上げて x^2 の項，すなわち，
(特解)$=Ax^2e^{-3x}$ とおいてみると解答のようにうまくいく。

例題 5 次の微分方程式を解きなさい。

$$y''+3y'+2y=10\cos x$$

解答　$y''+3y'+2y=0$ の解は，$y_c=C_1e^{-x}+C_2e^{-2x}$ である。与式の右辺が三角関数なので，特解を

$$y_s=A_1\sin x+A_2\cos x \quad (A_1,\ A_2 \text{は定数})$$

とおいてみる。

$$y_s'=A_1\cos x-A_2\sin x,\quad y_s''=-A_1\sin x-A_2\cos x$$

を与式に代入すると，

$$(A_1-3A_2)\sin x+(3A_1+A_2)\cos x=10\cos x$$

となるので，$A_1-3A_2=0$，$3A_1+A_2=10$ より，$A_1=3$，$A_2=1$，したがって求める解は，

$$y=y_c+y_s=C_1e^{-x}+C_2e^{-2x}+3\sin x+\cos x$$

例題 6　次の微分方程式を解きなさい。

$$y''-y'-6y=(2+6x)e^x$$

解答　$y''-y'-6y=0$ の解は，$y_c=C_1e^{3x}+C_2e^{-2x}$ である。特解を

$$y_s=(A_1+A_2x)e^x$$

とおいてみる。

$$y_s'=e^x(A_1+A_2x)+e^xA_2,\quad y_s''=e^x(A_1+A_2x)+e^xA_2+e^xA_2$$

であるから，与式に代入すると

$$(-6A_1+A_2-6A_2x)e^x=(2+6x)e^x$$

両辺の係数を比較し，$A_1=-\dfrac{1}{2}$，$A_2=-1$ と求まる。したがって，求める解は，

$$y=y_c+y_s=C_1e^{3x}+C_2e^{-2x}-\left(\frac{1}{2}+x\right)e^x$$

練習問題　EXERCISE

1　以下の微分方程式の一般解を求めなさい。また，カッコの［条件］のとき，特解を求めなさい。

(1) $y''+y'-6y=6$　$[y(0)=1,\ y'(0)=3]$

(2) $y''-2y'-3y=9x$　$[y(0)=1,\ y'(0)=2]$

(3) $y''-y'-12y=e^{3x}$　$[y(0)=1,\ y'(0)=3]$

(4) $y''-4y'+4y=e^{2x}$　$[y(0)=4,\ y'(0)=2]$

(5) $2y''+y'-y=10\sin x$　$[y(0)=2,\ y'(0)=3]$

(6) $y''+y'-2y=3e^x$　$[y(0)=1,\ y'(0)=5]$

Chapter 2 章

第1章では，関数と微分積分を中心として，解析学分野の数学を学習しました。第2章では，解析学同様，工学によく利用される代数学分野の数学と統計学を扱います。

代数学の目的は，ものごとの仕組みやそれに対する操作を記号により明確に記述し，理解することです。第2章では，運動や力など方向と大きさをもった量を表現する「**ベクトル**」，多数の変数をもつ方程式を解くための「**行列**」，電気回路を容易に表現することを可能とする「**複素数**」，大量の実験データから客観的な結果を導き出す「**統計**」を学習します。

この章をマスターしたとき，あなたは興味深い専門分野へのスタートラインに立っていることでしょう。

1 ベクトル

1 座標平面と点の位置

ベクトルとスカラー

大きさと向きをもつ量のことを**ベクトル**といい，大きさだけで表される量を**スカラー**という。

ベクトル：変位，力，速度，加速度など。

スカラー：長さ，質量，時間など。

> **ベクトルの表記法**
> ベクトルは，$\boldsymbol{a}$，$\boldsymbol{b}$ などのようにボールド（太字）で書く場合と，$\overrightarrow{\mathrm{OA}}$，$\vec{a}$ などのように文字の上に矢印記号を書いて表す場合がある。この本では，原則 $\boldsymbol{a}$，$\boldsymbol{b}$ などボールドとし，必要に応じて，$\overrightarrow{\mathrm{AB}}$，$\overrightarrow{\mathrm{CD}}$ など記号を用いて表す。

ベクトルの相等

ベクトルは，図のように矢印記号を用いて“向き”を表し，矢印の長さで“大きさ”を表す。

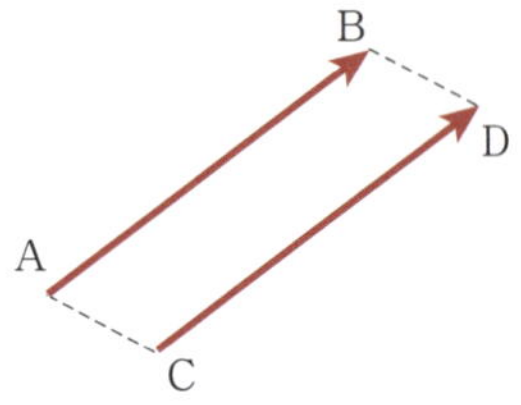

2つのベクトルがあり，それぞれ向きと大きさが等しい場合，2つの**ベクトルは等しい**といい，

$$\overrightarrow{\mathrm{AB}}=\overrightarrow{\mathrm{CD}}$$

と書く。図のように，始点と終点の位置が異なっていても，平行移動によって完全に重ね合わせることができ，かつ向きが同じ2つのベクトルは“等しい”と言える。このとき，2つのベクトルの成分を

$$\overrightarrow{\mathrm{AB}}=(x_1,\ y_1),\ \overrightarrow{\mathrm{CD}}=(x_2,\ y_2)$$

とおくと，以下の式が成り立つ。

$$x_1=x_2,\qquad y_1=y_2$$

逆ベクトル

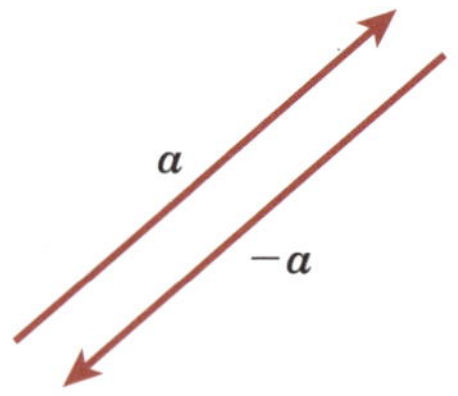

ベクトル $\boldsymbol{a}$ に対して，向きが反対で大きさが等しいベクトルを**逆ベクトル**といい，$-\boldsymbol{a}$ と表す。したがって，ベクトルを成分表示

$$\boldsymbol{a}=(x_1,\ y_1)$$

で表すと，逆ベクトルは

$$-\boldsymbol{a}=(-x_1,\ -y_1)$$

と表示される。

> **零（ゼロ）ベクトル**
> $\boldsymbol{a}$ と $-\boldsymbol{a}$ との和を
> $\boldsymbol{a}+(-\boldsymbol{a})=\boldsymbol{0}$
> と表し，$\boldsymbol{0}$ を**零ベクトル**という。また，零ベクトルについては，
> $\boldsymbol{a}+\boldsymbol{0}=\boldsymbol{0}+\boldsymbol{a}=\boldsymbol{a}$
> が成り立ち，成分で表示すると
> $\boldsymbol{0}=(0,\ 0)$
> である。

例題 1　図中の以下のベクトルについて問いに答えなさい。

(a) $\overrightarrow{AB}$,　(b) $\overrightarrow{CB}$,　(c) $\overrightarrow{CD}$,
(d) $\overrightarrow{ED}$,　(e) $\overrightarrow{FE}$,　(f) $\overrightarrow{FG}$,
(g) $\overrightarrow{OB}$,　(h) $\overrightarrow{OD}$,　(i) $\overrightarrow{OF}$,
(j) $\overrightarrow{OK}$

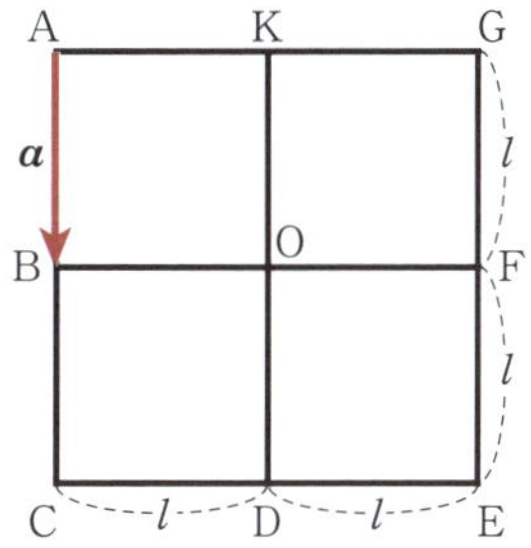

(1)　ベクトル $\boldsymbol{a}$ と等しいベクトルをすべて選びなさい。

(2)　ベクトル $\boldsymbol{a}$ の逆ベクトルと等しいすべてのベクトルを選びなさい。

解答　(1)　(a), (e), (h)
(2)　(b), (f), (j)

練習問題　EXERCISE

1　正六角形における以下のベクトルについて問いに答えなさい。

(a) $\overrightarrow{AB}$,　(b) $\overrightarrow{OB}$,　(c) $\overrightarrow{OF}$,
(d) $\overrightarrow{CD}$,　(e) $\overrightarrow{OC}$,　(f) $\overrightarrow{OE}$,
(g) $\overrightarrow{OD}$,　(h) $\overrightarrow{FE}$,　(i) $\overrightarrow{ED}$,
(j) $\overrightarrow{FO}$,　(k) $\overrightarrow{CO}$

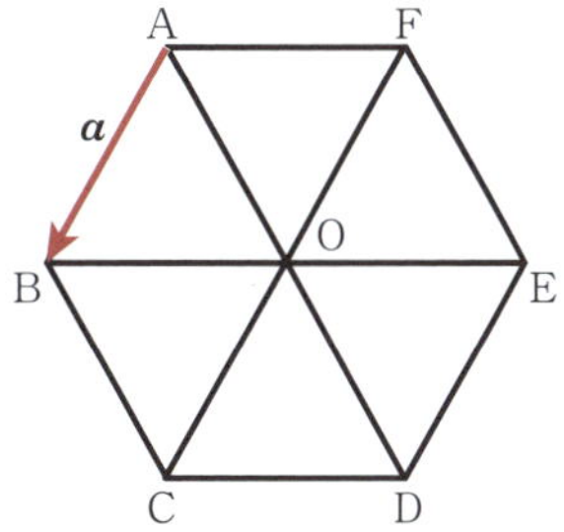

(1)　ベクトル $\boldsymbol{a}$ と等しいベクトルをすべて選びなさい。

(2)　ベクトル $\boldsymbol{a}$ の逆ベクトルと等しいベクトルをすべて選びなさい。

2 ベクトルの和とスカラー倍

ベクトルの和――ベクトルの終点と始点を重ねる――

ベクトルの和を表すには，どのようにすればよいか？

図のようにベクトル $\boldsymbol{a}$ の終点と $\boldsymbol{b}$ の始点を重ね，$\boldsymbol{a}$ の始点と $\boldsymbol{b}$ の終点からなる新たなベクトルを $\boldsymbol{c}$ とすると $\boldsymbol{c}=\boldsymbol{a}+\boldsymbol{b}$ となる。

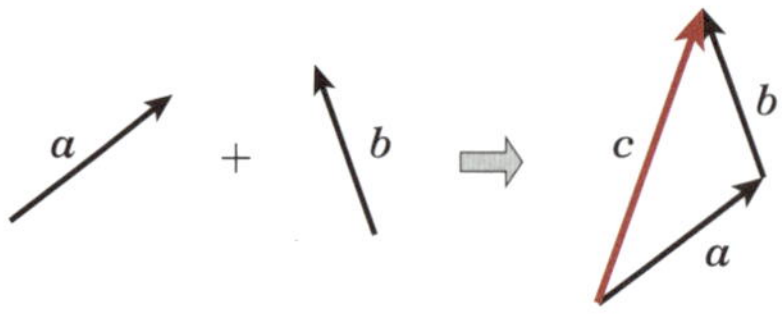

3つ以上のベクトルの和を求める場合も，各ベクトルの終点と始点を次々に重ねていく。最初のベクトルの始点と最後のベクトルの終点からなるベクトルが，求めるベクトルとなる。

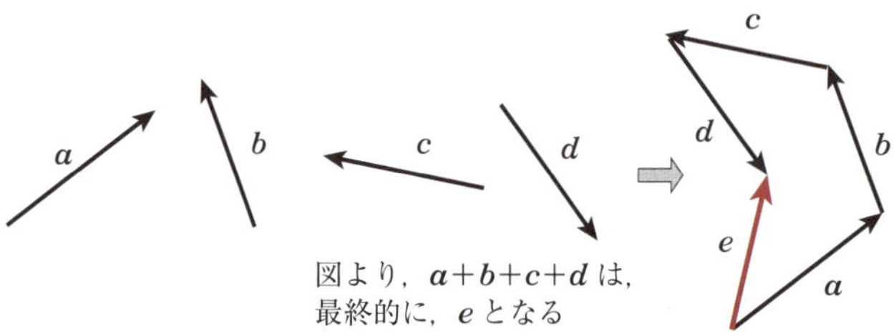

例題 1 ベクトルの和 $\boldsymbol{a}+\boldsymbol{b}$ および $\boldsymbol{a}+\boldsymbol{b}+\boldsymbol{c}$ を作図しなさい。

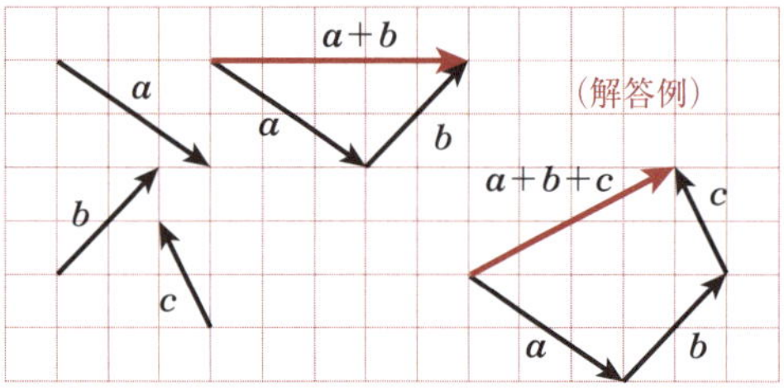

ベクトルの和――平行四辺形を用いる――

ベクトルの和を求める場合，平行四辺形を用いることもできる。ベクトル $\boldsymbol{a}$ の始点とベクトル $\boldsymbol{b}$ の始点を重ね，それぞれのベクトルを一辺とする平行四辺形を作ると，対角線上のベクトル $\boldsymbol{c}$ が求めるベクトルの和となる。逆にベクトル $\boldsymbol{c}$ を対角線とする平行四辺形を作ることで，$\boldsymbol{a}$ と $\boldsymbol{b}$ に分解することができる。

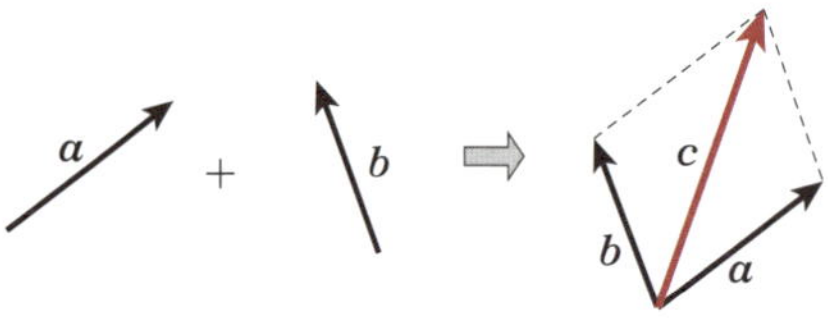

ベクトルの差 1

ベクトルの差 $\boldsymbol{c}=\boldsymbol{a}-\boldsymbol{b}$ を求める場合，$\boldsymbol{a}+(-\boldsymbol{b})$ と考えることができる。すなわち，ベクトル $\boldsymbol{b}$ の向きを逆転させて（逆ベクトルを求めてから）和を求める。

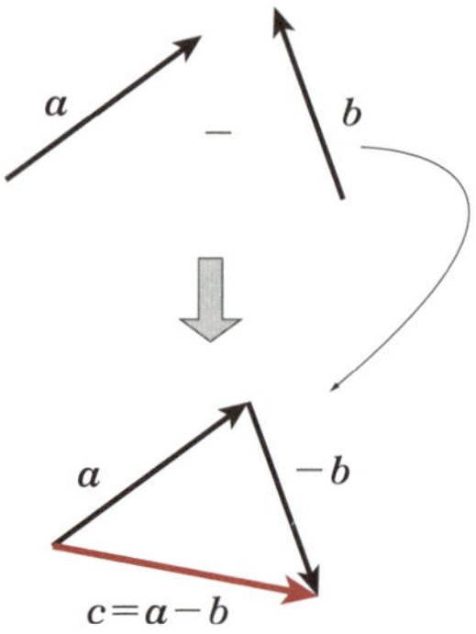

ベクトルの差 2

$\boldsymbol{a}$，$\boldsymbol{b}$ の2つのベクトルの始点を合わせ，それぞれ $\overrightarrow{OA}$，$\overrightarrow{OB}$ と表すと，

$\boldsymbol{a}-\boldsymbol{b}=\overrightarrow{OA}-\overrightarrow{OB}=\overrightarrow{BA}$

となる。

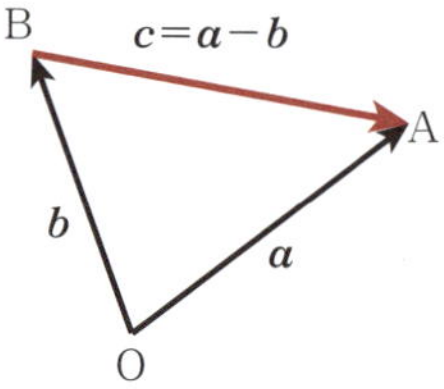

例題 2　ベクトルの和 $\boldsymbol{a}+\boldsymbol{b}$ を作図しなさい。

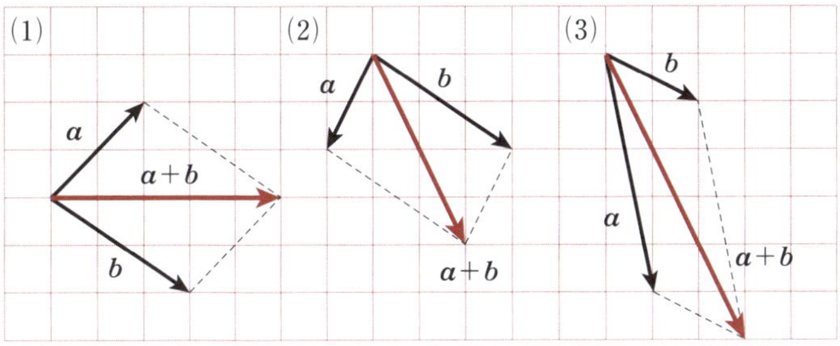

■ ベクトルの実数倍（スカラー倍）

ベクトル $\boldsymbol{a}$ を m 倍したベクトル $m\boldsymbol{a}$ は，元のベクトルの大きさが m 倍され，向きは同じ（$m>0$）か逆向き（$m<0$）になる。

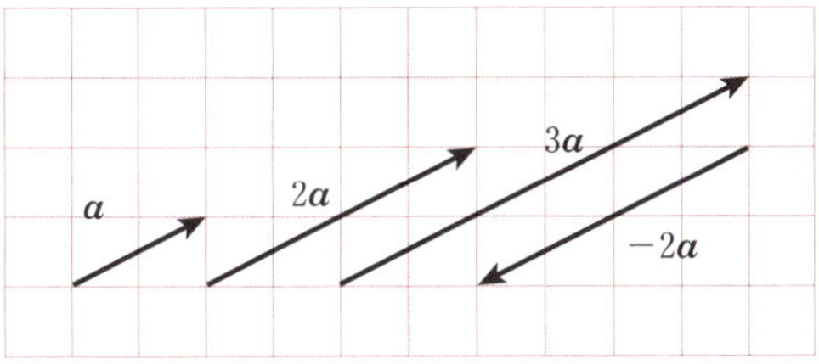

例題 3　右図の正方形で $\overrightarrow{AB}=\boldsymbol{a}$，$\overrightarrow{AD}=\boldsymbol{b}$ とするとき，$\overrightarrow{AC}$，$\overrightarrow{DB}$ を $\boldsymbol{a}$，$\boldsymbol{b}$ を用いて表しなさい。

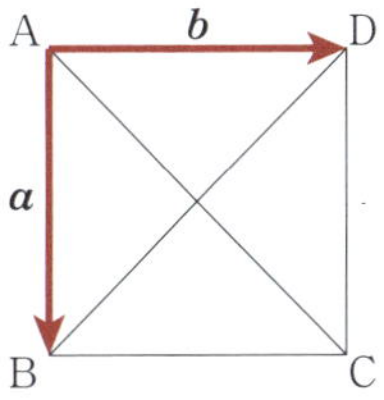

解答　$\overrightarrow{AC}$ は，正方形の対角線であるので，

$$\overrightarrow{AC}=\boldsymbol{a}+\boldsymbol{b}$$

となる。また，$\overrightarrow{DB}$ は右図より，

$$\overrightarrow{DB}=(-\boldsymbol{b})+\boldsymbol{a}=\boldsymbol{a}-\boldsymbol{b}$$

となる。

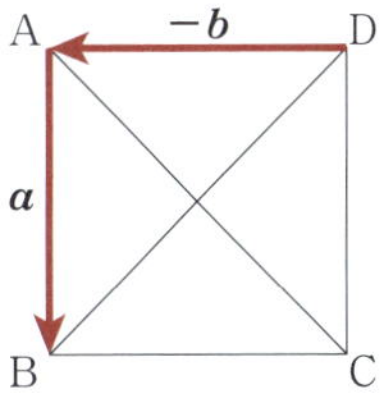

例題 4 以下の式を簡単にしなさい。

(1) $\boldsymbol{a}+\boldsymbol{b}+2\boldsymbol{a}$, (2) $\boldsymbol{a}-\boldsymbol{b}+5\boldsymbol{b}$, (3) $4(\boldsymbol{a}+2\boldsymbol{b})-10\boldsymbol{b}$

解答 (1) $3\boldsymbol{a}+\boldsymbol{b}$, (2) $\boldsymbol{a}+4\boldsymbol{b}$, (3) $4\boldsymbol{a}-2\boldsymbol{b}$

ヒント
一般の文字式の計算と同じような方式で解くことができる。

$k(l\boldsymbol{a})=(kl)\boldsymbol{a}$

$k\boldsymbol{a}+l\boldsymbol{a}=(k+l)\boldsymbol{a}$

$k\boldsymbol{a}+k\boldsymbol{b}=k(\boldsymbol{a}+\boldsymbol{b})$

■ ベクトルの平行

ベクトル $\boldsymbol{a}$, $\boldsymbol{b}$ が平行であるとき（$\boldsymbol{a}\,/\!/\,\boldsymbol{b}$ と表す）, 以下の条件が成り立つ。

$\boldsymbol{b}=k\boldsymbol{a}$, ただし k：実数

例 図のベクトル $\boldsymbol{a}$ を用いて，ベクトル $\boldsymbol{b}$, $\boldsymbol{c}$, $\boldsymbol{d}$, $\boldsymbol{e}$ を表すと，

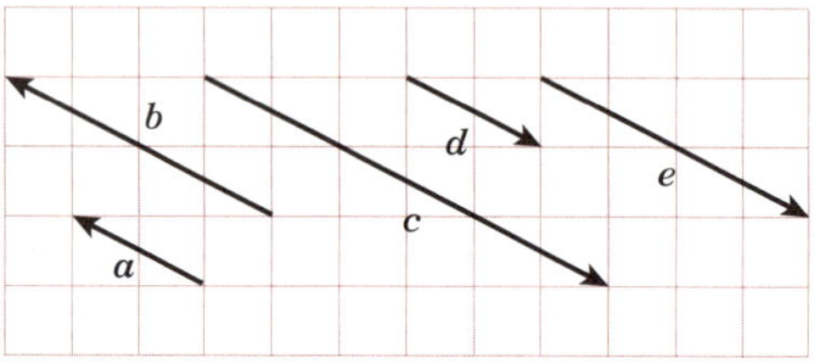

$\boldsymbol{b}=2\boldsymbol{a}$, $\boldsymbol{c}=-3\boldsymbol{a}$, $\boldsymbol{d}=-\boldsymbol{a}$, $\boldsymbol{e}=-2\boldsymbol{a}$ となる。

■ ベクトルの分解

平行でない 2 つのベクトル $\boldsymbol{a}$, $\boldsymbol{b}$ を用いて，任意のベクトル $\boldsymbol{c}$ を

$\boldsymbol{c}=m\boldsymbol{a}+n\boldsymbol{b}$

ただし，m, n：実数

と表すことができる。

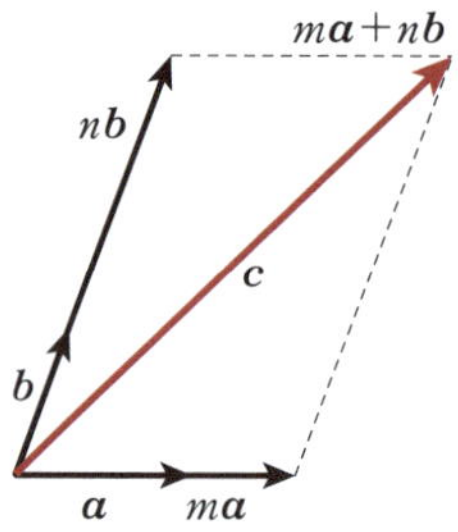

例題 5 平行四辺形 OABC において，各辺の中点を図のようにD，E，F，Gとし，$\overrightarrow{OD}=\boldsymbol{a}$, $\overrightarrow{OG}=\boldsymbol{b}$ とおくとき，以下のベクトルを $\boldsymbol{a}$, $\boldsymbol{b}$ を用いて表しなさい。

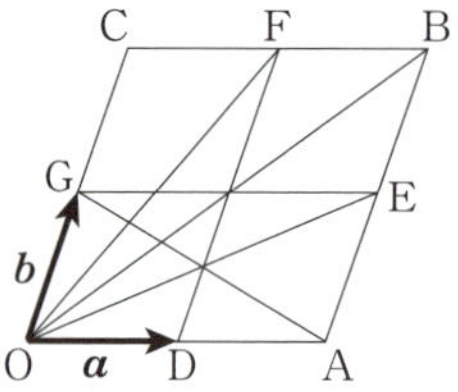

(1) $\overrightarrow{OB}$

(2) $\overrightarrow{OE}$

(3) $\overrightarrow{AG}$

解答 (1) $\overrightarrow{OA}=2\boldsymbol{a}$, $\overrightarrow{OC}=2\boldsymbol{b}$

よって，$\overrightarrow{OB}=\overrightarrow{OA}+\overrightarrow{OC}=2\boldsymbol{a}+2\boldsymbol{b}$

(2) $\overrightarrow{OE}=\overrightarrow{OA}+\overrightarrow{OG}=2\boldsymbol{a}+\boldsymbol{b}$

(3) $\overrightarrow{AG}=\overrightarrow{OG}-\overrightarrow{OA}=-2\boldsymbol{a}+\boldsymbol{b}$

練習問題 EXERCISE

1 ベクトル $\boldsymbol{a}$, $-\boldsymbol{a}$, $2\boldsymbol{a}$ と等しいベクトルを選び出しなさい。

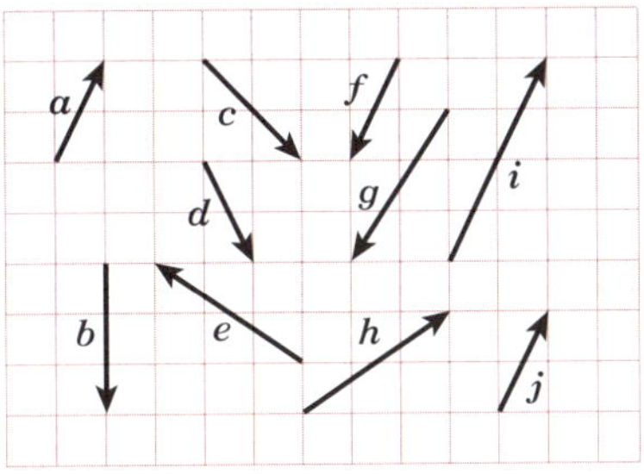

2 図の長方形において，$\overrightarrow{AD}$, $\overrightarrow{EB}$, $\overrightarrow{EC}$ を $\boldsymbol{a}$, $\boldsymbol{b}$ を用いて表しなさい。

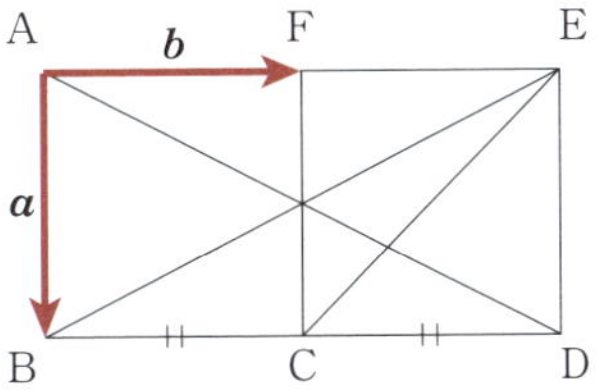

3 以下の式を簡単にしなさい。

(1) $-8(3\boldsymbol{a})$　　(2) $2\boldsymbol{a}-5\boldsymbol{a}$

(3) $4(\boldsymbol{a}+2\boldsymbol{b})$　　(4) $4\boldsymbol{a}+2\boldsymbol{b}-2\boldsymbol{a}$

(5) $-2\boldsymbol{a}+2\boldsymbol{b}-5\boldsymbol{a}-6\boldsymbol{b}$　　(6) $3(-3\boldsymbol{a}+2\boldsymbol{b})-2(\boldsymbol{b}+4\boldsymbol{a})$

4 2点A，Bに糸を固定し，図のように10 kgwのおもりをつるしたら，天井と糸ACの成す角が30°，糸BCとの成す角が60°で静止した。糸の質量を無視した場合，糸AC，BCにかかる張力 $\boldsymbol{T}_A$, $\boldsymbol{T}_B$ の大きさ $|\boldsymbol{T}_A|$, $|\boldsymbol{T}_B|$ を求めなさい。

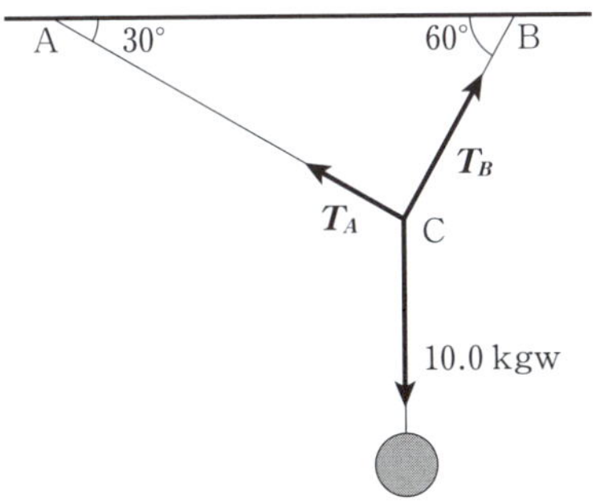

ヒント
$\boldsymbol{T}_A$, $\boldsymbol{T}_B$ の逆ベクトル $-\boldsymbol{T}_A$, $-\boldsymbol{T}_B$ が平行四辺形の各辺に相当している。

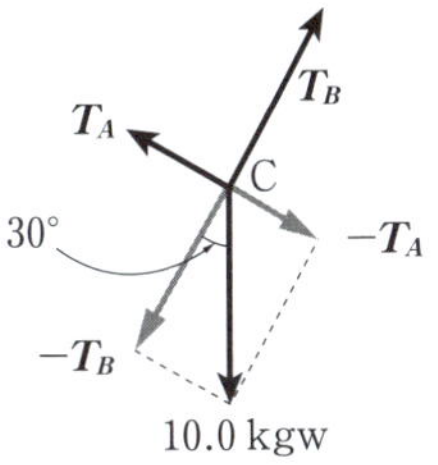

■ 3 ■ ベクトルの成分表示

■基本ベクトル

大きさが1のベクトルを**単位ベクトル**という。

また，平面座標において，x 軸上の単位ベクトルを $\boldsymbol{i}=(1,\ 0)$ および y 軸上の単位ベクトルを $\boldsymbol{j}=(0,\ 1)$ とすると，$\boldsymbol{i}$，$\boldsymbol{j}$ を**基本ベクトル**という。基本ベクトルを用いることにより，任意のベクトルを表すことができる。例えば右図の場合，$\boldsymbol{a}=3\boldsymbol{i}+2\boldsymbol{j}$ と表すことができる。

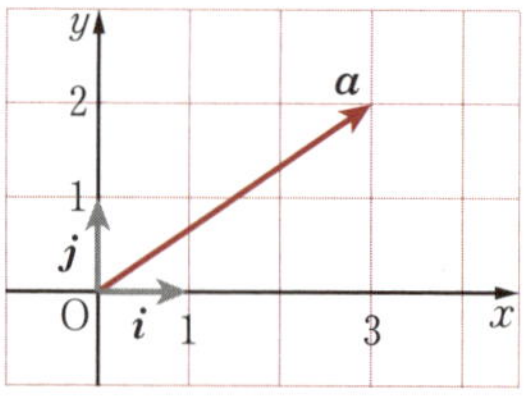

基本ベクトルの各係数をとって成分で表示することができる。すなわち，$\boldsymbol{a}=3\boldsymbol{i}+2\boldsymbol{j}=(3,\ 2)$ となる。

また，ベクトルの大きさを $|\boldsymbol{a}|$ または a などと書く。ベクトル $\boldsymbol{a}=(m,\ n)$ とすると，ベクトルの大きさを求めるには，三平方の定理より $|\boldsymbol{a}|=\sqrt{m^2+n^2}$ となる。

3次元の場合も同様に，x，y，z 軸に基本ベクトル $\boldsymbol{i}$，$\boldsymbol{j}$，$\boldsymbol{k}$ を定義すると，任意の空間ベクトルを基本ベクトルで表すことができる。

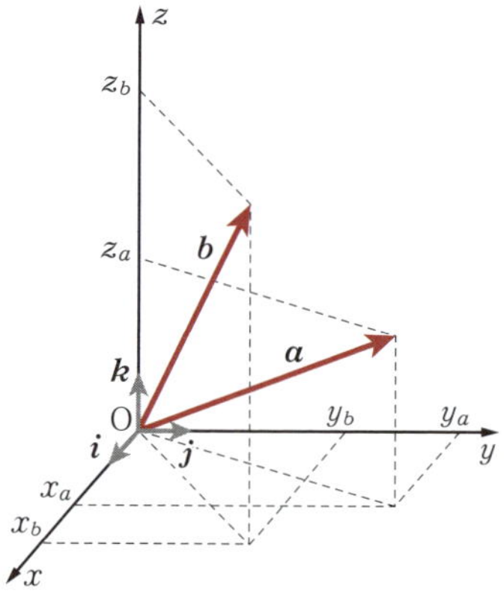

●ベクトル表示と和

$$\boldsymbol{a}=x_a\boldsymbol{i}+y_a\boldsymbol{j}+z_a\boldsymbol{k}$$
$$=(x_a,\ y_a,\ z_a)$$
$$\boldsymbol{b}=x_b\boldsymbol{i}+y_b\boldsymbol{j}+z_b\boldsymbol{k}$$
$$=(x_b,\ y_b,\ z_b)$$
$$\boldsymbol{a}+\boldsymbol{b}=(x_a+x_b)\boldsymbol{i}+(y_a+y_b)\boldsymbol{j}+(z_a+z_b)\boldsymbol{k}$$
$$=(x_a+x_b,\ y_a+y_b,\ z_a+z_b)$$

●ベクトルの大きさ

$$|\boldsymbol{a}|=\sqrt{{x_a}^2+{y_a}^2+{z_a}^2}$$

例題 1　$\boldsymbol{a}=(2,\ 3)$，$\boldsymbol{b}=(-2,\ 4)$ のとき，$\boldsymbol{a}+2\boldsymbol{b}$ を成分表示と基本ベクトルで表示しなさい。

解答　成分表示の場合は，

$$\boldsymbol{a}+2\boldsymbol{b}=(2,\ 3)+2(-2,\ 4)=(2,\ 3)+(-4,\ 8)=(-2,\ 11)$$

また x 成分が -2 で，y 成分が 11 なので，基本ベクトルで表すと，

$$\boldsymbol{a}+2\boldsymbol{b}=-2\boldsymbol{i}+11\boldsymbol{j}$$

成分によるベクトルの分解

平行でない 2 つのベクトルを $\boldsymbol{a}$，$\boldsymbol{b}$ とすると，任意のベクトル $\boldsymbol{p}$ は，$\boldsymbol{p}=m\boldsymbol{a}+n\boldsymbol{b}$ と表すことができる。

例題 2　$\boldsymbol{a}=(3,\ 2)$，$\boldsymbol{b}=(-2,\ -1)$ のとき，$\boldsymbol{c}=(8,\ 3)$ を $m\boldsymbol{a}+n\boldsymbol{b}$ の形式で表しなさい。

解答　$\boldsymbol{c}=m\boldsymbol{a}+n\boldsymbol{b}$ なので，

$$\begin{aligned}(8,\ 3)&=m(3,\ 2)+n(-2,\ -1)=(3m,\ 2m)+(-2n,\ -1n)\\&=(3m-2n,\ 2m-n)\end{aligned}$$

したがって，以下の連立方程式を解けばよい。

$$\begin{cases}8=3m-2n\\3=2m-n\end{cases}\quad よって，\quad\begin{cases}m=-2\\n=-7\end{cases}$$

となる。よって，$\boldsymbol{c}=-2\boldsymbol{a}-7\boldsymbol{b}$

練習問題　EXERCISE

1　以下の場合，ベクトル $\boldsymbol{c}$ を $\boldsymbol{a}$，$\boldsymbol{b}$ を用いて表しなさい。

(1)　$\boldsymbol{a}=(1,\ 2)$，$\boldsymbol{b}=(-2,\ 1)$，$\boldsymbol{c}=(-6,\ 3)$ のとき。

(2)　$\boldsymbol{a}=(-2,\ 2)$，$\boldsymbol{b}=(1,\ 3)$，$\boldsymbol{c}=(-9,\ 11)$ のとき。

2　ベクトル $\boldsymbol{a}$，$\boldsymbol{b}$，$\boldsymbol{c}$ が以下のように与えられているとき，$\boldsymbol{c}$ を $\boldsymbol{a}$，$\boldsymbol{b}$ を用いて表しなさい。

(1)　$\boldsymbol{a}=(-3,\ 5)$，$\boldsymbol{b}=(5,\ -6)$，$\boldsymbol{c}=(2,\ -1)$

(2)　$\boldsymbol{a}=(-3,\ 5)$，$\boldsymbol{b}=(5,\ -6)$，$\boldsymbol{c}=(9,\ -8)$

(3)　$\boldsymbol{a}=(2,\ -3)$，$\boldsymbol{b}=(3,\ 5)$，$\boldsymbol{c}=(-8,\ 12)$

(4)　$\boldsymbol{a}=(3,\ 3)$，$\boldsymbol{b}=(2,\ -2)$，$\boldsymbol{c}=(6,\ -10)$

4 ベクトルの内積

内積の定義

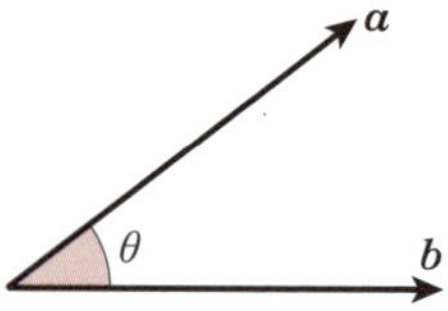

2つのベクトル $\boldsymbol{a}$, $\boldsymbol{b}$ が作る角度を θ とすると,

$$\boldsymbol{a}\cdot\boldsymbol{b}=|\boldsymbol{a}||\boldsymbol{b}|\cos\theta \quad ただし,\ 0\leqq\theta\leqq\pi$$

と定義した $\boldsymbol{a}\cdot\boldsymbol{b}$ をベクトル $\boldsymbol{a}$, $\boldsymbol{b}$ の内積という。

ベクトルの内積は,ベクトル量ではなく,スカラー量である。

ベクトルの内積

ベクトル $\boldsymbol{a}$, $\boldsymbol{b}$ が作る角度を θ とすると,

$$\boldsymbol{a}\cdot\boldsymbol{b}=|\boldsymbol{a}||\boldsymbol{b}|\cos\theta \quad ただし,\ 0\leqq\theta\leqq\pi$$

例題 1 $|\boldsymbol{a}|=2$, $|\boldsymbol{b}|=3$ で $\boldsymbol{a}$ と $\boldsymbol{b}$ との成す角が $\frac{\pi}{3}$ のとき,2つのベクトルの内積を求めなさい。

解答 $\boldsymbol{a}\cdot\boldsymbol{b}=|\boldsymbol{a}||\boldsymbol{b}|\cos\frac{\pi}{3}=3\times2\times\frac{1}{2}=3$

成分によるベクトルの内積

$\boldsymbol{a}=(x_1,\ y_1)$, $\boldsymbol{b}=(x_2,\ y_2)$ のとき,内積は以下のように成分どうしの積を足し合わせた値になる。

$$\boldsymbol{a}\cdot\boldsymbol{b}=(x_1,\ y_1)\cdot(x_2,\ y_2)=x_1x_2+y_1y_2$$

例えば,$\boldsymbol{a}=(2,\ -3)$, $\boldsymbol{b}=(3,\ 4)$ のとき,

$$\boldsymbol{a}\cdot\boldsymbol{b}=(2,\ -3)\cdot(3,\ 4)=2\times3+(-3)\times4=6-12=-6$$

この計算は基本ベクトルを用いて確かめることができる。

$$\boldsymbol{a}=x_1\boldsymbol{i}+y_1\boldsymbol{j},\quad \boldsymbol{b}=x_2\boldsymbol{i}+y_2\boldsymbol{j}$$

$$\boldsymbol{a}\cdot\boldsymbol{b}=(x_1\boldsymbol{i}+y_1\boldsymbol{j})\cdot(x_2\boldsymbol{i}+y_2\boldsymbol{j})$$
$$=x_1x_2\boldsymbol{i}^2+x_1y_2\boldsymbol{i}\cdot\boldsymbol{j}+y_1x_2\boldsymbol{j}\cdot\boldsymbol{i}+y_1y_2\boldsymbol{j}^2$$

$\boldsymbol{i}^2=\boldsymbol{j}^2=1$, $\boldsymbol{i}\cdot\boldsymbol{j}=\boldsymbol{j}\cdot\boldsymbol{i}=0$ なので $\boldsymbol{a}\cdot\boldsymbol{b}=x_1x_2+y_1y_2$

内積と成分

ベクトル $\boldsymbol{a}=(x_1,\ y_1)$, $\boldsymbol{b}=(x_2,\ y_2)$ のとき,$\boldsymbol{a}\cdot\boldsymbol{b}=x_1x_2+y_1y_2$

例題 2 次のベクトルの内積を求めなさい。

(1) $\boldsymbol{a}=(2,\ -2)$, $\boldsymbol{b}=(-3,\ 1)$

(2) $\boldsymbol{a}=(5,\ 6)$, $\boldsymbol{b}=(-5,\ 6)$

解答 (1) $\boldsymbol{a}\cdot\boldsymbol{b}=(2,\ -2)\cdot(-3,\ 1)=2\times(-3)+(-2\times1)=-6-2$
$=-8$

(2) $\boldsymbol{a}\cdot\boldsymbol{b}=(5,\ 6)\cdot(-5,\ 6)=5\times(-5)+6\times6=-25+36=11$

内積の意味

内積 $\boldsymbol{a}\cdot\boldsymbol{b}=(|\boldsymbol{a}|\cos\theta)|\boldsymbol{b}|$ と考えると,$|\boldsymbol{a}|\cos\theta$ は,ベクトル $\boldsymbol{a}$ の $\boldsymbol{b}$ 方向への射影に相当する。

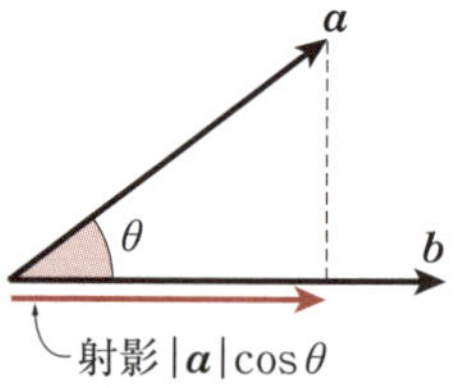

θ の大きさによって射影の大きさが変化する。θ を増加していくと射影が小さくなり,$\theta=\frac{\pi}{2}$ でついに射影の大きさはゼロとなる。

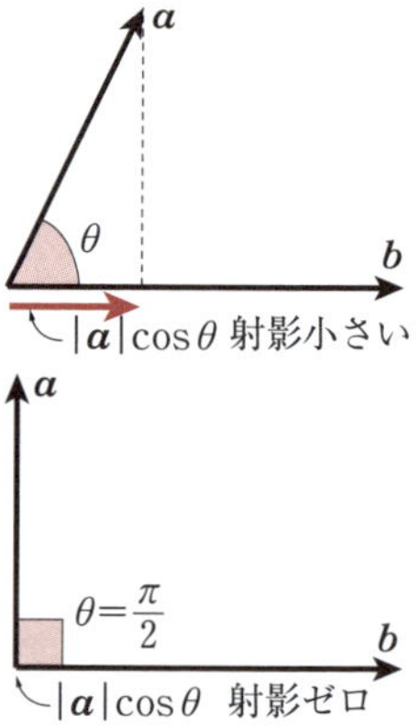

$\theta=\frac{\pi}{2}$ のとき,ベクトル $\boldsymbol{a}$ は,$\boldsymbol{b}$ 方向の有効成分がゼロとなる。

内積は,「ベクトルどうしの有向成分の積」に相当すると言える。

ベクトルの成す角

2つのベクトル $\boldsymbol{a}=(x_1,\ y_1)$，$\boldsymbol{b}=(x_2,\ y_2)$ の成す角を θ とすると，

$$\boldsymbol{a}\cdot\boldsymbol{b}=|\boldsymbol{a}||\boldsymbol{b}|\cos\theta \text{ より，} \cos\theta=\frac{\boldsymbol{a}\cdot\boldsymbol{b}}{|\boldsymbol{a}||\boldsymbol{b}|} \quad \text{ただし，} \boldsymbol{a}\neq\boldsymbol{0},\ \boldsymbol{b}\neq\boldsymbol{0}$$

ベクトルの成す角

$$\cos\theta=\frac{\boldsymbol{a}\cdot\boldsymbol{b}}{|\boldsymbol{a}||\boldsymbol{b}|}=\frac{x_1x_2+y_1y_2}{|\boldsymbol{a}||\boldsymbol{b}|}$$

垂直なベクトルの内積

$\boldsymbol{0}$ でない2つのベクトルの成す角が直角の場合

$$\boldsymbol{a}\cdot\boldsymbol{b}=|\boldsymbol{a}||\boldsymbol{b}|\cos\frac{\pi}{2}$$
$$=|\boldsymbol{a}||\boldsymbol{b}|\times 0=0$$

となる。

逆に2つのベクトルの内積 $\boldsymbol{a}\cdot\boldsymbol{b}=0$ のとき，

$$\cos\theta=\frac{\boldsymbol{a}\cdot\boldsymbol{b}}{|\boldsymbol{a}||\boldsymbol{b}|}=\frac{0}{|\boldsymbol{a}||\boldsymbol{b}|}=0$$

より，$\theta=\frac{\pi}{2}$ となるので，ベクトル $\boldsymbol{a}$，$\boldsymbol{b}$ は互いに垂直となっている。

例題 3　$\boldsymbol{a}=(3,\ 1)$，$\boldsymbol{b}=(1,\ 2)$ のとき，2つのベクトルの成す角を求めなさい。

解答　$\boldsymbol{a}\cdot\boldsymbol{b}=(3,\ 1)\cdot(1,\ 2)=3\times1+1\times2=5$

また，$|\boldsymbol{a}|=\sqrt{3^2+1^2}=\sqrt{10}$，$|\boldsymbol{b}|=\sqrt{1^2+2^2}=\sqrt{5}$

$$\cos\theta=\frac{\boldsymbol{a}\cdot\boldsymbol{b}}{|\boldsymbol{a}||\boldsymbol{b}|}=\frac{5}{\sqrt{10}\times\sqrt{5}}=\frac{5}{5\sqrt{2}}=\frac{1}{\sqrt{2}}$$

したがって，$\theta=\frac{\pi}{4}$

例題 4　2つのベクトル $\boldsymbol{a}=(6,\ 4)$，$\boldsymbol{b}=(x,\ 2)$ が垂直であるとき，x を求めなさい。

解答　$\boldsymbol{a}\cdot\boldsymbol{b}=0$ であるので，

$$\boldsymbol{a}\cdot\boldsymbol{b}=(6,\ 4)\cdot(x,\ 2)=6x+8=0 \qquad \text{よって，} x=-\frac{4}{3}$$

内積の計算法則

ベクトルの内積として，以下の関係が成り立つ。k を実数として，

(1)　$\boldsymbol{a}\cdot\boldsymbol{b}=\boldsymbol{b}\cdot\boldsymbol{a}$

(2)　$(k\boldsymbol{a})\cdot\boldsymbol{b}=k(\boldsymbol{a}\cdot\boldsymbol{b})$

(3)　$\boldsymbol{a}\cdot(\boldsymbol{b}+\boldsymbol{c})=\boldsymbol{a}\cdot\boldsymbol{b}+\boldsymbol{a}\cdot\boldsymbol{c}$

(4)　$(\boldsymbol{a}+\boldsymbol{b})\cdot\boldsymbol{c}=\boldsymbol{a}\cdot\boldsymbol{c}+\boldsymbol{b}\cdot\boldsymbol{c}$

ベクトルの大きさと内積

同じベクトルどうしの内積は，

$$\boldsymbol{a}\cdot\boldsymbol{a}=|\boldsymbol{a}||\boldsymbol{a}|\cos 0=|\boldsymbol{a}|^2$$

したがって，

$$\boldsymbol{a}\cdot\boldsymbol{a}=|\boldsymbol{a}|^2$$

または，

$$|\boldsymbol{a}|=\sqrt{\boldsymbol{a}\cdot\boldsymbol{a}}$$

例題 5　$|\boldsymbol{a}|=3$，$|\boldsymbol{b}|=4$，$\boldsymbol{a}\cdot\boldsymbol{b}=3$ のとき，$|\boldsymbol{a}+\boldsymbol{b}|$ を求めなさい。

解答　$|\boldsymbol{a}+\boldsymbol{b}|^2=(\boldsymbol{a}+\boldsymbol{b})\cdot(\boldsymbol{a}+\boldsymbol{b})=\boldsymbol{a}\cdot\boldsymbol{a}+\boldsymbol{a}\cdot\boldsymbol{b}+\boldsymbol{b}\cdot\boldsymbol{a}+\boldsymbol{b}\cdot\boldsymbol{b}$

$$=|\boldsymbol{a}|^2+2(\boldsymbol{a}\cdot\boldsymbol{b})+|\boldsymbol{b}|^2=3^2+2\times3+4^2=31$$

よって，$|\boldsymbol{a}+\boldsymbol{b}|=\sqrt{31}$

◆◆◆◆◆ 練 習 問 題 ◆◆◆◆◆ EXERCISE

1 以下のベクトルの内積 $\boldsymbol{a}\cdot\boldsymbol{b}$ を求めなさい。

(1) $|\boldsymbol{a}|=5$, $|\boldsymbol{b}|=6$ で，$\boldsymbol{a}$ と $\boldsymbol{b}$ の成す角が $\dfrac{\pi}{6}$

(2) $|\boldsymbol{a}|=|\boldsymbol{b}|=5$ で，$\boldsymbol{a}$ と $\boldsymbol{b}$ の成す角が $\dfrac{\pi}{4}$

(3) $\boldsymbol{a}=(4,\ 2)$, $\boldsymbol{b}=(3,\ 4)$　　(4) $\boldsymbol{a}(-1,\ 3)$, $\boldsymbol{b}=(2,\ 5)$

2 $|\boldsymbol{a}|=3$, $|\boldsymbol{b}|=1$, $\boldsymbol{a}\cdot\boldsymbol{b}=-1$ のとき，以下の値を求めなさい。

(1) $|\boldsymbol{a}+\boldsymbol{b}|$　　(2) $|2\boldsymbol{a}+\boldsymbol{b}|$

(3) $|\boldsymbol{a}-\boldsymbol{b}|$　　(4) $|(\boldsymbol{a}+\boldsymbol{b})\cdot(2\boldsymbol{a}-\boldsymbol{b})|$

3 図のように傾き $\theta=30°$ の斜面上に質量 $m=10$ kg の物体をおいた。力 $\boldsymbol{F}$ で斜面に沿って物体を 5 m 引き上げたとき，重力加速度 $g=9.8$ m/s^2 として，力 $\boldsymbol{F}$ のした仕事を求めなさい。ただし，斜面の摩擦はゼロとする。

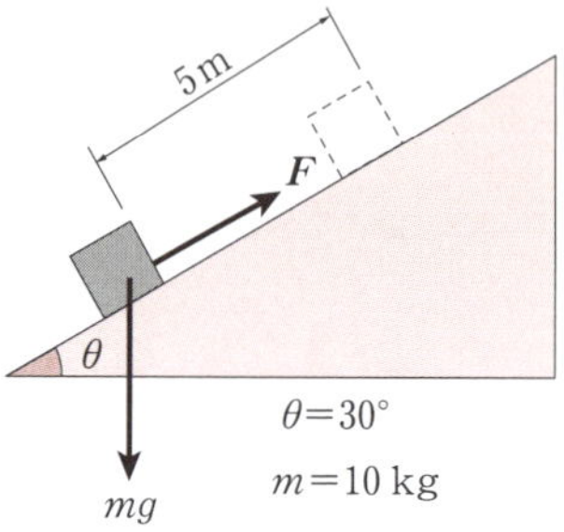

■ 5 ■ ベクトルの外積

外積の定義

2つのベクトル $\boldsymbol{a}$，$\boldsymbol{b}$ の外積を

$$\boldsymbol{a}\times\boldsymbol{b}$$

と表す。外積の結果はベクトルとなり，大きさは $|\boldsymbol{a}||\boldsymbol{b}|\sin\theta$ であり，その向きは $\boldsymbol{a}$ と $\boldsymbol{b}$ を含む平面に垂直で $\boldsymbol{a}$ から $\boldsymbol{b}$ 方向に右ねじを回したときにねじの進む方向となる。

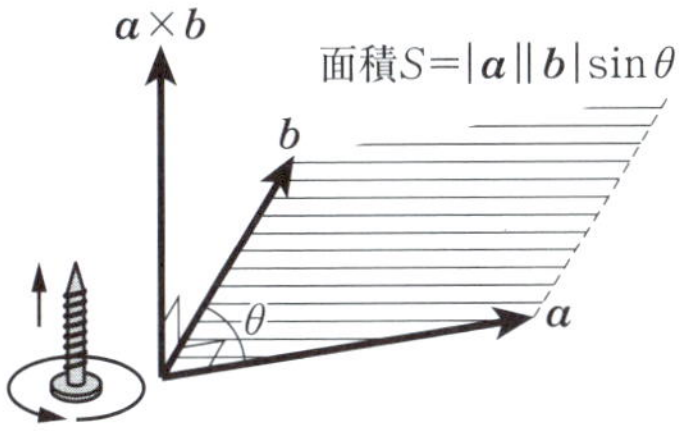

$|\boldsymbol{a}||\boldsymbol{b}|\sin\theta$ は，$\boldsymbol{a}$，$\boldsymbol{b}$ を辺とする平行四辺形の面積に相当する。

ベクトルの外積

外積 $\boldsymbol{a}\times\boldsymbol{b}$ の結果は以下のベクトルとなる。

大きさ：$|\boldsymbol{a}||\boldsymbol{b}|\sin\theta$

向き：$\boldsymbol{a}$ から $\boldsymbol{b}$ へ右ねじを回し，ねじの進む方向。

“ベクトル積”と“スカラー積”

外積のことを“ベクトル積”といい，内積のことを“スカラー積”ともいう。

また，外積の × は省略してはいけない。

外積の計算法則

図からわかる通り，$\boldsymbol{a}\times\boldsymbol{b}=-(\boldsymbol{b}\times\boldsymbol{a})$ となり，外積の場合は交換則が成り立たない。

3つのベクトル $\boldsymbol{a}$，$\boldsymbol{b}$，$\boldsymbol{c}$ において以下の計算法則が成り立つ。

(1)　$\boldsymbol{a}\times\boldsymbol{a}=\boldsymbol{0}$

(2)　$\boldsymbol{a}\times\boldsymbol{b}=-(\boldsymbol{b}\times\boldsymbol{a})$

(3)　$(k\boldsymbol{a})\times\boldsymbol{b}=\boldsymbol{a}\times(k\boldsymbol{b})=k(\boldsymbol{a}\times\boldsymbol{b})$

(4)　$(\boldsymbol{a}+\boldsymbol{b})\times\boldsymbol{c}=\boldsymbol{a}\times\boldsymbol{c}+\boldsymbol{b}\times\boldsymbol{c}$

上記の $\boldsymbol{0}$ は，“ゼロベクトル”のことである。

基本ベクトルの外積

直交座標系における基本ベクトルを $\boldsymbol{i}=(1,\ 0,\ 0)$，$\boldsymbol{j}=(0,\ 1,\ 0)$，$\boldsymbol{k}=(0,\ 0,\ 1)$ とおくと，外積の定義により，

$$\boldsymbol{i}\times\boldsymbol{i}=\boldsymbol{j}\times\boldsymbol{j}=\boldsymbol{k}\times\boldsymbol{k}=\boldsymbol{0}$$

$$\boldsymbol{i}\times\boldsymbol{j}=\boldsymbol{k},\ \boldsymbol{j}\times\boldsymbol{k}=\boldsymbol{i},\ \boldsymbol{k}\times\boldsymbol{i}=\boldsymbol{j}$$

となる。

補足

$\boldsymbol{i}\times\boldsymbol{i}$ の大きさは定義より，

$|\boldsymbol{i}||\boldsymbol{i}|\sin 0=0$

$\boldsymbol{i}\times\boldsymbol{j}$ の大きさは，

$|\boldsymbol{i}||\boldsymbol{j}|\sin\dfrac{\pi}{2}=1$

となり，向きは $\boldsymbol{i}$ から $\boldsymbol{j}$ に右ねじを回転させ進む方向なので，$\boldsymbol{i}\times\boldsymbol{j}=\boldsymbol{k}$ となる。

例題 1　$\boldsymbol{a}=(2,\ 1,\ 0)$，$\boldsymbol{b}=(1,\ 2,\ 0)$ のとき，$\boldsymbol{a}\times\boldsymbol{b}$ を求めなさい。

解答　$\boldsymbol{i}\times\boldsymbol{i}=\boldsymbol{j}\times\boldsymbol{j}=\boldsymbol{0}$，$\boldsymbol{i}\times\boldsymbol{j}=\boldsymbol{k}$，$\boldsymbol{j}\times\boldsymbol{i}=-\boldsymbol{k}$ であることを踏まえると，$\boldsymbol{a}=2\boldsymbol{i}+\boldsymbol{j}$，$\boldsymbol{b}=\boldsymbol{i}+2\boldsymbol{j}$ より，

$$\begin{aligned}\boldsymbol{a}\times\boldsymbol{b}&=(2\boldsymbol{i}+\boldsymbol{j})\times(\boldsymbol{i}+2\boldsymbol{j})=2\boldsymbol{i}\times\boldsymbol{i}+2\boldsymbol{i}\times2\boldsymbol{j}+\boldsymbol{j}\times\boldsymbol{i}+\boldsymbol{j}\times2\boldsymbol{j}\\&=4\boldsymbol{k}-\boldsymbol{k}=3\boldsymbol{k}\end{aligned}$$

となり，したがって，$\boldsymbol{a}\times\boldsymbol{b}=3\boldsymbol{k}=(0,\ 0,\ 3)$ となる。

■外積の成分表示による計算

ベクトル $\boldsymbol{a}=(a_x,\ a_y,\ a_z)$，$\boldsymbol{b}=(b_x,\ b_y,\ b_z)$ のとき，基本ベクトルを用いて，

$$\boldsymbol{a}=a_x\boldsymbol{i}+a_y\boldsymbol{j}+a_z\boldsymbol{k}$$
$$\boldsymbol{b}=b_x\boldsymbol{i}+b_y\boldsymbol{j}+b_z\boldsymbol{k}$$

とおくことができる。外積を求めると，

$$\begin{aligned}\boldsymbol{a}\times\boldsymbol{b}&=(a_x\boldsymbol{i}+a_y\boldsymbol{j}+a_z\boldsymbol{k})\times(b_x\boldsymbol{i}+b_y\boldsymbol{j}+b_z\boldsymbol{k})\\&=(a_yb_z-a_zb_y)\boldsymbol{i}+(a_zb_x-a_xb_z)\boldsymbol{j}+(a_xb_y-a_yb_x)\boldsymbol{k}\end{aligned}$$

となる。ただし，基本ベクトルの外積の結果を用いた。

例題 2　計算の法則(2) $\boldsymbol{a}\times\boldsymbol{b}=-(\boldsymbol{b}\times\boldsymbol{a})$ を証明しなさい。

解答　基本ベクトルの外積の結果を用いて $\boldsymbol{b}\times\boldsymbol{a}$ を計算すると，

$$\boldsymbol{b}\times\boldsymbol{a}=(b_ya_z-b_za_y)\boldsymbol{i}+(b_za_x-b_xa_z)\boldsymbol{j}+(b_xa_y-b_ya_x)\boldsymbol{k}$$

したがって，

$$\boldsymbol{a}\times\boldsymbol{b}=-(\boldsymbol{b}\times\boldsymbol{a})$$

例題 3　$\boldsymbol{a}=(2,\ 2,\ 1)$，$\boldsymbol{b}=(1,\ -1,\ 3)$ のとき，2つのベクトルに垂直で長さ1のベクトル $\boldsymbol{n}$ を求めなさい。

> **法線ベクトル**
> $\boldsymbol{n}$ はベクトル $\boldsymbol{a}$ と $\boldsymbol{b}$ を含む面の"法線ベクトル"という。

解答　外積 $\boldsymbol{a}\times\boldsymbol{b}$ は，$\boldsymbol{a}$ および $\boldsymbol{b}$ と垂直なベクトルなので，

$$\boldsymbol{n}=\frac{\boldsymbol{a}\times\boldsymbol{b}}{|\boldsymbol{a}\times\boldsymbol{b}|}$$

となる。したがって，

$$\boldsymbol{a}\times\boldsymbol{b}=(2\boldsymbol{i}+2\boldsymbol{j}+\boldsymbol{k})\times(\boldsymbol{i}-\boldsymbol{j}+3\boldsymbol{k})=7\boldsymbol{i}-5\boldsymbol{j}-4\boldsymbol{k}$$
$$|\boldsymbol{a}\times\boldsymbol{b}|=\sqrt{49+25+16}=\sqrt{90}=3\sqrt{10}$$

したがって，

$$\boldsymbol{n}=\frac{1}{3\sqrt{10}}(7\boldsymbol{i}-5\boldsymbol{j}-4\boldsymbol{k})$$

■ 平行六面体の体積

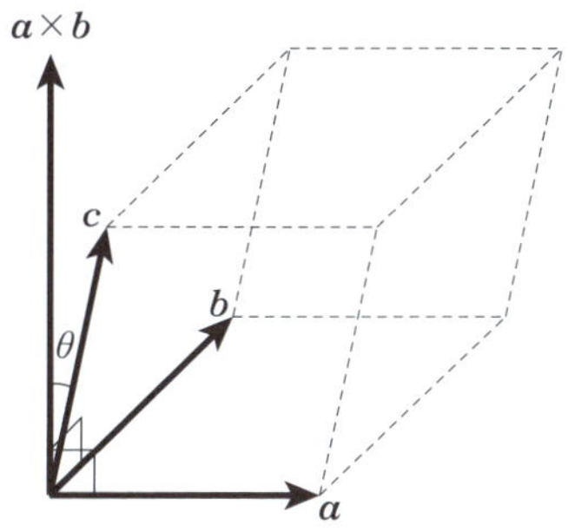

ベクトル $\boldsymbol{a}$, $\boldsymbol{b}$, $\boldsymbol{c}$ で構成される平行六面体の体積をベクトルの外積を利用して簡単に求めることができる。

外積 $\boldsymbol{a}\times\boldsymbol{b}=\boldsymbol{s}$ とおくと，$\boldsymbol{s}$ はベクトル平行六面体の底面に垂直なベクトルでその大きさは底面積を表す。$\boldsymbol{s}$ と $\boldsymbol{c}$ とのなす角を θ とおくと平行六面体の高さは $||\boldsymbol{c}|\cos\theta|$ となるので，平行六面体の体積は，$|(\boldsymbol{a}\times\boldsymbol{b})\cdot\boldsymbol{c}|$ となる。

3 重積
$(\boldsymbol{a}\times\boldsymbol{b})\cdot\boldsymbol{c}$ のことをベクトルの 3 重積という。

例題 4 ベクトル $\boldsymbol{a}=(4,\ 2,\ 1)$, $\boldsymbol{b}=(3,\ 2,\ -1)$, $\boldsymbol{c}=(-2,\ 1,\ 1)$ で構成される平行六面体の体積を求めなさい。

解答 $\boldsymbol{a}\times\boldsymbol{b}=(4\boldsymbol{i}+2\boldsymbol{j}+\boldsymbol{k})\times(3\boldsymbol{i}+2\boldsymbol{j}-\boldsymbol{k})=-4\boldsymbol{i}+7\boldsymbol{j}+2\boldsymbol{k}$,

したがって，

$$|(\boldsymbol{a}\times\boldsymbol{b})\cdot\boldsymbol{c}|=|(-4\boldsymbol{i}+7\boldsymbol{j}+2\boldsymbol{k})\cdot(-2\boldsymbol{i}+\boldsymbol{j}+\boldsymbol{k})|=17$$

練習問題 EXERCISE

1 以下のベクトルの外積を求め，2 つのベクトルに垂直で長さ 1 のベクトルを求めなさい。

(1) $\boldsymbol{a}=(2,\ 3,\ 0)$, $\boldsymbol{b}=(3,\ 1,\ 0)$

(2) $\boldsymbol{a}=(1,\ 2,\ 4)$, $\boldsymbol{b}=(-2,\ 2,\ 1)$

2 以下のベクトルで構成される平行六面体の体積を求めなさい。

(1) $\boldsymbol{a}=(-1,\ 2,\ 1)$, $\boldsymbol{b}=(2,\ 0,\ 1)$, $\boldsymbol{c}=(3,\ -2,\ 1)$

(2) $\boldsymbol{a}=(3,\ 2,\ 1)$, $\boldsymbol{b}=(-3,\ 1,\ 1)$, $\boldsymbol{c}=(4,\ -2,\ 3)$

2 行列

1 行列とその演算

行列

以下のようにいくつかの数を長方形状に並べて( )でくくったものを行列という。

例 $\begin{pmatrix} 2 & 3 & 0 \\ 1 & 4 & 5 \end{pmatrix}$, $\begin{pmatrix} -1 & 4 \\ 3 & -6 \\ 2 & 5 \end{pmatrix}$, $\begin{pmatrix} 4 & 2 \\ 3 & 1 \end{pmatrix}$, $\begin{pmatrix} -2 & 3 \end{pmatrix}$

並べられた数をその行列の**成分**という。

成分の横の並びを**行**，縦の並びを**列**といい，上から数えて i 番目，左から数えて j 番目（第 i 行，第 j 列）の成分を $(i,\ j)$ **成分**という。

m 行，n 列からなる行列を $m\times n$ 行列という。特に，$n\times n$ 行列を n 次の**正方行列**という。また，$1\times n$ 行列を n 次元の**行ベクトル**といい，$m\times 1$ 行列を m 次元の**列ベクトル**ともいう。

補足

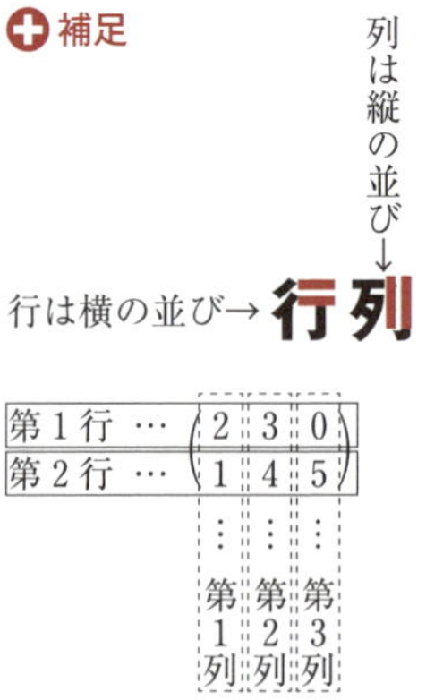

例えば(2，3)成分は5である。

補足

例で示された行列は，左から順に，2×3 行列，3×2 行列，2×2 行列，1×2 行列である。このうち 2×2 行列は，2 次の正方行列である。

行列の相等

行の数と列の数がそれぞれ等しい行列を，**同じ型**であるという。

2 つの行列 A，B が同じ型であり，それらの対応するすべての成分が等しいとき，行列が**等しい**といい，$A=B$ と書く。

例えば 2 次の正方行列の場合

$$\begin{pmatrix} a & b \\ c & d \end{pmatrix}=\begin{pmatrix} p & q \\ r & s \end{pmatrix} \iff \begin{cases} a=p,\ b=q \\ c=r,\ d=s \end{cases}$$

補足

2×3 行列という場合の記号×は掛け算の意味ではないので，3×2 行列と 2×3 行列は同じ型ではない。

行列の和と差・スカラー倍

同じ型の行列 A，B に対し，それらの対応する成分の和を成分とする行列を A と B の**和**といい $A+B$ で表し，対応する成分の差を成分とする行列を A と B の**差**といい $A-B$ で表す。

k を実数とするとき，行列 A のすべての成分を k 倍したものを成分とする行列を kA と書き，**スカラー倍**という。

例えば，2 次の正方行列の場合，次のようになる。

$$\begin{pmatrix} a & b \\ c & d \end{pmatrix}+\begin{pmatrix} p & q \\ r & s \end{pmatrix}=\begin{pmatrix} a+p & b+q \\ c+r & d+s \end{pmatrix},\ \begin{pmatrix} a & b \\ c & d \end{pmatrix}-\begin{pmatrix} p & q \\ r & s \end{pmatrix}=\begin{pmatrix} a-p & b-q \\ c-r & d-s \end{pmatrix}$$

$$k\begin{pmatrix} a & b \\ c & d \end{pmatrix}=\begin{pmatrix} ka & kb \\ kc & kd \end{pmatrix}$$

補足

$(A+B)+C$ と $A+(B+C)$ は常に等しくなるので，単に $A+B+C$ とも書く。

また，実数の場合と同じように，$A+B=B+A$ が成立し，h，k を実数として，

$(h+k)A=hA+kA$

$k(A+B)=kA+kB$

も成立する。

例題 1 次の行列を求めなさい。

(1) $\begin{pmatrix} 1 & -2 & 3 \\ -4 & 5 & -6 \end{pmatrix}+\begin{pmatrix} 3 & 2 & -1 \\ 4 & 1 & 3 \end{pmatrix}$ (2) $2\begin{pmatrix} 3 & 5 \\ 2 & 1 \end{pmatrix}-\begin{pmatrix} 1 & 2 \\ -2 & -1 \end{pmatrix}$

解答 (1) 与式$=\begin{pmatrix} 1+3 & -2+2 & 3+(-1) \\ -4+4 & 5+1 & -6+3 \end{pmatrix}=\begin{pmatrix} 4 & 0 & 2 \\ 0 & 6 & -3 \end{pmatrix}$

(2) 与式$=\begin{pmatrix} 2\times3 & 2\times5 \\ 2\times2 & 2\times1 \end{pmatrix}-\begin{pmatrix} 1 & 2 \\ -2 & -1 \end{pmatrix}=\begin{pmatrix} 6-1 & 10-2 \\ 4-(-2) & 2-(-1) \end{pmatrix}$

$=\begin{pmatrix} 5 & 8 \\ 6 & 3 \end{pmatrix}$

例題 2 $A=\begin{pmatrix} 3 & 2 \\ 0 & 5 \end{pmatrix}$, $B=\begin{pmatrix} 1 & 4 \\ -2 & 7 \end{pmatrix}$ のとき，次式を満たす行列 X を求めなさい。

(1) $X+A=B$　(2) $3X-A=X+A$　(3) $3(X-B)=A$

解答 (1) $X=B-A=\begin{pmatrix} 1 & 4 \\ -2 & 7 \end{pmatrix}-\begin{pmatrix} 3 & 2 \\ 0 & 5 \end{pmatrix}=\begin{pmatrix} -2 & 2 \\ -2 & 2 \end{pmatrix}$

(2) $2X=2A$ であるから　$X=A=\begin{pmatrix} 3 & 2 \\ 0 & 5 \end{pmatrix}$

(3) $3X-3B=A$ より

$3X=A+3B=\begin{pmatrix} 3 & 2 \\ 0 & 5 \end{pmatrix}+3\begin{pmatrix} 1 & 4 \\ -2 & 7 \end{pmatrix}=\begin{pmatrix} 6 & 14 \\ -6 & 26 \end{pmatrix}$

よって　$X=\frac{1}{3}\begin{pmatrix} 6 & 14 \\ -6 & 26 \end{pmatrix}=\begin{pmatrix} 2 & \frac{14}{3} \\ -2 & \frac{26}{3} \end{pmatrix}$

ヒント
行列の和・差・スカラー倍の計算は，実数や多項式の場合と同じように扱える。

行列の積

n 次元の行ベクトルと列ベクトルの n 個の成分を順に掛け合わせてそれらを加えたものを，その行ベクトルと列ベクトルの積と定める。

例えば，$n=2, 3$ の場合は次のようになる。

$$(a\ \ b)\begin{pmatrix} x \\ y \end{pmatrix}=ax+by,\ (a\ \ b\ \ c)\begin{pmatrix} x \\ y \\ z \end{pmatrix}=ax+by+cz$$

次に，$l\times m$ 行列 A と $m\times n$ 行列 B に対して，つまり行列 A の列数と行列 B の行数が同じとき，積 AB ($l\times n$ 行列) を以下のように定義する。

A の第 i 行の行ベクトルと B の第 j 列の列ベクトルの積，すなわち，A の第 i 行の成分と B の第 j 列の成分を順次掛けあわせて加えた値を，積 AB の $(i,\ j)$ 成分とする。

例えば，2×2 行列 $\begin{pmatrix} a & b \\ c & d \end{pmatrix}$ と 2×3 行列 $\begin{pmatrix} p & q & r \\ s & t & u \end{pmatrix}$ の積は，

$$\begin{pmatrix} a & b \\ c & d \end{pmatrix}\begin{pmatrix} p & q & r \\ s & t & u \end{pmatrix}=\begin{pmatrix} ap+bs & aq+bt & ar+bu \\ cp+ds & cq+dt & cr+du \end{pmatrix}$$ である。

補足
行ベクトルと列ベクトルの積は，列ベクトルの成分を横に並べて行ベクトルと見なすと，内積の計算と同じとなっている。

補足
行列の積の成分は
行ベクトルと列ベクトルの積
(それぞれの成分の積の和)

行列

例えば

$\begin{pmatrix} a & b \\ c & d \end{pmatrix}\begin{pmatrix} w & x \\ y & z \end{pmatrix}$

$=\begin{pmatrix} * & * \\ cw+dy & * \end{pmatrix}$

第 2 行 $(c\ \ d)$ と第 1 列 $\begin{pmatrix} w \\ y \end{pmatrix}$ の積が，積の行列の $(2,\ 1)$ 成分。

したがって，以下の例のように，列ベクトルと行ベクトルの積は，

$$\begin{pmatrix} a \\ b \\ c \end{pmatrix}\begin{pmatrix} x & y & z \end{pmatrix}=\begin{pmatrix} ax & ay & az \\ bx & by & bz \\ cx & cy & cz \end{pmatrix}$$ となる。

■ 対角行列・単位行列・ゼロ行列

一般に n 次の正方行列で，左上隅から右下隅への対角線上に並ぶ成分，つまり $(1,\ 1)$ 成分，$(2,\ 2)$ 成分，…，$(n,\ n)$ 成分を**対角成分**といい，対角成分以外の成分がすべて 0 である行列を**対角行列**という。

対角成分がすべて 1 である対角行列を**単位行列**といい，E で表す。

例えば，$\begin{pmatrix} 1 & 0 \\ 0 & 2 \end{pmatrix}$ や $\begin{pmatrix} 3 & 0 & 0 \\ 0 & -1 & 0 \\ 0 & 0 & 2 \end{pmatrix}$ は対角行列で，$\begin{pmatrix} 1 & 0 \\ 0 & 1 \end{pmatrix}$ や $\begin{pmatrix} 1 & 0 & 0 \\ 0 & 1 & 0 \\ 0 & 0 & 1 \end{pmatrix}$ は単位行列である。

成分がすべて 0 である行列を**ゼロ行列**といい O で表す。

ゼロ行列は，実数の 0 と同じような性質を持つ。

例題 3　次の行列の積を求めなさい。

(1) $\begin{pmatrix} 4 & 1 & 2 \\ 3 & 5 & 0 \end{pmatrix}\begin{pmatrix} 2 \\ 3 \\ 5 \end{pmatrix}$　(2) $\begin{pmatrix} 1 & 2 \end{pmatrix}\begin{pmatrix} 3 \\ 4 \end{pmatrix}$　(3) $\begin{pmatrix} 3 \\ 4 \end{pmatrix}\begin{pmatrix} 1 & 2 \end{pmatrix}$

(4) $\begin{pmatrix} 1 & 2 \\ 3 & 4 \end{pmatrix}\begin{pmatrix} 5 & 6 \\ 7 & 8 \end{pmatrix}$　(5) $\begin{pmatrix} 5 & 6 \\ 7 & 8 \end{pmatrix}\begin{pmatrix} 1 & 2 \\ 3 & 4 \end{pmatrix}$　(6) $\begin{pmatrix} 1 & 2 \\ 3 & 4 \end{pmatrix}\begin{pmatrix} 1 & 0 \\ 0 & 1 \end{pmatrix}$

(7) $\begin{pmatrix} 1 & 0 \\ 0 & 1 \end{pmatrix}\begin{pmatrix} a \\ b \end{pmatrix}$　(8) $\begin{pmatrix} a & 0 \\ 0 & b \end{pmatrix}\begin{pmatrix} c & 0 \\ 0 & d \end{pmatrix}$　(9) $\begin{pmatrix} a & b \\ c & d \end{pmatrix}\begin{pmatrix} 0 & 0 \\ 0 & 0 \end{pmatrix}$

解答　(1)　与式 $=\begin{pmatrix} 4\times2+1\times3+2\times5 \\ 3\times2+5\times3+0\times5 \end{pmatrix}=\begin{pmatrix} 21 \\ 21 \end{pmatrix}$

(2)　与式 $=1\times3+2\times4=11$　(3)　与式 $=\begin{pmatrix} 3\times1 & 3\times2 \\ 4\times1 & 4\times2 \end{pmatrix}=\begin{pmatrix} 3 & 6 \\ 4 & 8 \end{pmatrix}$

(4)　与式 $=\begin{pmatrix} 1\times5+2\times7 & 1\times6+2\times8 \\ 3\times5+4\times7 & 3\times6+4\times8 \end{pmatrix}=\begin{pmatrix} 19 & 22 \\ 43 & 50 \end{pmatrix}$

(5)　与式 $=\begin{pmatrix} 5\times1+6\times3 & 5\times2+6\times4 \\ 7\times1+8\times3 & 7\times2+8\times4 \end{pmatrix}=\begin{pmatrix} 23 & 34 \\ 31 & 46 \end{pmatrix}$

(6)　与式 $=\begin{pmatrix} 1\times1+2\times0 & 1\times0+2\times1 \\ 3\times1+4\times0 & 3\times0+4\times1 \end{pmatrix}=\begin{pmatrix} 1 & 2 \\ 3 & 4 \end{pmatrix}$

(7)　与式 $=\begin{pmatrix} 1\times a+0\times b \\ 0\times a+1\times b \end{pmatrix}=\begin{pmatrix} a \\ b \end{pmatrix}$

(8)　与式 $=\begin{pmatrix} a\times c+0\times0 & a\times0+0\times d \\ 0\times c+b\times0 & 0\times0+b\times d \end{pmatrix}=\begin{pmatrix} ac & 0 \\ 0 & bd \end{pmatrix}$

(9)　与式 $=\begin{pmatrix} a\times0+b\times0 & a\times0+b\times0 \\ c\times0+d\times0 & c\times0+d\times0 \end{pmatrix}=\begin{pmatrix} 0 & 0 \\ 0 & 0 \end{pmatrix}$

補足
$k\times l$ 行列 A，$m\times n$ 行列 B
$l\neq m$
ならば，積 AB は定義されない。

補足
例えば，2次の正方行列 $\begin{pmatrix} 1 & 2 \\ 3 & 4 \end{pmatrix}$ の対角成分は1と4である。

補足
例えば，2×3 行列のゼロ行列は $\begin{pmatrix} 0 & 0 & 0 \\ 0 & 0 & 0 \end{pmatrix}$ である。
なお，ゼロ行列は，零（レイ）行列とも書く。

定義
例題 3 (2)のように，$1\times n$ 行列と $n\times1$ 行列の積は 1×1 行列となるが，行ベクトルと列ベクトルの積で示したように，数と同じと見なして，(　) を付けずに書くことが多い。

$\begin{pmatrix} a & b \end{pmatrix}\begin{pmatrix} p \\ q \end{pmatrix}$
$=(ap+bq)=ap+bq$

注意
対角行列の積は(8)のように
$\begin{pmatrix} a & 0 \\ 0 & b \end{pmatrix}\begin{pmatrix} c & 0 \\ 0 & d \end{pmatrix}=\begin{pmatrix} ac & 0 \\ 0 & bd \end{pmatrix}$
と対応する対角成分の積となるが，一般の行列の積の計算は
$\begin{pmatrix} a & b \\ c & d \end{pmatrix}\begin{pmatrix} w & x \\ y & z \end{pmatrix}\neq\begin{pmatrix} aw & bx \\ cy & dz \end{pmatrix}$
であることに注意しよう。

補足
(9)の結果で見られるように，ゼロ行列は，積が定義される場合，実数の 0 と同じように掛けるとゼロ行列となる。
また $A+O=A$ のように，和や差も実数の 0 と同様である。

例題3の(2)と(3)，(4)と(5)の結果から分かるように，実数の場合と違って，一般に AB と BA は等しいとは限らない。

$AB=BA$ が成立するとき，行列 A と B は**交換可能**であるという。

また，(6)(7)の結果で見られるように，単位行列 E は，積が定義されるなら $EA=A$，$AE=A$ となり，実数の積における1と同様，掛けても変わらないという性質を持つ。

なお行列の積に関しては実数の場合と同様，$(AB)C=A(BC)$ が成り立つので，この積を単に ABC とも書く。また，正方行列 A に対して，$A^1=A$，$A^2=AA$，$A^3=AAA$，…と定める。

> **補足**
> 行列 A と B が交換可能となるには，同じ次数の正方行列であることが必要である。

> **補足**
> すべての対角成分が等しい対角行列
> $$kE=\begin{pmatrix} k & 0 & \cdots & 0 \\ 0 & k & & 0 \\ \vdots & & \ddots & \vdots \\ 0 & 0 & \cdots & k \end{pmatrix}$$
> は，積が定義されるなら，$(kE)A=kA$ であり，行列 kE はこれと同じ型のどの行列とも交換可能である。よって
> $(kA)B=k(AB)=A(kB)$
> も成り立つ。

例題 4 $A=\begin{pmatrix} 2 & 1 \\ 3 & 5 \end{pmatrix}$，$B=\begin{pmatrix} 5 & -1 \\ -3 & 2 \end{pmatrix}$ のとき，A と B は交換可能であるかどうか答えなさい。

解答 $AB=\begin{pmatrix} 2 & 1 \\ 3 & 5 \end{pmatrix}\begin{pmatrix} 5 & -1 \\ -3 & 2 \end{pmatrix}$

$$=\begin{pmatrix} 2\times5+1\times(-3) & 2\times(-1)+1\times2 \\ 3\times5+5\times(-3) & 3\times(-1)+5\times2 \end{pmatrix}=\begin{pmatrix} 7 & 0 \\ 0 & 7 \end{pmatrix}$$

$BA=\begin{pmatrix} 5 & -1 \\ -3 & 2 \end{pmatrix}\begin{pmatrix} 2 & 1 \\ 3 & 5 \end{pmatrix}$

$$=\begin{pmatrix} 5\times2+(-1)\times3 & 5\times1+(-1)\times5 \\ (-3)\times2+2\times3 & (-3)\times1+2\times5 \end{pmatrix}=\begin{pmatrix} 7 & 0 \\ 0 & 7 \end{pmatrix}=AB$$

よって，A と B は交換可能である。

練習問題 EXERCISE

1 次の行列を求めなさい。

(1) $\begin{pmatrix} 4 & -2 & 7 \\ 3 & -5 & 6 \end{pmatrix}+\begin{pmatrix} 1 & 3 & -5 \\ 2 & 1 & 4 \end{pmatrix}$　(2) $3\begin{pmatrix} 1 & 2 \\ -3 & 0 \end{pmatrix}-2\begin{pmatrix} 1 & 3 \\ -5 & 4 \end{pmatrix}$

2 $A=\begin{pmatrix} 6 & 1 \\ -1 & 4 \end{pmatrix}$，$B=\begin{pmatrix} 3 & 4 \\ 5 & -2 \end{pmatrix}$ のとき，次式を満たす行列 X を求めなさい。

(1) $X-A=B$　(2) $5X+B=2X+A$

3 $A=\begin{pmatrix} 1 & 1 \\ 0 & 1 \end{pmatrix}$，$B=\begin{pmatrix} 2 & 3 \\ 4 & 5 \end{pmatrix}$，$E$ を2次（の正方行列）の単位行列とするとき，次の行列を求めなさい。また行列 A と B は交換可能であるかどうか答えなさい。

(1) AB　(2) BA　(3) AEB

(4) A^2　(5) $A(B+A)$　(6) E^3A

> **補足（問題3）**
> (5) 一般に
> $A(B+C)=AB+AC$ など多項式と同じように分配法則が成り立ち，この場合 $AB+A^2$ と等しい。
> (6) $E^3=EE^2=E^2=EE=E$

2 逆行列・行列式——行列と連立一次方程式(1)

逆行列

正方行列 A に対して，

$$AX=XA=E \quad \cdots\cdots(*) \quad (E \text{ は } A \text{ と同じ型の単位行列})$$

を満たす正方行列 X があるとき，X を A の**逆行列**といい，A^{-1} で表す。

このとき，$A^{-1}A=AA^{-1}=E$ であるから，A^{-1} の逆行列は A となる。

なお一般に，$AB=E$ ならば，$BA=E$ が成り立つことが分かっているので，行列 A が逆行列を持つかどうかは，$AB=E$ か $BA=E$ のどちらか一方が成り立つ行列 B が存在することを確認すればよい。

補足
行列 A が逆行列を持つとき，A は**正則**であるともいう。

注意
A^{-1} を $\dfrac{1}{A}$ と書いてはいけない。

補足
n 次の正方行列 A，X に対し，
「$AX=E$ となる行列 X があるならば，$X=A^{-1}$である。」
「$XA=E$ となる行列 X があるならば，$X=A^{-1}$ である。」
と結論してよい。

例題 1 次の行列 A の逆行列は，B であることを確かめなさい。

(1) $A=\begin{pmatrix} 2 & 5 \\ 1 & 3 \end{pmatrix}$，$B=\begin{pmatrix} 3 & -5 \\ -1 & 2 \end{pmatrix}$

(2) $A=\begin{pmatrix} 8 & -5 & 7 \\ -2 & 1 & -2 \\ -1 & 1 & -1 \end{pmatrix}$，$B=\begin{pmatrix} 1 & 2 & 3 \\ 0 & -1 & 2 \\ -1 & -3 & -2 \end{pmatrix}$

解答 (1) $AB=\begin{pmatrix} 2 & 5 \\ 1 & 3 \end{pmatrix}\begin{pmatrix} 3 & -5 \\ -1 & 2 \end{pmatrix}=\begin{pmatrix} 1 & 0 \\ 0 & 1 \end{pmatrix}=E$

であるから，A の逆行列は，B である。

(2) $AB=\begin{pmatrix} 8 & -5 & 7 \\ -2 & 1 & -2 \\ -1 & 1 & -1 \end{pmatrix}\begin{pmatrix} 1 & 2 & 3 \\ 0 & -1 & 2 \\ -1 & -3 & -2 \end{pmatrix}=\begin{pmatrix} 1 & 0 & 0 \\ 0 & 1 & 0 \\ 0 & 0 & 1 \end{pmatrix}=E$

であるから，A の逆行列は，B である。

補足
$BA=E$ を示してもよい。

行列式

正方行列 A に対し A の**行列式**とは，その成分全体を一定の規則で計算したもので，$|A|$ または，$\det A$ で表される。2×2 行列，3×3 行列の場合は次のようになる。

$A=\begin{pmatrix} a & b \\ c & d \end{pmatrix}$ のとき，$|A|=\begin{vmatrix} a & b \\ c & d \end{vmatrix}=ad-bc$

$A=\begin{pmatrix} a & b & c \\ p & q & r \\ x & y & z \end{pmatrix}$ のとき，$|A|=(aqz+brx+cpy)-(ary+bpz+cqx)$

補足
本書では 4 次以上の行列の行列式は扱わない。
2 次・3 次の場合の行列式はサラスの方法と呼ばれる以下の図の方法が覚えやすい。

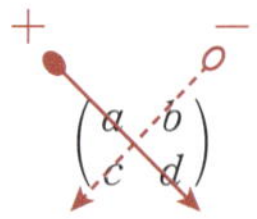

$|A|=ad-bc$

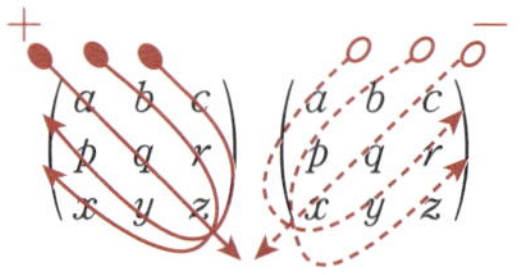

$|A|=(aqz+brx+cpy)$
$\quad -(ary+bpz+cqx)$

■2次の正方行列の逆行列

n 次の正方行列 A が逆行列を持つかどうかは，$|A|$ が0でないかどうかで判定できることが分かっている。

逆行列の有無と行列式

$|A| \neq 0$ であるならば，A は逆行列を持つ。

このとき，特に2次の正方行列については，

$A=\begin{pmatrix} a & b \\ c & d \end{pmatrix}$ ならば，$A^{-1}=\dfrac{1}{ad-bc}\begin{pmatrix} d & -b \\ -c & a \end{pmatrix}$

$|A|=0$ であるならば，A は逆行列を持たない。（A^{-1} はない。）

補足
n 次の正方行列 A に対して，
A^{-1} がある $\iff |A| \neq 0$

補足
3次以上の正方行列の逆行列については，左のような簡単な公式はない。

例題 2 次の行列 A，B は逆行列を持つかどうかを調べ，持つ場合はその逆行列を求めなさい。

(1) $A=\begin{pmatrix} 2 & 1 \\ 5 & 4 \end{pmatrix}$　　(2) $B=\begin{pmatrix} 6 & 3 \\ 2 & 1 \end{pmatrix}$

解答 (1) $|A|=2\times4-1\times5=3 \neq 0$ であるから，逆行列を持つ。

$$A^{-1}=\frac{1}{3}\begin{pmatrix} 4 & -1 \\ -5 & 2 \end{pmatrix}$$

(2) $|B|=6\times1-3\times2=0$ であるから，逆行列を持たない。

■行列と連立一次方程式

連立一次方程式 $\begin{cases} 5x+2y=16 \\ 3x+y=9 \end{cases}$ は，行列を用いて

$$\begin{pmatrix} 5 & 2 \\ 3 & 1 \end{pmatrix}\begin{pmatrix} x \\ y \end{pmatrix}=\begin{pmatrix} 16 \\ 9 \end{pmatrix} \quad \cdots ①$$

と表すことができる。

$$\begin{pmatrix} 5 & 2 \\ 3 & 1 \end{pmatrix}^{-1}=\frac{1}{-1}\begin{pmatrix} 1 & -2 \\ -3 & 5 \end{pmatrix}=\begin{pmatrix} -1 & 2 \\ 3 & -5 \end{pmatrix}$$

を①の両辺に左から掛けると

$$\begin{pmatrix} 1 & 0 \\ 0 & 1 \end{pmatrix}\begin{pmatrix} x \\ y \end{pmatrix}=\begin{pmatrix} -1 & 2 \\ 3 & -5 \end{pmatrix}\begin{pmatrix} 16 \\ 9 \end{pmatrix}$$

つまり $\begin{pmatrix} x \\ y \end{pmatrix}=\begin{pmatrix} 2 \\ 3 \end{pmatrix}$

したがって連立方程式の解 $x=2$，$y=3$ が求められる。

定義
行列 $\begin{pmatrix} 5 & 2 \\ 3 & 1 \end{pmatrix}$ をこの連立一次方程式の**係数行列**という。また右辺の定数項を含めた行列
$\left(\begin{array}{cc|c} 5 & 2 & 16 \\ 3 & 1 & 9 \end{array}\right)$
を**拡大係数行列**という。見分けやすくするために，上記のように定数項の左側に縦線を引くことが多い。

例題 3 次式を満たす w, x, y, z を成分とする行列を求めなさい。

(1) $\begin{pmatrix} 3 & -1 \\ 4 & 2 \end{pmatrix}\begin{pmatrix} x \\ y \end{pmatrix}=\begin{pmatrix} 1 \\ 18 \end{pmatrix}$　(2) $\begin{pmatrix} 3 & 5 \\ 1 & 2 \end{pmatrix}\begin{pmatrix} w & x \\ y & z \end{pmatrix}=\begin{pmatrix} 1 & 9 \\ 0 & 2 \end{pmatrix}$

(3) $\begin{pmatrix} 2 & -3 \\ 6 & -9 \end{pmatrix}\begin{pmatrix} x \\ y \end{pmatrix}=\begin{pmatrix} 6 \\ 18 \end{pmatrix}$　(4) $\begin{pmatrix} 1 & 2 \\ -3 & -6 \end{pmatrix}\begin{pmatrix} x \\ y \end{pmatrix}=\begin{pmatrix} 3 \\ 9 \end{pmatrix}$

解答 (1) $\begin{pmatrix} 3 & -1 \\ 4 & 2 \end{pmatrix}^{-1}=\dfrac{1}{10}\begin{pmatrix} 2 & 1 \\ -4 & 3 \end{pmatrix}$ を与式の両辺に左から掛けて

$$\begin{pmatrix} x \\ y \end{pmatrix}=\frac{1}{10}\begin{pmatrix} 2 & 1 \\ -4 & 3 \end{pmatrix}\begin{pmatrix} 1 \\ 18 \end{pmatrix}=\frac{1}{10}\begin{pmatrix} 20 \\ 50 \end{pmatrix}=\begin{pmatrix} 2 \\ 5 \end{pmatrix}$$

(2) $\begin{pmatrix} 3 & 5 \\ 1 & 2 \end{pmatrix}^{-1}=\begin{pmatrix} 2 & -5 \\ -1 & 3 \end{pmatrix}$ を与式の両辺に左から掛けて

$$\begin{pmatrix} w & x \\ y & z \end{pmatrix}=\begin{pmatrix} 2 & -5 \\ -1 & 3 \end{pmatrix}\begin{pmatrix} 1 & 9 \\ 0 & 2 \end{pmatrix}=\begin{pmatrix} 2 & 8 \\ -1 & -3 \end{pmatrix}$$

(3) 与式を成分で表すと，$\begin{cases} 2x-3y=6 & \cdots① \\ 6x-9y=18 & \cdots② \end{cases}$

②は①の両辺を 3 倍しただけの同じ関係式だから，①を満たす x, y が解。$x=3t$（t は任意の数）とおくと，①より解は，$x=3t$, $y=2t-2$ となるから，$\begin{pmatrix} x \\ y \end{pmatrix}=\begin{pmatrix} 3t \\ 2t-2 \end{pmatrix}$（$t$ は任意の実数）

(4) 与式を成分で表すと，$\begin{cases} x+2y=3 & \cdots① \\ -3x-6y=9 & \cdots② \end{cases}$

①の両辺を -3 倍すると $-3x-6y=-9$ となり，①と②を同時に満たす解 x, y はないので解はない。（求める行列はない。）

補足
A, B, X を n 次の正方行列，$\boldsymbol{x}$, $\boldsymbol{b}$ を n 次元の列ベクトル（$n\times1$ 型）とする。A が逆行列を持つとき
$A\boldsymbol{x}=\boldsymbol{b}$ なら $\boldsymbol{x}=A^{-1}\boldsymbol{b}$
$AX=B$ なら $X=A^{-1}B$
となる。いずれも両辺に左から A^{-1} を掛けている。

補足
(3)(4)の係数行列
$\begin{pmatrix} 2 & -3 \\ 6 & -9 \end{pmatrix}$, $\begin{pmatrix} 1 & 2 \\ -3 & -6 \end{pmatrix}$ は，行列式が 0 であり逆行列がないので，逆行列を掛けて求めることはできない。成分で表して考える。
なお(3)の解で，$x=t$ とおいたときは，$y=\dfrac{2}{3}t-2$ となる。また(3)の解は，
$\begin{pmatrix} x \\ y \end{pmatrix}=t\begin{pmatrix} 3 \\ 2 \end{pmatrix}+\begin{pmatrix} 0 \\ -2 \end{pmatrix}$
と表すこともできる。

例題 4 連立一次方程式 $\begin{pmatrix} 2 & 3 \\ 6 & a \end{pmatrix}\begin{pmatrix} x \\ y \end{pmatrix}=\begin{pmatrix} 0 \\ 0 \end{pmatrix}$ が，$x=0$, $y=0$ 以外の解を持つように定数 a の値を定め，この連立方程式の解を求めなさい。

解答 $A=\begin{pmatrix} 2 & 3 \\ 6 & a \end{pmatrix}$ とおく。A^{-1} があるなら，与式の左から掛けて

$\begin{pmatrix} x \\ y \end{pmatrix}=A^{-1}\begin{pmatrix} 0 \\ 0 \end{pmatrix}=\begin{pmatrix} 0 \\ 0 \end{pmatrix}$ となる。$x=0$, $y=0$ 以外の解を持つなら A の逆行列はない。したがって，$|A|=2\times a-3\times6=0$ より　$a=9$

$a=9$ のとき，与式は $\begin{cases} 2x+3y=0 & \cdots① \\ 6x+9y=0 & \cdots② \end{cases}$

①の 3 倍が②となるので，①を満たす x, y はすべてこの方程式の解となる。t を任意の数として $x=3t$ とすると，①より　$y=-2t$ となるから，解は $\begin{pmatrix} x \\ y \end{pmatrix}=\begin{pmatrix} 3t \\ -2t \end{pmatrix}=t\begin{pmatrix} 3 \\ -2 \end{pmatrix}$（$t$ は任意の実数）

補足
例題 4 の解で，もし $x=t$ とおくと，①より $y=-\dfrac{2}{3}t$ となるので，この場合，連立方程式の解は
$\begin{pmatrix} x \\ y \end{pmatrix}=\begin{pmatrix} t \\ -\frac{2}{3}t \end{pmatrix}=\dfrac{t}{3}\begin{pmatrix} 3 \\ -2 \end{pmatrix}$
などと表されることになる。

練習問題　EXERCISE

1 次の行列は逆行列を持つかどうかを調べ，持つ場合はその逆行列を求めなさい。

(1) $A=\begin{pmatrix}3 & 2\\5 & 4\end{pmatrix}$　(2) $B=\begin{pmatrix}2 & 3\\6 & 9\end{pmatrix}$　(3) $C=\begin{pmatrix}5 & -4\\4 & -3\end{pmatrix}$

2 $\begin{pmatrix}a & 2\\-1 & a-3\end{pmatrix}$が逆行列を持たないとき，$a$の値を求めなさい。

3 次式を満たす行列$\begin{pmatrix}x\\y\end{pmatrix}$を求めなさい。

(1) $\begin{pmatrix}2 & 1\\5 & 4\end{pmatrix}\begin{pmatrix}x\\y\end{pmatrix}=\begin{pmatrix}3\\9\end{pmatrix}$　(2) $\begin{pmatrix}6 & -3\\-2 & 1\end{pmatrix}\begin{pmatrix}x\\y\end{pmatrix}=\begin{pmatrix}-9\\3\end{pmatrix}$

4 連立一次方程式$\begin{pmatrix}4 & 2\\-1 & 1\end{pmatrix}\begin{pmatrix}x\\y\end{pmatrix}=a\begin{pmatrix}x\\y\end{pmatrix}$が，$x=0$，$y=0$以外の解を持つように定数$a$の値を定めなさい。また，$a$がその値のとき，この連立方程式の解を求めなさい。

5 次式を満たす行列Xを求めなさい。

(1) $\begin{pmatrix}5 & 2\\3 & 1\end{pmatrix}X=\begin{pmatrix}2 & -1\\4 & -2\end{pmatrix}$　(2) $X\begin{pmatrix}5 & 2\\3 & 1\end{pmatrix}=\begin{pmatrix}2 & -1\\4 & -2\end{pmatrix}$

6 $A=\begin{pmatrix}4 & -2\\3 & -1\end{pmatrix}$，$P=\begin{pmatrix}1 & 2\\1 & 3\end{pmatrix}$とするとき，次の行列を求めなさい。ただし，対角行列について，$\begin{pmatrix}a & 0\\0 & b\end{pmatrix}^n=\begin{pmatrix}a^n & 0\\0 & b^n\end{pmatrix}$が成り立つことを用いてよい。

(1) P^{-1}　(2) $P^{-1}AP$　(3) $(P^{-1}AP)^n$　(4) A^n

ヒント（問題4）
方程式を，例題4の解答のように変形して考える。このとき，一度成分表示してから左辺に移項してもよいが，
$AX=aX$の場合，
$AX=aEX$とみなすと，
$AX-aEX=O$となるから，
$(A-aE)X=O$という変形を考えてもよい。

注意（問題5）
行列の積は一般には交換可能ではないので，実数の場合と異なることに注意しよう。
一般にn次の正方行列A，Bに対して，Aが逆行列をもつ場合，
$AX=B\Rightarrow X=A^{-1}B$
$XA=B\Rightarrow X=BA^{-1}$
つまり，A^{-1}を左から掛けるのか，右から掛けるのかが異なる。

ヒント（問題6）
(4) $(P^{-1}AP)^2$
$=(P^{-1}AP)(P^{-1}AP)$
$=P^{-1}A(PP^{-1})AP$
$=P^{-1}AEAP=P^{-1}AAP$
$=P^{-1}A^2P$
$(P^{-1}AP)^3$
$=(P^{-1}AP)(P^{-1}AP)(P^{-1}AP)$
$=P^{-1}AEAEAP=P^{-1}A^3P$
から$(P^{-1}AP)^n$を類推しよう。
これに(3)の結果を活用し，左からP，右からP^{-1}を掛ける。

3 掃出し法・階数――行列と連立一次方程式(2)

掃出し法

次の連立一次方程式を以下の手順で解いてみる。

$$\begin{cases} x-\ y+\ z=-1 & \cdots① \\ 2x-\ y+2z=\ 2 & \cdots② \\ 8x-5y+7z=\ 3 & \cdots③ \end{cases}$$

②式に①式の -2 倍を加え，さらに③式に①式の -8 倍を加えると，

$$\begin{cases} x-\ y+\ z=-1 & \cdots① \\ 0x+\ y+0z=\ 4 & \cdots② \\ 0x+3y-\ z=\ 11 & \cdots③ \end{cases}$$

次に，③式に②式の -3 倍を加えると，

$$\begin{cases} x-\ y+\ z=-1 & \cdots① \\ 0x+\ y+0z=\ 4 & \cdots② \\ 0x+0y-\ z=-1 & \cdots③ \end{cases}$$

③式を-1 倍すると，

$$\begin{cases} x-\ y+\ z=-1 & \cdots① \\ 0x+\ y+0z=\ 4 & \cdots② \\ 0x+0y+\ z=\ 1 & \cdots③ \end{cases}$$

①式に②式を加え，さらに①式に③式の-1 倍を加えると，

$$\begin{cases} x+0y+0z=2 \\ 0x+\ y+0z=4 \\ 0x+0y+\ z=1 \end{cases}$$

このようにして連立方程式の解，$x=2$，$y=4$，$z=1$ が求まった。

拡大係数行列を用いた上の連立方程式の式変形の過程を補足の欄に示す。

補足…拡大係数行列

左の連立方程式の式変形の手順は拡大係数行列では次のようになる。

$$\left(\begin{array}{ccc|c} 1 & -1 & 1 & -1 \\ 2 & -1 & 2 & 2 \\ 8 & -5 & 7 & 3 \end{array}\right)$$

第 2 行に第 1 行の -2 倍を加え，第 3 行に第 1 行の -8 倍を加える。

$$\to \left(\begin{array}{ccc|c} 1 & -1 & 1 & -1 \\ 0 & 1 & 0 & 4 \\ 0 & 3 & -1 & 11 \end{array}\right)$$

第 3 行に第 2 行の -3 倍を加える。

$$\to \left(\begin{array}{ccc|c} 1 & -1 & 1 & -1 \\ 0 & 1 & 0 & 4 \\ 0 & 0 & -1 & -1 \end{array}\right)$$

第 3 行を -1 倍する。

$$\to \left(\begin{array}{ccc|c} 1 & -1 & 1 & -1 \\ 0 & 1 & 0 & 4 \\ 0 & 0 & 1 & 1 \end{array}\right)$$

第 1 行に第 2 行を加え，さらに第 1 行に第 3 行の -1 倍を加える。

$$\to \left(\begin{array}{ccc|c} 1 & 0 & 0 & 2 \\ 0 & 1 & 0 & 4 \\ 0 & 0 & 1 & 1 \end{array}\right)$$

連立方程式の式変形に相当する拡大係数行列の変形は，

(i) **ある行に別の行の何倍かを加える。**

(ii) **ある行を何倍かする。（ただし 0 倍を除く。）**

(iii) **ある行と別の行を入れ替える。**

という操作を組み合わせたもので，(i)(ii)(iii)を**行の基本変形**という。

補足

上記拡大係数行列の変形は，左の(i)(ii)を組み合わせたものとなっている。

拡大係数行列に行の基本変形を繰り返し，係数行列の部分が単位行列となったとき，連立方程式の解が求まる。

例題 1 次の連立一次方程式の解を，拡大係数行列に行の基本変形を施すことによって調べなさい。

(1) $\begin{cases} x-2y=1 \\ 2x+3y=9 \end{cases}$ (2) $\begin{cases} y+\ 3z=5 \\ x+3y+\ 9z=8 \\ 2x+4y+15z=9 \end{cases}$

(3) $\begin{cases} x-3y+\ 6z=1 \\ x-2y+\ 4z=2 \\ 3x-7y+14z=5 \end{cases}$　　(4) $\begin{cases} x-3y+\ 6z=1 \\ x-2y+\ 4z=2 \\ 3x-7y+14z=6 \end{cases}$

解答 (1) $\left(\begin{array}{cc|c} 1 & -2 & 1 \\ 2 & 3 & 9 \end{array}\right) \xrightarrow{㋐} \left(\begin{array}{cc|c} 1 & -2 & 1 \\ 0 & 7 & 7 \end{array}\right) \xrightarrow{㋑} \left(\begin{array}{cc|c} 1 & -2 & 1 \\ 0 & 1 & 1 \end{array}\right)$

$\xrightarrow{㋒} \left(\begin{array}{cc|c} 1 & 0 & 3 \\ 0 & 1 & 1 \end{array}\right)$

よって，解は　$x=3,\ y=1$　である。

(2) $\left(\begin{array}{ccc|c} 0 & 1 & 3 & 5 \\ 1 & 3 & 9 & 8 \\ 2 & 4 & 15 & 9 \end{array}\right) \xrightarrow{㋓} \left(\begin{array}{ccc|c} 1 & 3 & 9 & 8 \\ 0 & 1 & 3 & 5 \\ 2 & 4 & 15 & 9 \end{array}\right)$

$\xrightarrow{㋔} \left(\begin{array}{ccc|c} 1 & 3 & 9 & 8 \\ 0 & 1 & 3 & 5 \\ 0 & -2 & -3 & -7 \end{array}\right) \xrightarrow{㋕} \left(\begin{array}{ccc|c} 1 & 0 & 0 & -7 \\ 0 & 1 & 3 & 5 \\ 0 & 0 & 3 & 3 \end{array}\right)$

$\xrightarrow{㋖} \left(\begin{array}{ccc|c} 1 & 0 & 0 & -7 \\ 0 & 1 & 0 & 2 \\ 0 & 0 & 3 & 3 \end{array}\right) \xrightarrow{㋗} \left(\begin{array}{ccc|c} 1 & 0 & 0 & -7 \\ 0 & 1 & 0 & 2 \\ 0 & 0 & 1 & 1 \end{array}\right)$

よって，解は　$x=-7,\ y=2,\ z=1$　である。

(3) $\left(\begin{array}{ccc|c} 1 & -3 & 6 & 1 \\ 1 & -2 & 4 & 2 \\ 3 & -7 & 14 & 5 \end{array}\right) \xrightarrow{㋘} \left(\begin{array}{ccc|c} 1 & -3 & 6 & 1 \\ 0 & 1 & -2 & 1 \\ 0 & 2 & -4 & 2 \end{array}\right)$

$\xrightarrow{㋙} \left(\begin{array}{ccc|c} 1 & -3 & 6 & 1 \\ 0 & 1 & -2 & 1 \\ 0 & 0 & 0 & 0 \end{array}\right) \xrightarrow{㋚} \left(\begin{array}{ccc|c} 1 & 0 & 0 & 4 \\ 0 & 1 & -2 & 1 \\ 0 & 0 & 0 & 0 \end{array}\right)$

よって題意の連立方程式は $\begin{cases} x=4 \\ y-2z=1 \end{cases}$ と変形できることを意味するので，解は無数にある。t を任意の実数として $z=t$ とおいたとき，解は　$x=4,\ y=2t+1,\ z=t$　と表される。

(4) $\left(\begin{array}{ccc|c} 1 & -3 & 6 & 1 \\ 1 & -2 & 4 & 2 \\ 3 & -7 & 14 & 6 \end{array}\right) \xrightarrow{㋛} \left(\begin{array}{ccc|c} 1 & -3 & 6 & 1 \\ 0 & 1 & -2 & 1 \\ 0 & 2 & -4 & 3 \end{array}\right) \xrightarrow{㋜} \left(\begin{array}{ccc|c} 1 & -3 & 6 & 1 \\ 0 & 1 & -2 & 1 \\ 0 & 0 & 0 & 1 \end{array}\right)$

よって連立方程式は $\begin{cases} x-3y+6z=1 \\ \quad\ y-2z=1 \\ 0x+0y+0z=1 \end{cases}$ と変形できることを意味するが，最後の式（$0x+0y+0z=1$）を満たす $x,\ y,\ z$ はないので，この連立方程式は解を持たない。

例題 1 の行列の変形のように，基本変形を施して，行列の 0 でないある成分からその列の他の成分を 0 にすることを，**掃出し法**という。

補足 [例題 1 (1)]

㋐(2, 1) 成分が 0 となるように，第 1 行を −2 倍して第 2 行に加える。

㋑(2, 2) 成分が 1 となるように，第 2 行を $\frac{1}{7}$ 倍する。

㋒(1, 2) 成分が 0 となるように，第 2 行を 2 倍して第 1 行に加える。

補足 [例題 1 (2)]

㋓(1, 1) 成分に 0 でない値がくるよう，第 1 行と第 2 行を入れ替える。

㋔(3, 1) 成分を 0 にするため，第 3 行に第 1 行の −2 倍を加える。

㋕(1, 2) 成分を 0 にするため，第 1 行に第 2 行の −3 倍を加え，(3, 2) 成分を 0 にするため，第 3 行に第 2 行の 2 倍を加える。

㋖(2, 3) 成分を 0 にするため，第 2 行に第 3 行の −1 倍を加える。

㋗(3, 3) 成分を 1 にするため，第 3 行を $\frac{1}{3}$ 倍する。

補足 [例題 1 (3)]

㋘(2, 1) 成分を 0 にするため，第 2 行に第 1 行の −1 倍を加え，(3, 1) 成分を 0 にするため，第 3 行に第 1 行の −3 倍を加える。

㋙(3, 2) 成分を 0 にするため，第 3 行に第 2 行の −2 倍を加える。

㋚(1, 2) 成分を 0 にするため，第 1 行に第 2 行の 3 倍を加える。

補足 [例題 1 (4)]

㋛(2, 1) 成分を 0 にするため，第 2 行に第 1 行の −1 倍を加え，(3, 1) 成分を 0 にするため，第 3 行に第 1 行の −3 倍を加える。

㋜(3, 2) 成分を 0 にするため，第 3 行に第 2 行の −2 倍を加える。

以下では，行列 A から行列 B への行の基本変形を $A \to B$ で表し，矢印の上下に，用いた行の基本変形を次のように表記する。

第 1 行を k 倍する。…………………… ①×k

第 2 行に第 3 行の k 倍を加える。… ②+③×k

第 1 行と第 3 行を入れ替える。…… ①↔③

補足
例えば，例題 1 の解で，
㋓は，①↔②
㋔は，③+①×(−2)
㋗は，③×$\frac{1}{3}$
と表記する。

逆行列の掃出し法による求め方

行列 A の右に行列 B の成分を並べてできる行列を $(A \mid B)$ で表すことにする。

例えば，$A=\begin{pmatrix}1&2\\3&4\end{pmatrix}$，$B=\begin{pmatrix}5&6\\7&8\end{pmatrix}$ のとき，$(A \mid B)=\left(\begin{array}{cc|cc}1&2&5&6\\3&4&7&8\end{array}\right)$

n 次の正方行列 A，単位行列 E に対して，行の基本変形により行列 $(A \mid E)$ が $(E \mid X)$ となったとき，行列 X は A の逆行列 A^{-1} となる。

したがって，逆行列がある場合，掃出し法で求めることができる。

補足
A を 3 次の正方行列，$\boldsymbol{x}$，$\boldsymbol{b}$ を 3 次元の列ベクトルとする。
例題 1 (1)や(2)の連立方程式の掃出し法による求め方は，方程式 $A\boldsymbol{x}=\boldsymbol{b}$ の拡大係数行列 $(A \mid \boldsymbol{b})$ に基本変形を施して $(E \mid \boldsymbol{c})$ となったとき，$\boldsymbol{c}$ が解となっていることを示している。
A が n 次の正方行列，$\boldsymbol{x}$，$\boldsymbol{b}$ が n 次元の列ベクトルの場合でも同様である。

例題 2 次の行列の逆行列を掃出し法で求めなさい。

(1) $\begin{pmatrix}2&6\\4&11\end{pmatrix}$　　(2) $\begin{pmatrix}1&2&3\\0&-1&2\\-1&-3&-2\end{pmatrix}$

解答 (1) $\left(\begin{array}{cc|cc}2&6&1&0\\4&11&0&1\end{array}\right) \xrightarrow{②+①\times(-2)} \left(\begin{array}{cc|cc}2&6&1&0\\0&-1&-2&1\end{array}\right)$

$\xrightarrow{①+②\times6} \left(\begin{array}{cc|cc}2&0&-11&6\\0&-1&-2&1\end{array}\right) \xrightarrow[②\times(-1)]{①\times\frac{1}{2}} \left(\begin{array}{cc|cc}1&0&-\frac{11}{2}&3\\0&1&2&-1\end{array}\right)$

したがって $\begin{pmatrix}2&6\\4&11\end{pmatrix}^{-1}=\begin{pmatrix}-\frac{11}{2}&3\\2&-1\end{pmatrix}=-\frac{1}{2}\begin{pmatrix}11&-6\\-4&2\end{pmatrix}$

(2) $\left(\begin{array}{ccc|ccc}1&2&3&1&0&0\\0&-1&2&0&1&0\\-1&-3&-2&0&0&1\end{array}\right) \xrightarrow[②\times(-1)]{③+①} \left(\begin{array}{ccc|ccc}1&2&3&1&0&0\\0&1&-2&0&-1&0\\0&-1&1&1&0&1\end{array}\right)$

$\xrightarrow[③+②]{①+②\times(-2)} \left(\begin{array}{ccc|ccc}1&0&7&1&2&0\\0&1&-2&0&-1&0\\0&0&-1&1&-1&1\end{array}\right)$

$\xrightarrow{③\times(-1)} \left(\begin{array}{ccc|ccc}1&0&7&1&2&0\\0&1&-2&0&-1&0\\0&0&1&-1&1&-1\end{array}\right)$

$\xrightarrow[②+③\times2]{①+③\times(-7)} \left(\begin{array}{ccc|ccc}1&0&0&8&-5&7\\0&1&0&-2&1&-2\\0&0&1&-1&1&-1\end{array}\right)$

したがって $\begin{pmatrix}1&2&3\\0&-1&2\\-1&-3&-2\end{pmatrix}^{-1}=\begin{pmatrix}8&-5&7\\-2&1&-2\\-1&1&-1\end{pmatrix}$

補足
行の基本変形で，他の行の k 倍を加えるとき，行列の上や下に k 倍した行を書き出してから加えるようにすると計算間違いを防ぎやすい。
例えば，(1)の最初の基本変形では，まず①行目の −2 倍を

$\left(\begin{array}{cc|cc}2&6&1&0\\4&11&0&1\end{array}\right)$

$-4\ \ -12\ \ -2\ \ 0$ ⇐①×(−2)

と書き出してから②に加える。

補足
例えば(1)の 3 つ目の基本変形は，第 1 行と第 2 行それぞれ k 倍する基本変形で，矢印の上下にまとめて記した。

(参考) 階数（ランク）

右の補足の行列のように，行番号が増えるに従い左端から連続して並ぶ 0 の数が増えていき，左下から 0 が階段状に並ぶ行列を**階段行列**という。

行列 A を行の基本変形で階段行列に変形したとき，補足の 3 つ目や 4 つ目の行列のように，成分がすべて 0 となった行があれば，それを除いた行数を行列 A の**階数**（**ランク**）といい，$\mathrm{rank}\,A$ で表す。

n 次の正方行列 A と n 次元の列ベクトル $\boldsymbol{x}$，$\boldsymbol{b}$ を用いて，$A\boldsymbol{x}=\boldsymbol{b}$ と表される連立一次方程式 $A\boldsymbol{x}=\boldsymbol{b}$ の解について，右の補足「階数と方程式の解」の関係が成り立つことが分かっている。

補足…階段行列

$$\begin{pmatrix} 1 & 3 & 5 \\ 0 & 4 & 2 \end{pmatrix} \quad \begin{pmatrix} 2 & 1 & 3 \\ 0 & 4 & 5 \\ 0 & 0 & 2 \end{pmatrix}$$

$$\begin{pmatrix} 2 & 1 & 3 \\ 0 & 4 & 5 \\ 0 & 0 & 0 \end{pmatrix} \quad \begin{pmatrix} 5 & 3 & 1 & 2 \\ 0 & 2 & 4 & 3 \\ 0 & 0 & 0 & 0 \end{pmatrix}$$

上の行列の階数は，右上が 3 で，他はすべて 2 である。

補足…階数と方程式の解

① $\mathrm{rank}\,A=\mathrm{rank}(A\,|\,\boldsymbol{b})=n$ なら，解はただ 1 組。

② $\mathrm{rank}\,A=\mathrm{rank}(A\,|\,\boldsymbol{b})<n$ なら，解は無数。

③ $\mathrm{rank}\,A\neq\mathrm{rank}(A\,|\,\boldsymbol{b})$ なら，解はない。

例えばp. 106 の例題 1 では，(1)(2)が①，(3)が②，(4)が③の場合である。

練習問題 EXERCISE

1 次の連立一次方程式の解を行列の掃出し法を使って求めなさい。(解が無数にある場合は例題 1 (3)にならって任意の数を用いて解を表しなさい。)

(1) $\begin{cases} x-2y+4z=4 \\ -2x+5y-5z=1 \\ 3x-7y+10z=5 \end{cases}$　(2) $\begin{cases} x+y-2z=3 \\ x-y+2z=5 \\ 2x-y+3z=11 \end{cases}$

(3) $\begin{cases} x+2y+4z=5 \\ x+3y+7z=6 \\ 2x+y-z=7 \end{cases}$　(4) $\begin{cases} x+3y-2z=1 \\ 3x+5y-5z=6 \\ x+7y-3z=3 \end{cases}$

2 次の行列の逆行列を掃出し法で求めなさい。

(1) $\begin{pmatrix} 1 & 1 & 1 \\ 1 & 2 & 1 \\ 0 & 1 & 1 \end{pmatrix}$　(2) $\begin{pmatrix} 1 & 0 & 2 \\ 3 & 1 & 4 \\ 2 & 3 & -1 \end{pmatrix}$　(3) $\begin{pmatrix} 1 & 2 & 3 \\ 2 & 6 & 7 \\ 3 & 2 & 6 \end{pmatrix}$

4 一次変換

一次変換

座標平面で，点 $\mathrm{P}(x,\ y)$ に対して点 $\mathrm{P}'(x',\ y')$ を対応させることを座標平面の**変換**といい，記号 f などを用いて，$\mathrm{P}'=f(\mathrm{P})$ と表す。

また点 P' を変換 f による点 P の**像**という。

特に x'，y' が定数項を含まない x，y の一次式

$$\begin{cases} x'=ax+by \\ y'=cx+dy \end{cases} \iff \begin{pmatrix} x' \\ y' \end{pmatrix}=\begin{pmatrix} a & b \\ c & d \end{pmatrix}\begin{pmatrix} x \\ y \end{pmatrix}$$

で表されるとき，この変換を**一次変換**といい，係数の作る正方行列 $\begin{pmatrix} a & b \\ c & d \end{pmatrix}$ を**一次変換 f を表す行列**という。

補足
左記のように行列で一次変換を表したとき，列ベクトル $\begin{pmatrix} x \\ y \end{pmatrix}$ が列ベクトル $\begin{pmatrix} x' \\ y' \end{pmatrix}$ に移されるので，一次変換はベクトルをベクトルに移すとも考えられる。

$\begin{pmatrix} x \\ y \end{pmatrix}$ の像が $\begin{pmatrix} x' \\ y' \end{pmatrix}$ であるともいう。

なお，本書では 2 次正方行列で表される一次変換のみを扱う。

例題 1 行列 $\begin{pmatrix} 2 & 3 \\ 4 & 5 \end{pmatrix}$ で表される一次変換による，次の点の像を求めなさい。

(1) $(0,\ 0)$　(2) $(1,\ 0)$　(3) $(0,\ 1)$　(4) $(1,\ 1)$

解答 (1) $\begin{pmatrix} 2 & 3 \\ 4 & 5 \end{pmatrix}\begin{pmatrix} 0 \\ 0 \end{pmatrix}=\begin{pmatrix} 0 \\ 0 \end{pmatrix}$ より，$(0,\ 0)$

(2) $\begin{pmatrix} 2 & 3 \\ 4 & 5 \end{pmatrix}\begin{pmatrix} 1 \\ 0 \end{pmatrix}=\begin{pmatrix} 2 \\ 4 \end{pmatrix}$ より，$(2,\ 4)$

(3) $\begin{pmatrix} 2 & 3 \\ 4 & 5 \end{pmatrix}\begin{pmatrix} 0 \\ 1 \end{pmatrix}=\begin{pmatrix} 3 \\ 5 \end{pmatrix}$ より，$(3,\ 5)$

(4) $\begin{pmatrix} 2 & 3 \\ 4 & 5 \end{pmatrix}\begin{pmatrix} 1 \\ 1 \end{pmatrix}=\begin{pmatrix} 5 \\ 9 \end{pmatrix}$ より，$(5,\ 9)$

補足
行列 A で表される一次変換について

(1) 原点は原点に移される。

(2)(3) 基本ベクトル $\begin{pmatrix} 1 \\ 0 \end{pmatrix}$，$\begin{pmatrix} 0 \\ 1 \end{pmatrix}$ の像は，A のそれぞれ第 1 列ベクトル，第 2 列ベクトルである。

(4) 一般に一次変換 f は，任意の列ベクトル $\boldsymbol{p}$，$\boldsymbol{q}$ およびスカラー k に対して，

① $f(\boldsymbol{p}+\boldsymbol{q})=f(\boldsymbol{p})+f(\boldsymbol{q})$

② $f(k\boldsymbol{p})=kf(\boldsymbol{p})$

という性質を持つ。この性質を**線形性**という。①を用いれば，(4)は(2)(3)で求めたベクトルの和として求められる。

例題 2 次の移動は一次変換であることを示し，その一次変換を表す行列 A を求めなさい。

(1) x 軸に関する対称移動

(2) 直線 $y=x$ に関する対称移動

解答 (1) 点 $(x,\ y)$ は x 軸に関する対称移動で，点 $(x,\ -y)$ に移るから $\begin{cases} x'=1x+0y \\ y'=0x-1y \end{cases}$

よってこれは行列 $A=\begin{pmatrix} 1 & 0 \\ 0 & -1 \end{pmatrix}$ で表される一次変換である。

(2) 点 $(x,\ y)$ は直線に関する対称移動で，点 $(y,\ x)$ に移るから

$$\begin{cases} x'=0x+1y \\ y'=1x+0y \end{cases}$$

補足

(1)

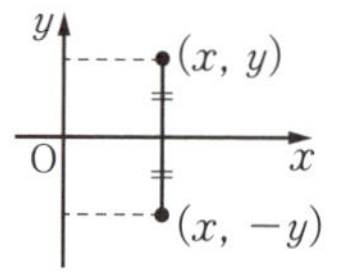

(2)

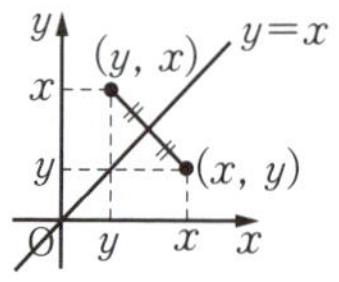

よってこれは行列 $A=\begin{pmatrix}0&1\\1&0\end{pmatrix}$ で表される一次変換である。

例題 2 と同様，座標平面上の原点の周りの回転移動も一次変換であることが分かっているので，それを表す行列も求められる。

例題 3 次の一次変換を表す行列 A を求めなさい。

(1) 点 $(1,\ 0)$ を点 $(a,\ b)$ に，点 $(0,\ 1)$ を点 $(c,\ d)$ に移す一次変換

(2) 点 $(1,\ 1)$ を点 $(2,\ -3)$ に，点 $(3,\ 0)$ を点 $(0,\ -3)$ に移す一次変換

(3) 原点の周りに（反時計回りに）角 θ だけ回転する移動

解答 (1) $A\begin{pmatrix}1\\0\end{pmatrix}=\begin{pmatrix}a\\b\end{pmatrix}$，$A\begin{pmatrix}0\\1\end{pmatrix}=\begin{pmatrix}c\\d\end{pmatrix}$

これらをまとめると　$A\begin{pmatrix}1&0\\0&1\end{pmatrix}=\begin{pmatrix}a&c\\b&d\end{pmatrix}$

よって　$A=\begin{pmatrix}a&c\\b&d\end{pmatrix}$

(2) $A\begin{pmatrix}1\\1\end{pmatrix}=\begin{pmatrix}2\\-3\end{pmatrix}$，$A\begin{pmatrix}3\\0\end{pmatrix}=\begin{pmatrix}0\\-3\end{pmatrix}$

これらをまとめると　$A\begin{pmatrix}1&3\\1&0\end{pmatrix}=\begin{pmatrix}2&0\\-3&-3\end{pmatrix}$

よって　$A\begin{pmatrix}1&3\\1&0\end{pmatrix}\begin{pmatrix}1&3\\1&0\end{pmatrix}^{-1}=\begin{pmatrix}2&0\\-3&-3\end{pmatrix}\begin{pmatrix}1&3\\1&0\end{pmatrix}^{-1}$

$AE=\begin{pmatrix}2&0\\-3&-3\end{pmatrix}\left\{\dfrac{1}{-3}\begin{pmatrix}0&-3\\-1&1\end{pmatrix}\right\}$

したがって　$A=-\dfrac{1}{3}\begin{pmatrix}2&0\\-3&-3\end{pmatrix}\begin{pmatrix}0&-3\\-1&1\end{pmatrix}=\begin{pmatrix}0&2\\-1&-2\end{pmatrix}$

(3) $(1,\ 0)$ 点が点 $(\cos\theta,\ \sin\theta)$ に，点 $(0,\ 1)$ が点 $(-\sin\theta,\ \cos\theta)$ に移るから，(1)と同様にして　$A=\begin{pmatrix}\cos\theta&-\sin\theta\\\sin\theta&\cos\theta\end{pmatrix}$

補足

(1)(2) 2つの行列の積の等式

$\begin{pmatrix}a&b\\c&d\end{pmatrix}\begin{pmatrix}p\\q\end{pmatrix}=\begin{pmatrix}w\\x\end{pmatrix}$

$\begin{pmatrix}a&b\\c&d\end{pmatrix}\begin{pmatrix}r\\s\end{pmatrix}=\begin{pmatrix}y\\z\end{pmatrix}$

は，成分で表すと

$\begin{cases}ap+bq=w\\cp+dq=x\end{cases}$

$\begin{cases}ar+bs=y\\cr+ds=z\end{cases}$

であるから，まとめて

$\begin{pmatrix}a&b\\c&d\end{pmatrix}\begin{pmatrix}p&r\\q&s\end{pmatrix}=\begin{pmatrix}w&y\\x&z\end{pmatrix}$

と書くことができる。

補足

例題 3(1)より，基本ベクトル $\begin{pmatrix}1\\0\end{pmatrix}$，$\begin{pmatrix}0\\1\end{pmatrix}$ の像を並べると一次変換を表す行列が求まる。

補足

(3)

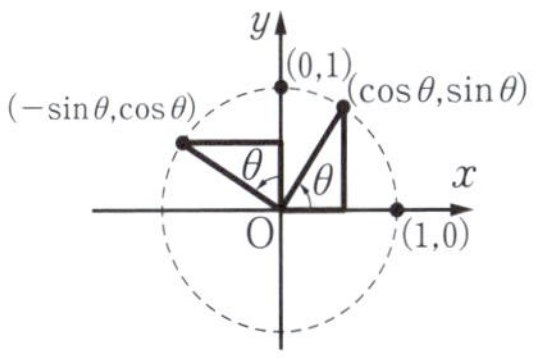

■ 合成変換と逆変換

点 P が一次変換 f により点 P′ に移され，さらに点 P′ が一次変換 g により点 P″ に移されたとする。

すなわち $\mathrm{P''}=g(\mathrm{P'})=g(f(\mathrm{P}))$ であるとき，点 P を点 P″ に対応させる変換を f と g の**合成変換**といい，$g\circ f$ で表すことにする。

一次変換 f を表す行列が A で，一次変換 g を表す行列が B であるとき，合成変換 $g\circ f$ も一次変換となり，これを表す行列は BA となる。

また，一次変換 f を表す行列 A が逆行列をもつとき，A^{-1} で表される

補足

$\mathrm{P'}=f(\mathrm{P})$

$\mathrm{P''}=g(\mathrm{P'})$

$(g\circ f)(\mathrm{P})=g(f(\mathrm{P}))$

定義

単位行列 E で表される一次変換は，点 P を点 P に移す。つまり点を動かさない変換で，**恒等変換**と呼ばれる。

一次変換 f に対して，$f\circ f^{-1}$，$f^{-1}\circ f$ は恒等変換となる。

一次変換を f の**逆変換**といい，f^{-1} と書く。

例題 4 座標平面上の図形を原点の周りに角 α だけ回転する一次変換 f と，角 β だけ回転する一次変換 g の合成変換 $f\circ g$ を表す行列 A を求めなさい。

解答 一次変換 f，g を表す行列は，それぞれ

$$\begin{pmatrix} \cos\alpha & -\sin\alpha \\ \sin\alpha & \cos\alpha \end{pmatrix},\ \begin{pmatrix} \cos\beta & -\sin\beta \\ \sin\beta & \cos\beta \end{pmatrix}$$

であるから，合成変換 $f\circ g$ を表す行列 A は

$$A=\begin{pmatrix} \cos\alpha & -\sin\alpha \\ \sin\alpha & \cos\alpha \end{pmatrix}\begin{pmatrix} \cos\beta & -\sin\beta \\ \sin\beta & \cos\beta \end{pmatrix}$$

$$=\begin{pmatrix} \cos\alpha\cos\beta-\sin\alpha\sin\beta & -\cos\alpha\sin\beta-\sin\alpha\cos\beta \\ \sin\alpha\cos\beta+\cos\alpha\sin\beta & -\sin\alpha\sin\beta+\cos\alpha\cos\beta \end{pmatrix}$$

例題 4 における合成変換 $f\circ g$ は，図形を原点の周りに $\alpha+\beta$ だけ回転する一次変換とも考えられるから，それを表す行列は

$$\begin{pmatrix} \cos(\alpha+\beta) & -\sin(\alpha+\beta) \\ \sin(\alpha+\beta) & \cos(\alpha+\beta) \end{pmatrix}$$

でもある。したがって，例題 4 で求めた A と成分を比較することから，三角関数の $\sin\theta$ と $\cos\theta$ の加法定理を得ることができる。

補足…三角関数の加法定理

$\cos(\alpha+\beta)$
$=\cos\alpha\cos\beta-\sin\alpha\sin\beta$
$\sin(\alpha+\beta)$
$=\sin\alpha\cos\beta+\cos\alpha\sin\beta$

一次変換による図形の像

座標平面上の図形は点の集まりと見なせる。図形 G 上の各点を変換 f で移した点全体が作る図形 G' を，点の場合と同様，f による G の**像**という。

補足

一次変換については以下の性質があることが例題 5 の解と同様にして示される。

> 行列 A で表される一次変換によって
> (ア) $A=O$ の場合
> 　座標平面全体は，原点に移される。
> (イ) A が逆行列を持つ場合
> 　座標平面全体は，座標平面全体に移され，直線は直線に移される。
> (ウ) A が逆行列を持たずゼロ行列でもない場合
> 　座標平面全体は，原点を通る直線（①とする。）に移される。
> 　どの直線も，直線①上の 1 点だけに移されるか，直線①全体に移される。

例題 5 行列 $A=\begin{pmatrix} 1 & 2 \\ 7 & 4 \end{pmatrix}$，$B=\begin{pmatrix} 2 & -1 \\ 6 & -3 \end{pmatrix}$ によって表される一次変換を f，g とする。これらの一次変換による次の像を求めなさい。

(1) f による x 軸の像　　(2) f による直線 $y=2x+1$ の像
(3) g による x 軸の像　　(4) g による直線 $y=2x+1$ の像

解答 (1) x 軸上の任意の点 $\mathrm{P}(t,\ 0)$ の f による像を $\mathrm{P}'(x',\ y')$ とする。

$$\begin{pmatrix} x' \\ y' \end{pmatrix}=\begin{pmatrix} 1 & 2 \\ 7 & 4 \end{pmatrix}\begin{pmatrix} t \\ 0 \end{pmatrix}=\begin{pmatrix} t \\ 7t \end{pmatrix}\quad \text{つまり}\quad x'=t,\ y'=7t$$

t を消去すると　$y'=7x'$

t は任意の数だから，求める像は直線 $y=7x$

(2) 直線 $y=2x+1$ 上の任意の点 $\mathrm{P}(t,\ 2t+1)$ の f による像を $\mathrm{P}'(x',\ y')$ とする。

$$\begin{pmatrix} x' \\ y' \end{pmatrix}=\begin{pmatrix} 1 & 2 \\ 7 & 4 \end{pmatrix}\begin{pmatrix} t \\ 2t+1 \end{pmatrix}=\begin{pmatrix} t+2(2t+1) \\ 7t+4(2t+1) \end{pmatrix}=\begin{pmatrix} 5t+2 \\ 15t+4 \end{pmatrix}$$

つまり　$x'=5t+2,\ y'=15t+4$

よって t を消去すると　$y'=3x'-2$

t は任意の数だから，求める像は直線 $y=3x-2$

(3) x 軸上の任意の点 $\mathrm{P}(t,\ 0)$ の g による像を $\mathrm{P}'(x',\ y')$ とする。

$$\begin{pmatrix} x' \\ y' \end{pmatrix}=\begin{pmatrix} 2 & -1 \\ 6 & -3 \end{pmatrix}\begin{pmatrix} t \\ 0 \end{pmatrix}=\begin{pmatrix} 2t \\ 6t \end{pmatrix}\qquad \text{つまり}\quad x'=2t,\ y'=6t$$

よって t を消去すると　$y'=3x'$

t は任意の数だから求める像は直線 $y=3x$

(4) 直線 $y=2x+1$ 上の任意の点 $\mathrm{P}(t,\ 2t+1)$ の g による像を $\mathrm{P}'(x',\ y')$とする。

$$\begin{pmatrix} x' \\ y' \end{pmatrix}=\begin{pmatrix} 2 & -1 \\ 6 & -3 \end{pmatrix}\begin{pmatrix} t \\ 2t+1 \end{pmatrix}=\begin{pmatrix} 2t-(2t+1) \\ 6t-3(2t+1) \end{pmatrix}=\begin{pmatrix} -1 \\ -3 \end{pmatrix}$$

したがって求める像は，点 $(-1,\ -3)$

例題 5 で
(1)(2)は，$|A|=-10\neq 0$ より，A は逆行列を持つので，前ページの(イ)の場合。
(3)(4)は，$|B|=0$ より，B は逆行列を持たず，前ページの(ウ)の場合で，(4)で求めた像は，(3)で求めた像の直線上の 1 点となっている。

◆◆◆◆◆ 練 習 問 題 ◆◆◆◆◆　EXERCISE

■ 1 ■ 次の一次変換を表す行列 A を求めなさい。

(1) 点 $(1,\ 0)$ を点 $(3,\ 5)$，点 $(0,\ 1)$ を点 $(4,\ 6)$ に移す一次変換

(2) 点 $(1,\ 2)$ を点 $(6,\ 7)$，点 $(0,\ 3)$ を点 $(3,\ 6)$ に移す一次変換

(3) y 軸に関する対称移動

(4) 直線 $y=-x$ に関する対称移動

ヒント（問題 1）
(3)(4)　例題 2 のように，点 $(x,\ y)$ が移る点から求めてもよいし，一次変換であることから例題 3 (1)の結果を用い，基本ベクトルの像から求めてもよい。

■ 2 ■ 2 点 $\mathrm{A}(1,\ 0)$，$\mathrm{B}(4,\ 2)$ を，原点を中心として反時計回りに 60° 回転移動した点 A'，B' の座標を求めなさい。

ヒント（問題 2）
例題 3 (3)で求めた回転を表す一次変換による像を求める。

■ 3 ■ 行列 $\begin{pmatrix} 2 & 1 \\ 8 & 2 \end{pmatrix}$ で表される一次変換 f による，次の図形の像を求めなさい。

(1) 点 $(3,\ -4)$　　(2) 直線 $y=-x$　　(3) 直線 $y=2x+3$

3 複素数

1 複素数の計算

2乗して -1 になる数を**虚数単位**といい，i で表す。すなわち $i^2=-1$ であり，$\sqrt{-1}=i$ と表すことができる。i は -1 の平方根である。a，b を実数として，$a+bi$ で表される数を複素数といい，a を実部，b を虚部という。

負の数の平方根

① $\sqrt{-1}=i$　　② $a>0$ のとき $\sqrt{-a}=\sqrt{a}\,i$

③ 負の数 $-a$ の平方根は $\pm\sqrt{a}\,i$

虚数単位 j

虚数単位には，i でなく j を用いることもある。
電気電子工学では，虚数単位を j で表す（p. 123～125）。これは電流 i と混同しないためである。

例題 1　次の複素数の実部と虚部を示しなさい。

(1) $3-2i$　　(2) $\dfrac{-2+5i}{3}$　　(3) $7+i$　　(4) $4i$

解答　(1) 実部：3，虚部：-2　(2) 実部：$-\dfrac{2}{3}$，虚部：$\dfrac{5}{3}$

(3) 実部：7，虚部：1　　(4) 実部：0，虚部：4

数の分類

複素数
- 実数
  - 有理数
    - 整数
    - 有限小数
    - 循環小数
  - 無理数
- 虚数

“2つの複素数が等しい”とは，それぞれの実部と虚部が等しい場合をいう。

複素数の相等

$$a+bi=c+di \iff a=c \text{ かつ } b=d$$

特に，$a+bi=0 \iff a=b=0$

例題 2　次の等式を満たす実数 x，y を求めなさい。

$$3x+(2x+3y)i=6+7i$$

解答　x，y は実数より，$3x$，$2x+3y$ も実数である。
よって，$3x=6$，$2x+3y=7$　したがって，$x=2$，$y=1$

問題 1　次の等式を満たす実数 x，y を求めなさい。

(1) $-2x+(3x-5y)i=3+3i$　　(2) $(3y-4x)+(3x-2y)i=1$

(3) $5x-2y+4yi=6+8i$　　(4) $\dfrac{4x+3yi}{5}=-6+2i$

複素数の計算は，i を文字式と考えれば，実数と同様に計算できる。

複素数の四則計算

加法・減法：$(a+bi)\pm(c+di)=(a\pm c)+(b\pm d)i$

乗法：$(a+bi)\times(c+di)=(ac-bd)+(ad+bc)i$

除法：$\dfrac{c+di}{a+bi}=\dfrac{(c+di)(a-bi)}{(a+bi)(a-bi)}=\dfrac{ac+bd}{a^2+b^2}+\dfrac{ad-bc}{a^2+b^2}i$

補足
乗法，除法の計算では，i を一つの文字とみなして計算を行い，$i^2=-1$ とする。

例題 3 次の計算をしなさい。

(1) $(5+2i)+(3-6i)$　(2) $(-3+4i)-(-2+3i)$

(3) $(-2+5i)(5-2i)$　(4) $(3+i)\div(1+2i)$

解答 (1) 与式$=(5+3)+(2-6)i=8-4i$

(2) 与式$=(-3)-(-2)+(4-3)i=-1+i$

(3) 与式$=(-2)5+(-2)(-2i)+(5i)5+(5i)(-2i)$

$=-10+4i+25i+10=29i$

(4) 与式$=\dfrac{3+i}{1+2i}=\dfrac{(3+i)(1-2i)}{(1+2i)(1-2i)}=\dfrac{5-5i}{5}=1-i$

問題 2 次の計算をしなさい。

(1) $(2+8i)+(9-6i)$　(2) $(-9-7i)-(-8i)$　(3) $(-5+3i)^2$

(4) $(-9-6i)\div(-2i)$　(5) $(1-2i)\div(3+4i)$

問題 3 $z_1=2+3i$，$z_2=-3+2i$，$z_3=-2-3i$，$z_4=3-2i$ として，次の計算をしなさい。

(1) z_1+z_2　(2) z_1-z_2　(3) $z_3\times z_4$　(4) $z_1\div z_4$

(5) $(z_4)^2$　(6) $z_2\times z_3+z_1$　(7) $z_2+z_4\times z_2$　(8) $z_1-z_2\div z_4$

共役複素数と複素数の絶対値（大きさ）

$z=a+bi$ のとき，$\bar{z}=a-bi$ を z の共役複素数という。

また，z の大きさ $|z|=\sqrt{z\cdot\bar{z}}=\sqrt{a^2+b^2}$

補足
複素数 z の共役複素数を z^* と表す場合もある。

補足
「共役複素数」を「複素共役」という場合もある。

例題 4 次の複素数の共役複素数と絶対値を求めなさい。

(1) $z=3+4i$　(2) $z=4-4i$

解答 (1) $\bar{z}=3-4i$，$|z|=\sqrt{(3+4i)(3-4i)}=\sqrt{25}=5$

(2) $\bar{z}=4+4i$，$|z|=\sqrt{(4-4i)(4+4i)}=\sqrt{32}=4\sqrt{2}$

問題 4 次の複素数の共役複素数と絶対値を求めなさい。

(1) $z=5-12i$　(2) $z=5+5i$

2 方程式と複素数

2 次方程式 $x^2=-a$（$a>0$）は，複素数の範囲で考えると解を持つ。

2 次方程式 $x^2=-a$（$a>0$）の解

$a>0$ のとき，$x^2=-a$ の解は，$x=\pm\sqrt{-a}=\pm\sqrt{a}\,i$

補足
複素数の範囲でも，2 次方程式の解き方は同じ。$a>0$ のとき $\sqrt{-a}$ を $\sqrt{a}\,i$ で置き換える。

例題 1 次の 2 次方程式を解きなさい。

(1) $x^2=-4$　　(2) $8x^2+5=0$

解答 (1) $x=\pm\sqrt{-4}=\pm\sqrt{4}\,i=\pm 2i$

(2) $x=\pm\sqrt{-\dfrac{5}{8}}=\pm\dfrac{\sqrt{5}}{\sqrt{8}}i=\pm\dfrac{\sqrt{5}}{2\sqrt{2}}i$

問題 1 次の 2 次方程式を解きなさい。

(1) $4x^2=-25$　　(2) $3x^2+8=0$

2 次方程式 $ax^2+bx+c=0$ の解は，数の範囲を複素数まで広げて考えると，判別式 $D=b^2-4ac<0$ の場合も解を持つ。

2 次方程式の解の公式

2 次方程式 $ax^2+bx+c=0$ の解は，$x=\dfrac{-b\pm\sqrt{b^2-4ac}}{2a}$

判別式と解
実数の範囲では，判別式 $D<0$ のとき，“解なし”としてきたが，数の範囲を複素数まで広げると，解を以下のように分類できる。
- $D>0$ のとき，2 つの異なる実数解
- $D=0$ のとき，重解
- $D<0$ のとき，2 つの共役複素数解

例題 2 次の 2 次方程式を解きなさい。

(1) $x^2-3x+3=0$　　(2) $9x^2+6x+5=0$

解答 (1) $x=\dfrac{3\pm\sqrt{3^2-4\cdot1\cdot3}}{2\cdot1}=\dfrac{3\pm\sqrt{-3}}{2}=\dfrac{3\pm\sqrt{3}\,i}{2}$

(2) $x=\dfrac{-6\pm\sqrt{6^2-4\cdot9\cdot5}}{2\cdot9}=\dfrac{-6\pm\sqrt{-144}}{18}=\dfrac{-6\pm12i}{18}=\dfrac{-1\pm2i}{3}$

2 次方程式の解き方
いきなり解の公式を用いても解けるが，
1. 共通因子をくくり出す
2. 因数分解をする
3. 解の公式を用いる

の順に考えるとよい。

問題 2 次の 2 次方程式を解きなさい。

(1) $x^2+x+1=0$　　(2) $x^2-4x+6=0$

例題 3 次の高次方程式を解きなさい。

(1) $x^3=27$　　(2) $x^4+x^3+x+1=0$

補足
2 次以上の実係数の方程式が複素数解を有する場合は，その共役複素数も解となる。

解答 (1) 与式を変形し，$x^3-27=0$ $(x-3)(x^2+3x+9)=0$

したがって，$x=3,\ \dfrac{-3\pm3\sqrt{3}\,i}{2}$

(2) $x^4+x^3+x+1=0$ $x^3(x+1)+(x+1)=0$ $(x+1)(x^3+1)=0$

$(x+1)^2(x^2-x+1)=0$ したがって，$x=-1,\ \dfrac{1\pm\sqrt{3}\,i}{2}$

補足
次数が奇数の実係数の方程式では，1つ以上の実数解を有する。

補足
高次の方程式では，“因数定理”を用いるとよい。$y=f(x)$ の式において，$f(a)=0$ となる a を見つけることで，$f(x)=(x-a)g(x)$ とおくことができる。
例題3(1)では，$x^3-27=0$ なので，$x=3$ のとき，左辺は0となる。したがって必ず $(x-3)$ でくくり出すことができる。

■ 問題 3 ■ 次の高次方程式を解きなさい。

(1) $x^4-16=0$ (2) $x^3+2x^2+x+2=0$ (3) $x^4+2x^2+1=0$

1次方程式 $ax+b=0$ の解は，$x=-\dfrac{b}{a}$ であり，1つの解を持つ。2次方程式 $ax^2+bx+c=0$ の解は，その判別式が正のとき実数解が2つ，零のとき実数解が1つ（重解），負のとき虚数解が2つであるが，重解は2つの実数解が同じ値になったと考えると，すべての場合で解は2つとみなせる。3次方程式では同様に解は3つとみなせる。

n 次方程式の解の数

n 次方程式の解を複素数の範囲で考えると，その数は，n 個である。ただし，m 重解は m 個の解と考える。

■ 参考

①$x^4=1$，②$x^8=1$ の解を求める。

① $x^4-1=0$ を複素数の範囲で因数分解すると，

$(x^2-1)(x^2+1)=0$，$(x-1)(x+1)(x-i)(x+i)=0$ となるので，

$x=\pm1,\ \pm i$

② x^8-1 を複素数の範囲で因数分解すると，

$(x-1)(x+1)(x-i)(x+i)(x-k_1)(x+k_1)(x-k_2)(x+k_2)=0$

ただし，$k_1=\dfrac{\sqrt{2}}{2}+\dfrac{\sqrt{2}}{2}i,\ k_2=-\dfrac{\sqrt{2}}{2}+\dfrac{\sqrt{2}}{2}i$

したがって，$x=\pm1,\ \pm i,\ \dfrac{\sqrt{2}}{2}\pm\dfrac{\sqrt{2}}{2}i,\ -\dfrac{\sqrt{2}}{2}\pm\dfrac{\sqrt{2}}{2}i$

補足
$x^2+1=(x+i)(x-i)$ のように，複素数の範囲でも因数分解をしてから解を求めると容易になる場合がある。

◆◆◆◆◆ 練 習 問 題 ◆◆◆◆◆ EXERCISE

■ 1 ■ 次の高次方程式を解きなさい。

(1) $x^2-2x+2=0$ (2) $x^3+6x^2+12x=0$ (3) $x^4+10x^2+25=0$

■ 3 ■ 複素平面と指数関数形式

平面上に直交座標を定め，点 $z(a,\ b)$ を複素数 $z=a+bi$ に対応させた平面を複素平面という。一般に横軸を実数（Re），縦軸を虚数（Im）にとる。本書では，このような複素数の表し方を**直交形式**という。

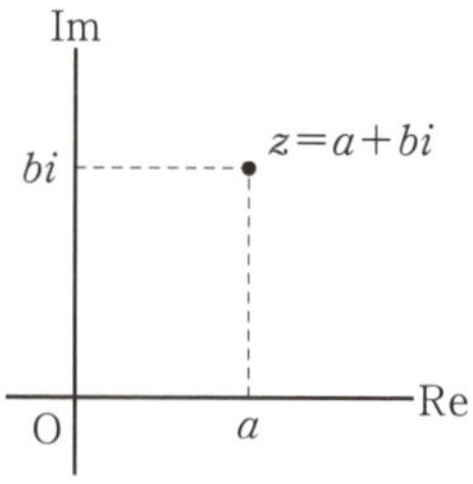

補足
実軸上の点は実数を，虚軸上の点は純虚数を表す

例題 1 次の複素数を複素平面上に示しなさい。

(1) $2+3i$　(2) $-2-2i$
(3) $-3i$　(4) $-3+3i$

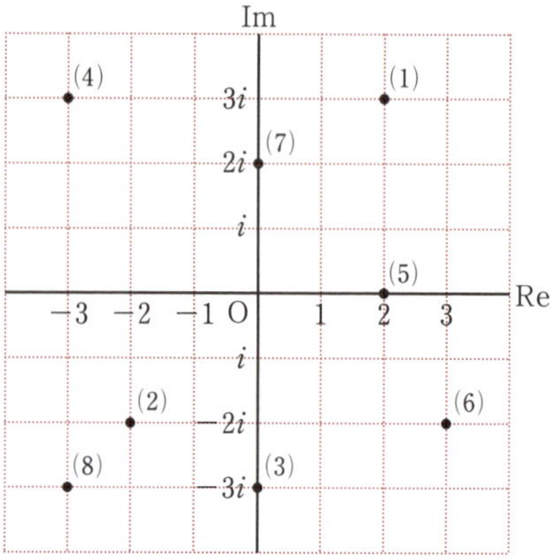

例題 2 右の複素平面上の(5)〜(8)の点を示す複素数を書き出しなさい。

解答 (5) 2　(6) $3-2i$
(7) $2i$　(8) $-3-3i$

共役複素数の位置
例題1(4)と例題2(8)のように，共役複素数どうしは，互いに実軸に関して対称の位置となる。

■ 問題 1 ■ 複素平面を描き，次の複素数を，その複素平面上に示しなさい。

(1) $3+2i$　(2) $-2+2i$　(3) -1　(4) $1-2i$
(5) $3-i$　(6) $-3i$　(7) $1.5+2i$　(8) $2-2.5i$

オイラーの公式 $e^{i\theta}=\cos\theta+i\sin\theta$ を用いることで，複素数を $re^{i\theta}$ と表すことができる。この表し方を**指数関数形式**といい，r を絶対値，θ を偏角という。複素平面に対応させると，$z=a+bi$ のとき，$r=\sqrt{a^2+b^2}$，$a=r\cos\theta$，$b=r\sin\theta$ となっている。

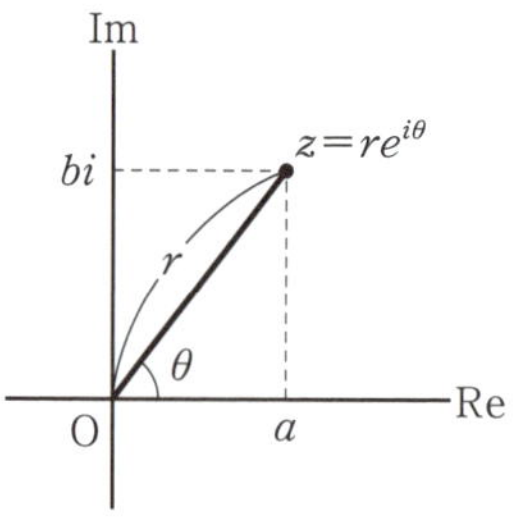

直交形式と指数関数形式の関係

複素数 z は直交形式 $a+bi$ および，指数関数形式 $re^{i\theta}$ で表され，

$$r=|z|=\sqrt{a^2+b^2},\quad a=r\cos\theta,\quad b=r\sin\theta$$

$$\tan\theta=\frac{b}{a}\qquad\left(a>0\text{ のとき，}\theta=\tan^{-1}\frac{b}{a}\right)$$

極形式表示
$z=re^{i\theta}$ を $r\angle\theta$ と表す場合もあり，これを「極形式表示」と称する。

例題 3 次の複素数を複素平面上に示し，直交形式 ⇔ 指数関数形式に変換しなさい。

(1) $3-3i$　(2) $-3i$

(3) $2e^{-i\frac{\pi}{6}}$　(4) $3e^{i\frac{2\pi}{3}}$

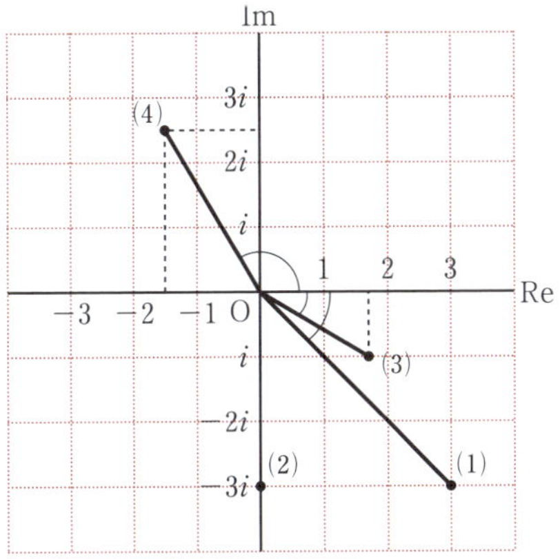

解答

(1) $r=\sqrt{3^2+(-3)^2}=3\sqrt{2}$

$\tan\theta=\dfrac{-3}{3}=-1$ より，

$\theta=-\dfrac{\pi}{4}$，

したがって，$z=3\sqrt{2}\,e^{-i\frac{\pi}{4}}$

(2) $r=3$，$\theta=-\dfrac{\pi}{2}$，したがって，$z=3e^{-i\frac{\pi}{2}}$

(3) $a=2\cos\left(-\dfrac{\pi}{6}\right)=2\cdot\dfrac{\sqrt{3}}{2}=\sqrt{3}$，

$b=2\sin\left(-\dfrac{\pi}{6}\right)=2\cdot\left(-\dfrac{1}{2}\right)=-1$，したがって，$z=\sqrt{3}-i$

(4) $a=3\cos\left(\dfrac{2\pi}{3}\right)=-\dfrac{3}{2}$，$b=3\sin\left(\dfrac{2\pi}{3}\right)=\dfrac{3\sqrt{3}}{2}$

したがって，$z=-\dfrac{3}{2}+\dfrac{3\sqrt{3}}{2}i$

例題(1)の偏角について

$\tan\theta=-1$ のとき，$\theta=-\dfrac{\pi}{4}$ だけでなく，$\theta=\dfrac{3\pi}{4}$ も解だが，複素平面を用いることで，明らかに $\theta=-\dfrac{\pi}{4}$ であることが分かる。

■ 問題 2 ■ 次の複素数を複素平面上に示し，直交形式 ⇔ 指数関数形式に変換しなさい。

(1) $4+4i$　(2) $3i$　(3) $4e^{\frac{3\pi}{4}i}$　(4) $5e^{-i\tan^{-1}\frac{4}{3}}$

指数関数形式の共役複素数

$re^{i\theta}$ の共役複素数は，$re^{-i\theta}$

補足

共役複素数は，実軸に関して対称な点を表しているので，偏角の符号が変わる。

例題 4 次の複素数の共役複素数を示しなさい。

(1) $4e^{i\frac{\pi}{3}}$　(2) $\sqrt{2}\,e^{-i\frac{\pi}{4}}$　(3) $5e^{i\pi}$　(4) $e^{i\tan^{-1}\frac{1}{3}}$

解答 (1) $4e^{-i\frac{\pi}{3}}$　(2) $\sqrt{2}\,e^{i\frac{\pi}{4}}$　(3) $5e^{-i\pi}$　(4) $e^{-i\tan^{-1}\frac{1}{3}}$

■ 問題 3 ■ 次の複素数の共役複素数を示しなさい。

(1) $e^{-i\frac{3\pi}{4}}$　(2) $3e^{-i\frac{2\pi}{5}}$　(3) $7e^{i\pi}$　(4) $e^{-i\tan^{-1}\frac{3}{7}}$

複素数を指数関数形式で表すことにより，指数とまったく同様に計算することができる。

指数関数形式の乗法・除法

$$r_1e^{i\theta_1}\times r_2e^{i\theta_2}=r_1r_2e^{i(\theta_1+\theta_2)},\quad r_1e^{i\theta_1}\div r_2e^{i\theta_2}=\frac{r_1}{r_2}e^{i(\theta_1-\theta_2)}$$

補足
実数関数の指数法則がすべて成り立つ。

例題 5 次の計算をしなさい。答えは指数関数形式で表しなさい。

(1) $2e^{i\frac{\pi}{6}}\times3e^{-i\frac{2\pi}{3}}$　(2) $6e^{i\frac{3\pi}{5}}\div2e^{i\frac{\pi}{10}}$

解答 (1) $2\cdot3e^{i\left(\frac{\pi}{6}-\frac{2\pi}{3}\right)}=6e^{-i\frac{\pi}{2}}$　(2) $(6\div2)e^{i\left(\frac{3\pi}{5}-\frac{\pi}{10}\right)}=3e^{i\frac{\pi}{2}}$

補足
複素数どうしの乗法・除法は指数関数形式で表されていると計算がたやすい。複素数どうしの加法・減法は直交形式の方が計算が容易である。

問題 4 次の計算をし，答えを指数関数形式で表しなさい。

(1) $3e^{i\frac{2\pi}{7}}\times4e^{i\frac{7\pi}{8}}$　(2) $5e^{i\frac{3\pi}{4}}\div2e^{-i\frac{3\pi}{2}}$

問題 5 次に示された複素数について，以下の計算をしなさい。

$z_1=e^{i\frac{\pi}{3}}$，$z_2=e^{i\pi}$，$z_3=e^{-i\frac{5\pi}{6}}$，$z_4=2e^{i\frac{7\pi}{6}}$，$z_5=2e^{-i\frac{3\pi}{2}}$

(1) $z_3\times z_4$　(2) $z_1\times z_5$　(3) $z_5\div z_3$

(4) $z_4\div z_2$　(5) $z_1\times z_2\times z_3$　(6) $z_5\div z_1\times z_3$

複素数 z に i を掛けると，複素平面上の z は，原点を中心に $\frac{\pi}{2}$ 回転した位置に移る。すなわち，$z=re^{i\theta}$ のとき $z\times i=re^{i\theta}\times e^{i\frac{\pi}{2}}=re^{i\left(\theta+\frac{\pi}{2}\right)}$

i の乗算・除算と回転

$z=re^{i\theta}$ に i を乗算 ⇒ 原点を中心に $\frac{\pi}{2}$ 回転　$re^{i\left(\theta+\frac{\pi}{2}\right)}$

$z=re^{i\theta}$ を i で除算 ⇒ 原点を中心に $-\frac{\pi}{2}$ 回転　$re^{i\left(\theta-\frac{\pi}{2}\right)}$

例題 6 $z=3e^{i\frac{\pi}{4}}$ のとき，以下の式の答えを指数関数形式で求め，さらに複素平面上に示しなさい。

(1) $z\times i$　(2) $z\times i^2$

(3) $z\times i^3$　(4) $z\div i$

解答

(1) 与式 $=3e^{i\left(\frac{\pi}{4}+\frac{\pi}{2}\right)}=3e^{i\frac{3\pi}{4}}$

(2) 与式 $=3e^{i\left(\frac{\pi}{4}+\pi\right)}=3e^{i\frac{5\pi}{4}}$

(3) 与式 $=3e^{i\left(\frac{\pi}{4}+\frac{\pi}{2}\times3\right)}=3e^{i\frac{7\pi}{4}}$

(4) 与式 $=3e^{i\left(\frac{\pi}{4}-\frac{\pi}{2}\right)}=3e^{-i\frac{\pi}{4}}$

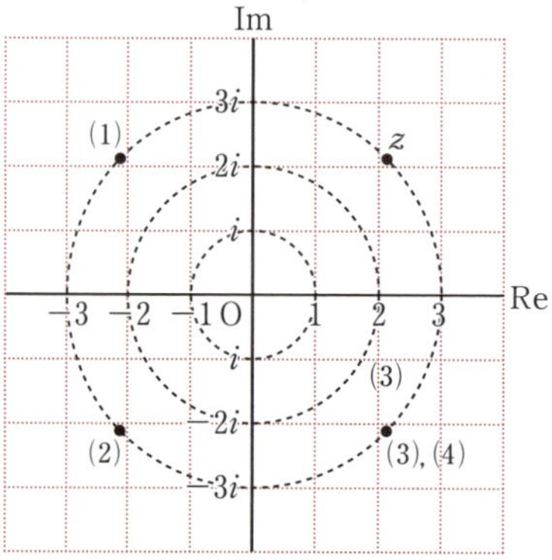

補足
(4)の $3e^{-i\frac{\pi}{4}}$ は，

$3e^{i\left(-\frac{\pi}{4}+2\pi\right)}=3e^{i\frac{7\pi}{4}}$

と変形することで，(3)と等しくなる。

◆◆◆◆◆ 練 習 問 題 ◆◆◆◆◆ EXERCISE

1 複素平面を描き，次の複素数をその複素平面上に示しなさい。

(1) $3-2i$　(2) $-3-2i$　(3) -2　(4) $2+2i$

(5) $1-i$　(6) $-i$　(7) $2.5-2i$　(8) $2+2.5i$

2 次の複素数を複素平面上に示し，直交形式⇔指数関数形式に変換しなさい。

(1) $2+2i$　(2) $4e^{-i\frac{\pi}{3}}$　(3) $3e^{-i\frac{2\pi}{3}}$

3 次の複素数を複素平面上に示し，直交形式⇔指数関数形式に変換しなさい。

(1) $-3+3i$　(2) $-i$　(3) $6e^{-i\frac{\pi}{4}}$　(4) $10e^{i\tan^{-1}\frac{3}{4}}$

4 次の複素数の共役複素数を示しなさい。

(1) $e^{i\frac{\pi}{5}}$　(2) $21e^{-i\frac{\pi}{4}}$　(3) $4e^{-i\pi}$　(4) $2e^{i\tan^{-1}\frac{1}{4}}$

5 次の計算をし，答えを指数関数形式で表しなさい。

(1) $\frac{1}{2}e^{-i\frac{2\pi}{5}}\times\frac{1}{2}e^{-i\frac{3\pi}{4}}$　(2) $\frac{1}{3}e^{i\frac{5\pi}{6}}\div\frac{1}{5}e^{i\frac{3\pi}{4}}$

6 $z=2e^{i\frac{\pi}{3}}$ のとき，以下の式の答えを指数関数形式で求め，さらに複素平面上に示しなさい。

(1) $z\times i$　(2) $z\times i^2$　(3) $z\times i^3$　(4) $z\div i$

■ 4 ■ 応用問題

例題 1 次の計算をしなさい。

(1) $\left(\cos\dfrac{\pi}{6}+i\sin\dfrac{\pi}{6}\right)^6$　　(2) $(\sqrt{3}+i)^5$

解答 (1) カッコ内は，オイラーの式により，指数関数形式に直せるので，

与式$=(e^{i\frac{\pi}{6}})^6=e^{i\pi}=-1$

(2) 与式$=\{\sqrt{(\sqrt{3}^2+1^2)}\,e^{i\frac{\pi}{6}}\}^5=(2e^{i\frac{\pi}{6}})^5=32e^{i\frac{5}{6}\pi}$

補足…$e^{i\pi}$ について
複素平面に表すと以下のようになる。

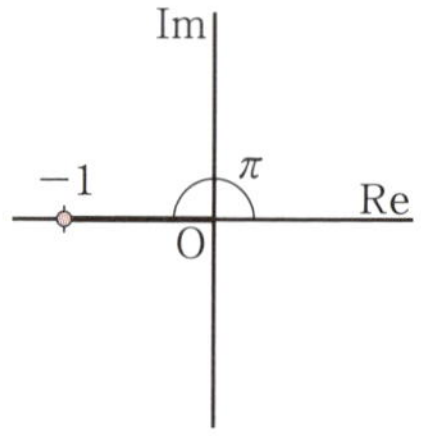

したがって，$e^{i\pi}=-1$ となることが分かる。また，オイラーの公式に当てはめることで求めることもできる。

$e^{i\pi}=\cos\pi+i\sin\pi=-1$

■ 問題 1 ■ 次の計算をしなさい。

(1) $\left(\cos\dfrac{\pi}{3}-i\sin\dfrac{\pi}{3}\right)^6$　　(2) $(1+\sqrt{3}\,i)^5$

オイラーの公式を用いると，以下の 2 つの式が導かれる。

$$\sin\theta=\frac{e^{i\theta}-e^{-i\theta}}{2i},\qquad \cos\theta=\frac{e^{i\theta}+e^{-i\theta}}{2}$$

これらの関係式を用いて，以下の公式を導くことができる。

補足…$\sqrt{3}+i$ について
複素平面に表すと以下のようになる。

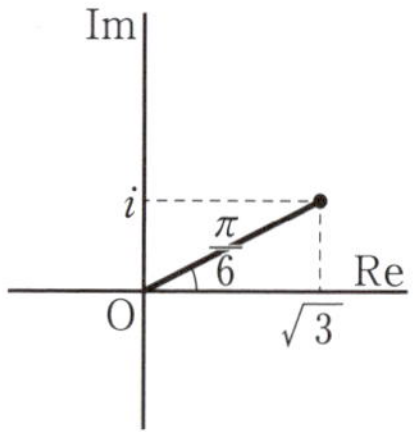

例題 2 複素数を用いて，以下の公式を導き出しなさい。

(1) $\sin^2\theta+\cos^2\theta=1$　　(2) $\sin^2\theta=\dfrac{1}{2}(1-\cos 2\theta)$

解答 (1) $\sin^2\theta=\left(\dfrac{e^{i\theta}-e^{-i\theta}}{2i}\right)^2=\dfrac{1}{4}(-e^{i2\theta}-e^{-i2\theta}+2)$

$\cos^2\theta=\dfrac{1}{4}(e^{i2\theta}+e^{-i2\theta}+2)$　よって，$\sin^2\theta+\cos^2\theta=1$

(2) $\sin^2\theta=\dfrac{1}{4}(-e^{i2\theta}-e^{-i2\theta}+2)=\dfrac{1}{2}\left(-\dfrac{e^{i2\theta}+e^{-i2\theta}}{2}+1\right)$

$=\dfrac{1}{2}(1-\cos 2\theta)$

■ 問題 2 ■ 複素数を用いて，以下の公式を導き出しなさい。

(1) $\sin 2\theta=2\sin\theta\cos\theta$　　(2) $\cos^2\theta=\dfrac{1}{2}(1+\cos 2\theta)$

交流回路においては，交流電圧・交流電流を以下のように複素数で置き換えることにより，簡単に計算できるようになる。なお，これ以降 p. 125 まで，虚数単位の記号は i でなく j を用いる。

複素電圧と複素電流

電圧：$v(t)=\sqrt{2}\,V_e\sin(\omega t+\theta) \Leftrightarrow V=V_e e^{j\theta}$

電流：$i(t)=\sqrt{2}\,I_e\sin(\omega t+\theta) \Leftrightarrow I=I_e e^{j\theta}$

$v(t)$，$i(t)$ を瞬時値，V，I を複素表示という（ベクトル表示ともいう）。ω は角周波数，V_e，I_e を実効値という。

例題 3 次の電圧，電流表示を，瞬時値⇔ベクトル表示の変換をしなさい。ただし(3)，(4)では角周波数を ω とする。

(1) $v(t)=5\sqrt{2}\sin\left(50t+\dfrac{\pi}{6}\right)$　(2) $i(t)=2\sin\left(80t-\dfrac{\pi}{6}\right)$

(3) $V=6e^{j\frac{\pi}{12}}$　(4) $I=4\sqrt{2}\,e^{-j\frac{\pi}{12}}$

解答 (1) $v(t)=5e^{j\frac{\pi}{6}}$　(2) $i(t)=\sqrt{2}\,e^{-j\frac{\pi}{6}}$

(3) $V=6\sqrt{2}\sin\left(\omega t+\dfrac{\pi}{12}\right)$　(4) $I=8\sin\left(\omega t-\dfrac{\pi}{12}\right)$

問題 3 次の表示を，瞬時値⇔ベクトル表示の変換をしなさい。ただし(3)，(4)では角周波数を ω とする。

(1) $v(t)=8\sin(1000t)$　(2) $i(t)=\dfrac{\sqrt{2}}{5}\sin\left(1000t+\dfrac{\pi}{6}\right)$

(3) $V=\sqrt{6}\,e^{j\frac{\pi}{7}}$　(4) $I=7\sqrt{2}\,e^{-j\frac{\pi}{9}}$

電気回路において，電流と電圧および抵抗の関係はオームの法則で表されるが，交流回路では抵抗 R の代わりにベクトル量であるインピーダンス Z を用いる。

また，インダクタンス L のコイルと，キャパシタンス C のコンデンサのインピーダンスは，それぞれ $Z_L=j\omega L$，$Z_C=\dfrac{1}{j\omega C}$ と表される。

例題 4 角周波数が 1000 rad/s のとき，次の各素子のインピーダンスを求めなさい。

(1) 50 Ω の抵抗　(2) 50 mH の L　(3) 20 μF の C

解答 (1) $Z=50\ \Omega$　(2) $Z=j\omega L=j1000\cdot 50\times10^{-3}=j50$ [Ω]

虚数単位 j について
交流回路では電流に記号 i を用いることが多い。したがって，電子工学の分野では，一般に虚数単位に j を用いる。

交流回路でなぜ複素数を使うのか？
交流回路では電圧や電流は，以下のように正弦関数で表すことができる。
電圧：
$v(t)=\sqrt{2}\,V\sin(\omega t+\theta)$
交流回路上では，この正弦波信号のうち，その大きさ（振幅）V や位相 θ は変化するが，一般には角周波数 ω は変化しない。
前節で複素数の乗算・除算は複素数の回転に相当することを習ったが，回転とは位相の変化である。したがって，交流回路では複素数を導入することで，位相の変化を容易に表すことができる。

(3)　$Z=\dfrac{1}{j\omega C}=-j\dfrac{1}{1000\cdot 20\times 10^{-6}}=-j50$ [Ω]

例題 5　次の回路のインピーダンスを求めなさい。ただし，角周波数 $\omega=50$ rad/s，抵抗 $R=10\ \Omega$，インダクタンス $L=200$ mH，キャパシタンス $C=500\ \mu$F とする。

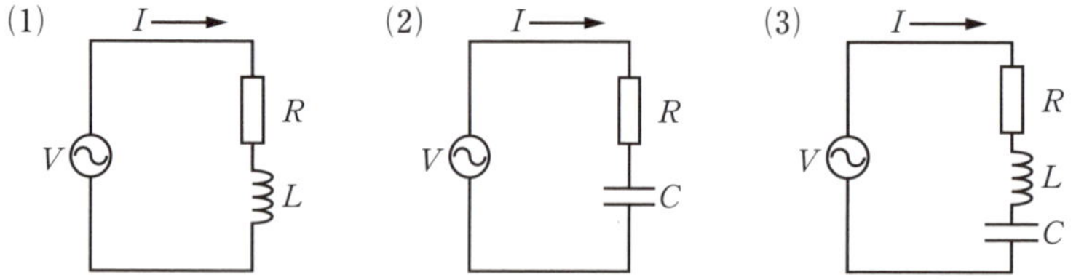

解答　(1)　$Z_1=R+j\omega L=10+j50\cdot 200\times 10^{-3}=10+j10$ [Ω]

(2)　$Z_2=R+\dfrac{1}{j\omega C}=10+\dfrac{1}{j50\cdot 500\times 10^{-6}}=10-j40$ [Ω]

(3)　$Z_3=R+j\omega L+\dfrac{1}{j\omega C}=R+j\left(\omega L-\dfrac{1}{\omega C}\right)=10-j30$ [Ω]

■ 問題 4 ■　上記の回路において，角周波数 $\omega=100$ rad/s，抵抗 $R=5\ \Omega$，インダクタンス $L=50$ mH，キャパシタンス $C=200\ \mu$F のときのインピーダンスを求めなさい。

例題 6　次の回路の複素電流 I を指数関数形式で表しなさい。また，それを瞬時値に直しなさい。

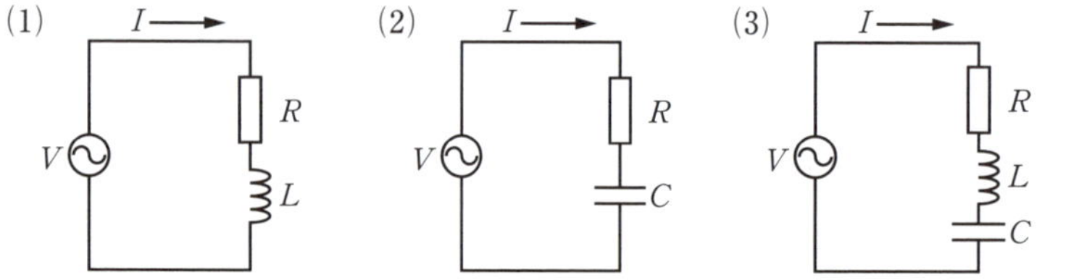

(1) $L=3$ mH, $R=3\ \Omega$, $v(t)=60\sin(1000t)$

(2) $C=5$ mF, $R=2\ \Omega$, $v(t)=60\sin(100t)$

(3) $R=8\ \Omega$, $L=8$ mH, $C=0.5$ mF, $v(t)=50\sqrt{2}\sin(1000t)$

解答　(1)　$v(t)=60\sin(1000t)$ より，複素電圧は $\dfrac{60}{\sqrt{2}}=30\sqrt{2}$ と表すことができる。

インピーダンス　$Z=R+j\omega L=3+j1000\cdot 3\times 10^{-3}=3+j3$,

複素電流　$I=\dfrac{V}{Z}=\dfrac{30\sqrt{2}}{3+j3}=\dfrac{10\sqrt{2}}{2}(1-j)=10e^{-j\frac{\pi}{4}}$,

電流の瞬時値　$i(t)=10\sqrt{2}\sin\left(1000t-\dfrac{\pi}{4}\right)$

(2) インピーダンス　$Z=R+\frac{1}{j\omega C}=2-j\frac{1}{100\cdot 5\times 10^{-3}}=2-j2$

したがって，$I=\frac{V}{Z}=\frac{30\sqrt{2}}{2-j2}=\frac{15\sqrt{2}}{1-j}=\frac{15\sqrt{2}}{2}(1+j)$

$=\frac{15\sqrt{2}}{2}\cdot\sqrt{2}\,e^{j\frac{\pi}{4}}=15e^{j\frac{\pi}{4}}$,

電流の瞬時値　$i(t)=15\sqrt{2}\sin\left(100t+\frac{\pi}{4}\right)$

(3) インピーダンス　$Z=R+j\omega L+\frac{1}{j\omega C}=8+j(8-2)=8+j6$

$I=\frac{V}{Z}=\frac{50}{8+j6}=4-j3=5e^{-j\theta}$，ただし $\theta=\tan^{-1}\frac{3}{4}$,

電流の瞬時値　$i(t)=5\sqrt{2}\sin\left(1000t-\tan^{-1}\frac{3}{4}\right)$

■ 問題 5 ■　次の回路の複素電流 I を求めよ。また，それを瞬時値に直しなさい。

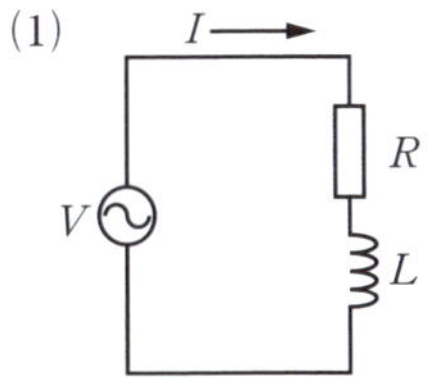

$L=200$ mH
$R=10\ \Omega$
$v(t)=100\sin(50t)$

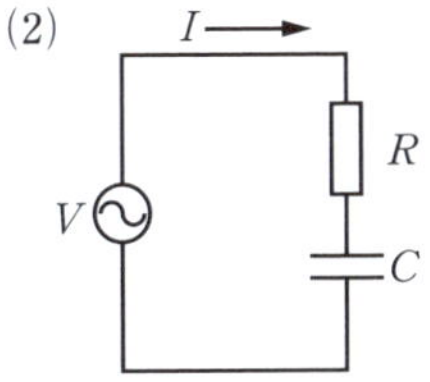

$C=1$ mF
$R=5\ \Omega$
$v(t)=50\sin(200t)$

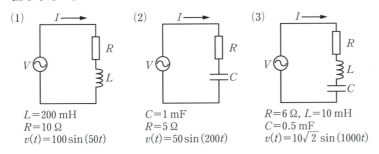

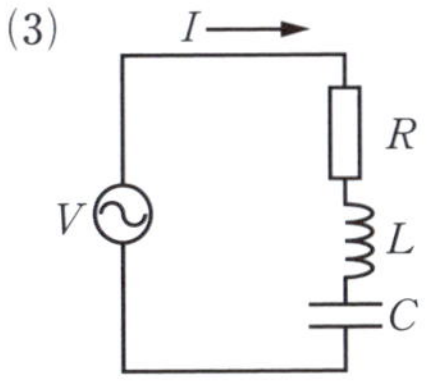

$R=6\ \Omega$, $L=10$ mH
$C=0.5$ mF
$v(t)=10\sqrt{2}\sin(1000t)$

4 統計

1 データの整理

度数分布とヒストグラム

高校生 40 人に行った数学のテストの点数データがある。最大値（最高点）は 98 点，最小値（最低点）は 36 点であった。データを整理するため，階級の幅を 10 点として右の**度数分布表**を作成した。これをもとにして，**ヒストグラム**をかくと下図のようになる。

階級 以上～未満	度数
30～40	1
40～50	0
50～60	6
60～70	9
70～80	13
80～90	7
90～100	4
計	40

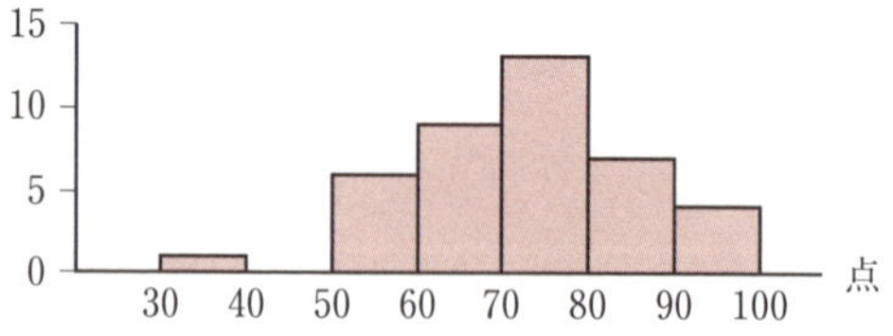

補足
まず，データの最小値と最大値をみつけ，データにもれがないよう階級を構成する。

棒グラフとの違いは？
各階級の柱の面積が，データ全体のうち，その階級が占める割合に比例するように表現したのがヒストグラムである。また，ヒストグラムでは基本的に隣り合う階級の柱の間は空けない。

補足
この高校生 40 人から 1 人を無作為（ランダム）に選ぶとき，その者のテストの点数が 90 点以上である確率は，

$$\frac{4}{40}=\frac{1}{10}$$

である。これは，ヒストグラムの柱の面積全体のうち 90 点以上の階級の柱の面積が占める割合になっている。

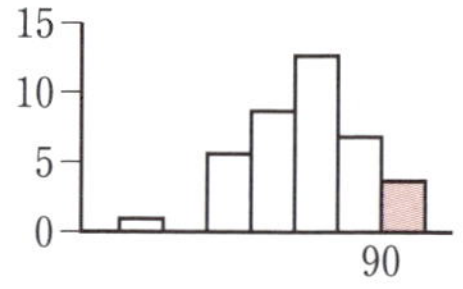

問題 1 次のデータは，ある大学のサークルのメンバーの身長データ（cm）である。

163 159 172 166 147 154 161 159 149 177
158 155 163 154 149 146 159 167 162 157
168 179 156 146 170 168 172 161 156 146

(1) 階級の幅を 5 cm として，145 cm から 180 cm まで刻んで度数分布表とヒストグラムを作成しなさい。

(2) このメンバーから 1 人を無作為（ランダム）に選ぶとき，その者の身長が 170 cm 以上である確率を求めなさい。

平均値と偏差

データの特徴を数値化して説明するには様々な方法がある。全体の特徴を 1 つの数値で表す代表値の中で，最も一般的なのは**平均値**である。データの各数値に対し，データの平均値との差を考える。これを**偏差**といい，その数値が平均値からどれだけズレているかを表す。

平均値
n 個からなるデータ x_1，x_2，…，x_n の平均値 $\overline{x}$ は

$$\overline{x}=\frac{x_1+x_2+\cdots+x_n}{n}=\frac{1}{n}\sum_{k=1}^{n}x_k$$

例題 1 次の 3 つの数値からなるデータにおいて，各数値の偏差を求めなさい。また，偏差の合計も計算しなさい。

1　9　14

解答 このデータの平均値は $\frac{1+9+14}{3}=8$ である。

「1」の偏差は　$1-8=-7$，「9」の偏差は　$9-8=1$，
「14」の偏差は　$14-8=6$，偏差の合計は　$-7+1+6=0$

■ **問題 2** ■　次の 4 つの数値からなるデータにおいて，各数値の偏差を求めなさい。また，偏差の合計も計算しなさい。

10　25　35　30

■ 分散，標準偏差

分散や標準偏差は，データの平均値からのばらつきの度合いを数値化したものである。

分散，標準偏差

n 個からなるデータ x_1，x_2，…，x_n の平均値が $\overline{x}$ のとき，このデータの分散 ${\sigma_x}^2$ は

$$ {\sigma_x}^2=\frac{(x_1-\overline{x})^2+(x_2-\overline{x})^2+\cdots+(x_n-\overline{x})^2}{n} \quad \left(=\frac{1}{n}\sum_{k=1}^{n}(x_k-\overline{x})^2\right) $$

標準偏差 σ_x は

$$ \sigma_x=\sqrt{{\sigma_x}^2}=\sqrt{\frac{(x_1-\overline{x})^2+(x_2-\overline{x})^2+\cdots+(x_n-\overline{x})^2}{n}} $$

一般に，分散が小さいほど，データが平均値の近くに集まっており，ばらつきが小さいと考えられる。

例題 2　次のデータ x とデータ y について，分散と標準偏差を求めなさい。また，ばらつきが小さいのはどちらのデータか答えなさい。

x：　1　6　7　10　　y：　4　5　7　8

解答　データ x の平均値は $\overline{x}=\dfrac{1+6+7+10}{4}=6$，分散 ${\sigma_x}^2$ は

$$ {\sigma_x}^2=\frac{(1-6)^2+(6-6)^2+(7-6)^2+(10-6)^2}{4}=10.5 $$

標準偏差 σ_x は $\sigma_x=\sqrt{10.5}\cong 3.24$

同様に，データ y の平均値は $\overline{y}=6$，分散は ${\sigma_y}^2=2.5$，標準偏差は $\sigma_y \fallingdotseq 1.58$。これより，データ y の方がばらつきが小さい。

■ **問題 3** ■　次のデータ x とデータ y について，分散と標準偏差を求めなさい。また，ばらつきが小さいのはどちらのデータか答えなさい。

x：　-1　2　-1　4　　y：　4　0　-1　1

■ **問題 4** ■　次のデータの分散と標準偏差を求めなさい。

-6　-4　-2　2　4　6

様々な「平均」

ここで紹介した平均は「算術平均」(相加平均) と呼ばれる平均である。この他，人口の増加率の平均などを計算するのに用いられる「幾何平均」(相乗平均) や，並列回路の抵抗値などを計算するときに用いられる「調和平均」と呼ばれるものがある。

補足

偏差の合計は常に 0 になるので，偏差の平均をデータのばらつきの度合いとしては使えない。

補足

分散の単位は，データの単位の 2 乗になってしまう。これをもとに戻したのが標準偏差。

データ x

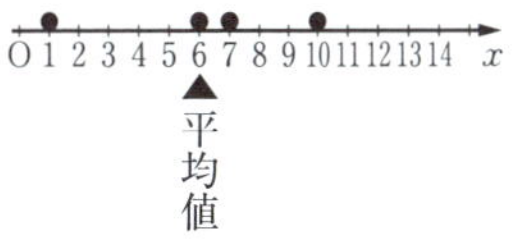

データ y

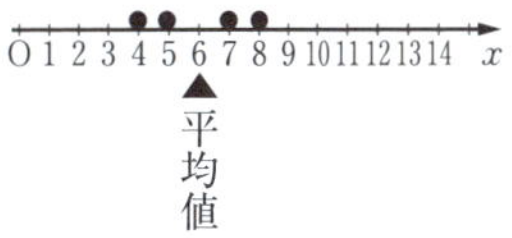

2 2変量のデータの関係

50人分の「身長」と「体重」というように2種類のデータがある場合，それら2変量の関係を調べる方法を学ぶ。

定義
これまで扱ってきたデータのように計算ができる数値のデータを**変量**という。

散布図

次の表はA～Eの5人に対して行った数学と理科のテストの点数データである。

	A	B	C	D	E
x：数学の点数	40	80	50	60	20
y：理科の点数	70	90	40	60	40

右の図は，横軸を数学の点数，縦軸を理科の点数として，各人のデータをプロットしたもので，これを**散布図**という。

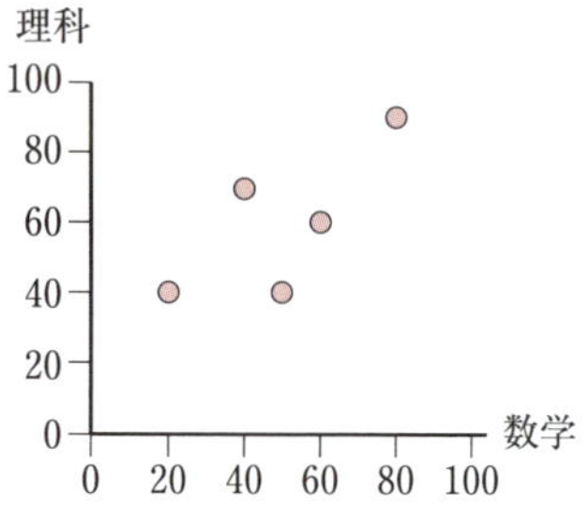

専門へのステップアップ
散布図で表すことにより，2変量の関係が見やすくなる。例えば，鋼の，成分中の炭素量（%）と引張り強さの関係を見るときなどに用いられる。

専門へのステップアップ
散布図やヒストグラムはQC 7つ道具の一つ

問題1 下の表は，大学生A～Fの6人の靴のサイズ x と身長 y のデータである。この2変量のデータの散布図を書きなさい。

	A	B	C	D	E	F
x：靴のサイズ（cm）	23	25	23	22	25	26
y：身長（cm）	143	150	153	142	161	169

QC 7つ道具
品質管理（Quality Control）のための7つの手法

相関関係

下図のように2変量 x と y の散布図がある場合，図(1)のように変量 x が増えると変量 y も増える傾向にあるとき，この2変量の間に**正の相関関係**があるといい，図(2)のように変量 x が増えると変量 y が減る傾向にあるとき，2変量の間には**負の相関関係**があるという。また，図(3)のように正・負いずれの相関関係も見られない場合は**相関関係がない**という。

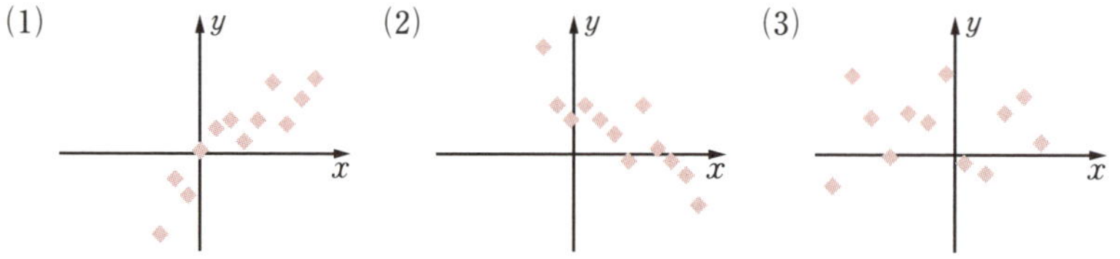

補足
相関関係は必ずしも因果関係を意味しない。例えば，8，9月の各日に対し，全国のアイスの売り上げを横軸に，縦軸に海での溺死者数をプロットすると正の相関が認められるが，アイスの売り上げが増えたのが原因で溺死者数が増えたとはいえない。

相関係数

相関係数

次の n 個の個体の2変量 x と y について，変量 x の平均を $\overline{x}$，y の平均を $\overline{y}$ とする。

変量 x	x_1	x_2	…	x_n
変量 y	y_1	y_2	…	y_n

このとき，次の式を，x と y の共分散 σ_{xy} という。

$$\sigma_{xy}=\frac{(x_1-\overline{x})(y_1-\overline{y})+(x_2-\overline{x})(y_2-\overline{y})+\cdots+(x_n-\overline{x})(y_n-\overline{y})}{n}$$

そして，次の式を変量 x と変量 y の相関係数 r という。

$$r=\frac{\sigma_{xy}}{\sigma_x\cdot\sigma_y}$$

補足
相関係数 r は
$-1\leqq r\leqq 1$
の範囲の値しかとらず，絶対値が1に近いほど2変量の相関が強い。

補足
σ_x：変量 x の標準偏差
σ_y：変量 y の標準偏差

様々な2変量データの散布図と相関係数

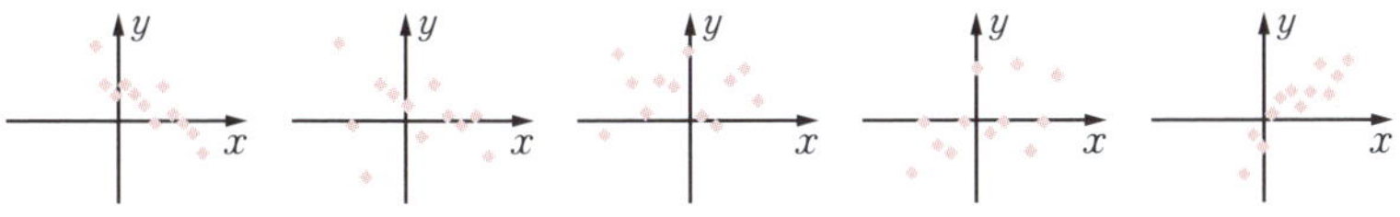

$r=-0.88$　　$r=-0.4$　　$r\fallingdotseq 0$　　$r=0.35$　　$r=0.87$

専門へのステップアップ
相関係数は，試料中の，ある成分の濃度 x と吸光度 y の線形関係の度合いを測るときなどに用いられる。

例題 1 次の表は5人の数学と理科のテストの点数の表である。2変量の間の相関係数 r を求め，どのような相関があるか答えなさい。

	A	B	C	D	E
x：数学の点数	40	80	50	60	20
y：理科の点数	70	90	40	60	40

補足
分野によって異なるが，概ね以下のように相関の強さを表現する。
$|r|<0.2$：相関がない
$0.2\leqq|r|<0.4$：弱い相関
$0.4\leqq|r|<0.7$：中程度の相関
$0.7\leqq|r|\leqq 1$：強い相関

解答 $\overline{x}=50$，$\overline{y}=60$

σ_{xy}

$$=\frac{(40-50)(70-60)+(80-50)(90-60)+(50-50)(40-60)+(60-50)(60-60)+(20-50)(40-60)}{5}$$

$=280$

$$\sigma_x=\sqrt{\frac{(40-50)^2+(80-50)^2+(50-50)^2+(60-50)^2+(20-50)^2}{5}}=20$$

$$\sigma_y=\sqrt{\frac{(70-60)^2+(90-60)^2+(40-60)^2+(60-60)^2+(40-60)^2}{5}}=\sqrt{360}$$

相関係数は　$r=\dfrac{\sigma_{xy}}{\sigma_x\cdot\sigma_y}=\dfrac{280}{20\cdot\sqrt{360}}\fallingdotseq 0.74$

これより，この5人の数学と理科の点数には強い正の相関がある。

問題 2 問題1の2変量データの相関係数を求めなさい。

■ 3 ■ 正規分布

確率的に値が定まる変数のことを**確率変数**という。離散的な値をとる確率変数を離散型確率変数，連続的な値をとる確率変数を連続型確率変数という。確率変数 X が a 以上 b 以下の値をとる確率を $P(a \leqq X \leqq b)$ と表す。

■ 正規分布

次のような分布をもつ連続型確率変数 X を，**平均 $\boldsymbol{\mu}$，分散 $\boldsymbol{\sigma^2}$ の正規分布**といい，記号で $\boldsymbol{N(\mu,\ \sigma^2)}$ と表す。このとき X は $N(\mu,\ \sigma^2)$ に従うという。

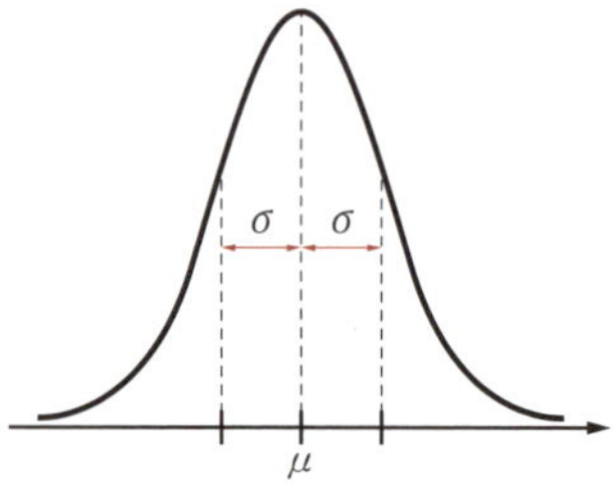

■ 正規分布 $N(\mu,\ \sigma^2)$ に従う確率変数 X の性質

・曲線はベル型で，平均 $x=\mu$ を軸に左右対称，曲線と横軸との間の面積は 1 である。

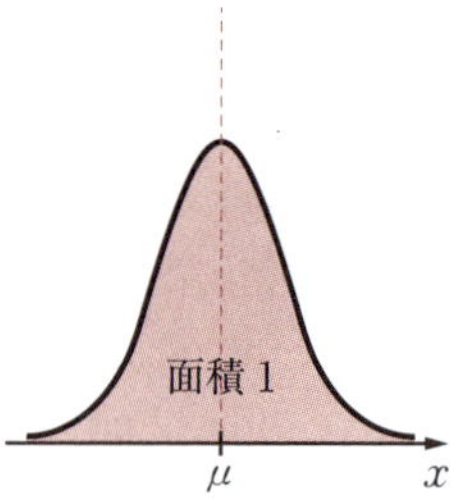

・X が $a \leqq X \leqq b$ となる確率 $P(a \leqq X \leqq b)$ は右図の面積で表される。

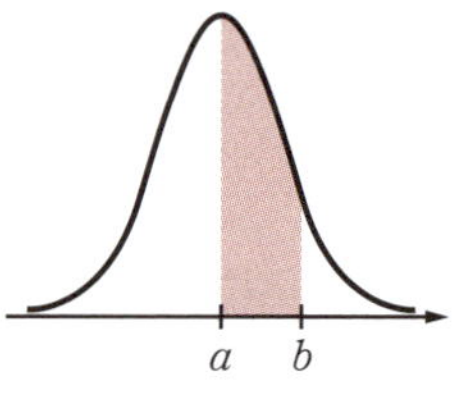

例 20 歳男性の身長 X (cm) の分布は，ほぼ，平均 171，分散 6.3^2 の正規分布 $N(171,\ 6.3^2)$ をしている (平成 22 年国民健康・栄養調査報告)。全国の 20 歳男性から 1 人をランダムに選んだとき，その人の身長が 165 cm 以上 175 cm 以下である確率は図の斜線部分の面積となっている。

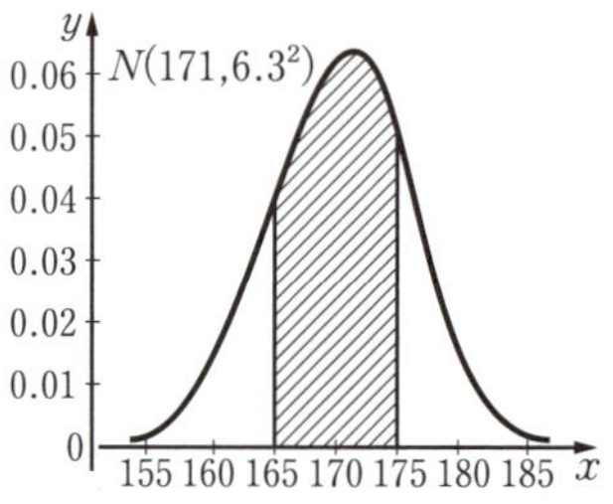

補足

サイコロを投げるとき，出る目 X は 1，2，3，4，5，6 のどれかの値を確率的にとるので，離散型確率変数である。

正規分布

正規分布は，正確には確率密度関数が

$$f(x)=\frac{1}{\sqrt{2\pi}\,\sigma}e^{-\frac{1}{2}\left(\frac{x-\mu}{\sigma}\right)^2}$$

で表される連続型確率変数として定義され，平均 μ と分散 σ^2 が決まれば分布の形が定まる。

正規分布は分散 σ^2 が小さいほど山頂が高くほっそりした形になる。

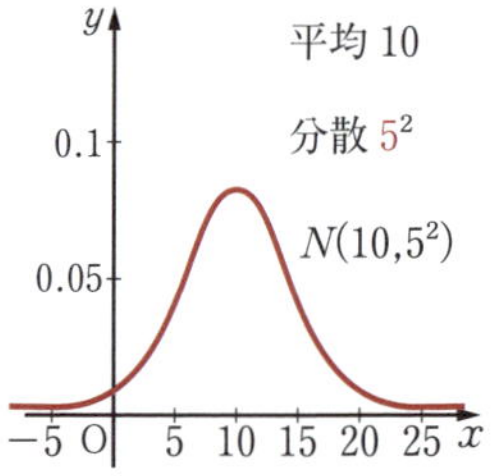

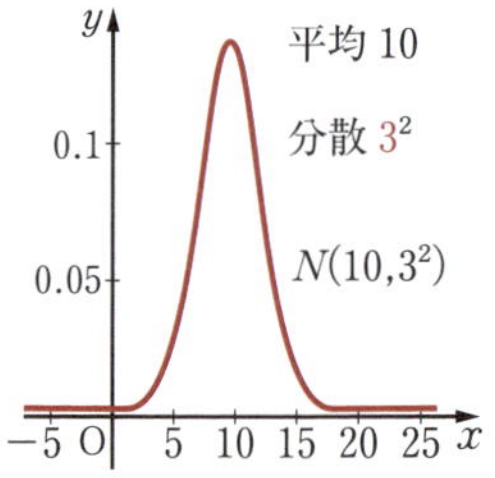

専門へのステップアップ

同じ条件で何度も測定を行うときに生じる偶然誤差は正規分布に従う場合が多い。

例題 1 中身が見えない箱の中には無数に実数が入っている。そこから一つの実数 X を取り出すとき，X は下図に示した平均 10，分散 5^2 の正規分布 $N(10,\ 5^2)$ に従うとする。このとき，以下の問いに答えなさい。

(1) $X \leqq 5$ となる確率を表す面積を図示せよ。

(2) $10 \leqq X$ となる確率を表す面積を図示せよ。

(3) この箱から実数 X を一つ取り出すとき，その値 X が，5 以下である確率と，10 以上である確率とでは，どちらが大きいか答えよ。

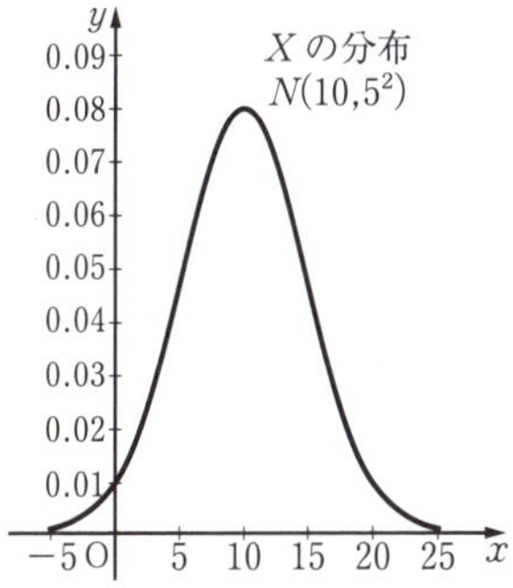

解答 (1)は図中の左の方の斜線部分

(2)は図中の右の方の斜線部分

(3) 面積が大きいのは(2)で記入した右の方の斜線部分の面積なので 10 以上である確率の方が大きい。

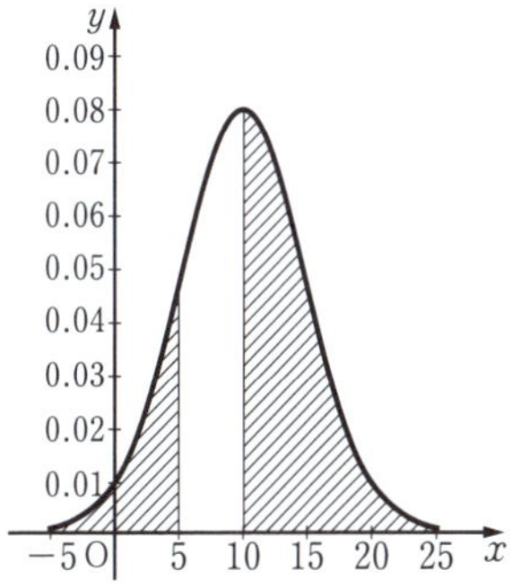

補足

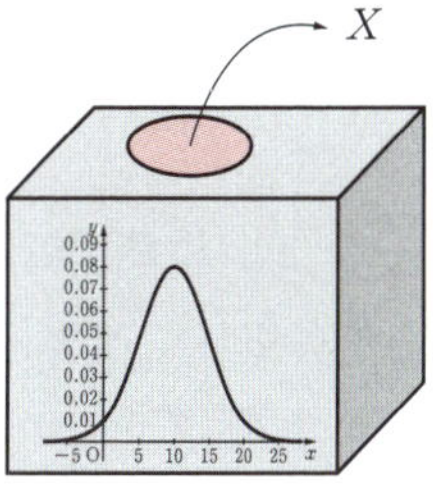

どんな数字が出るかは確率的に決まるので X は確率変数。どの辺の数字が出やすいかは分布（のグラフ）を見れば分かる。

補足

確率変数 X が従う分布が分かるということは，どのあたりの数字がどれだけの確率で出現するかが分かるということ。

補足

(3)の答えが意味することは，数字がランダムに出てくるこの箱からは，5 以下の数字より，10 以上の数字の方が出やすいということ。

問題 1 平均 0，分散 1^2 の正規分布 $N(0,\ 1^2)$ に従う確率変数を X とする。このとき，以下の問いに答えなさい。

(1) $-1 \leqq X \leqq 1$ となる確率を表す面積を図示しなさい。

(2) $2 \leqq |X|$ となる確率を表す面積を図示しなさい。

(3) この確率変数 X が，$-1 \leqq X \leqq 1$ の値をとる確率と，$2 \leqq |X|$ の値をとる確率とでは，どちらが大きいか答えなさい。

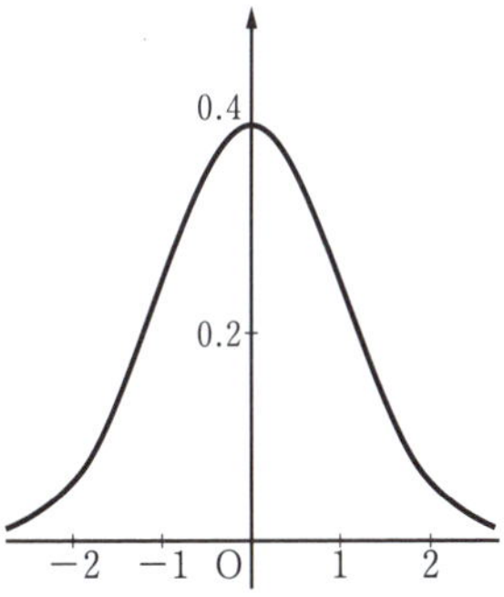

■標準正規分布

平均 0，分散 1^2 の正規分布 $N(0,\ 1^2)$ を標準正規分布という。標準正規分布に従う確率変数を Z で表す。

例題 2 標準正規分布 $N(0,\ 1^2)$ に従う確率変数 Z に対し，巻末の付表を参照して，以下の確率を求めなさい。

(1) $1.32 \leqq Z$ となる確率　　(2) $Z \leqq -1.32$ となる確率

(3) $1.32 \leqq |Z|$ となる確率

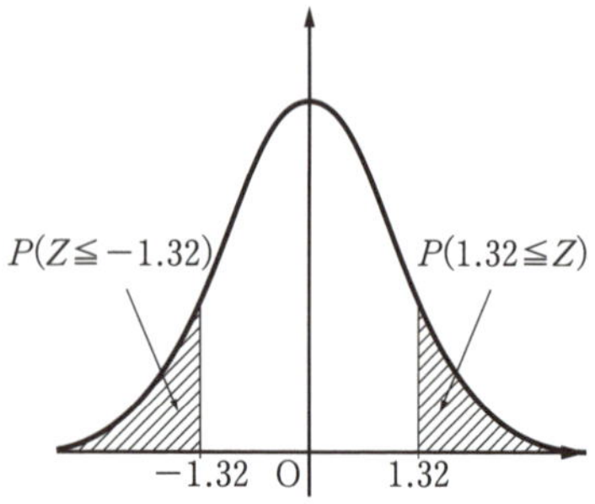

解答 (1) $1.32 \leqq Z$ となる確率は図中の右の方の斜線部分の面積である。この面積は，付表の，左端の列の「1.3」の部分と上端の行の「.02」の部分が交差するところにある値 0.0934 のことである。よって，$1.32 \leqq Z$ となる確率は 0.0934

(2) $Z \leqq -1.32$ となる確率は図中の左の方の斜線部分の面積である。正規分布のグラフは平均（今の場合 $x=0$）に関して左右対称なので，この面積は，(1)で求めた面積に等しい。よって，$Z \leqq -1.32$ となる確率は 0.0934

(3) 「$1.32 \leqq |Z|$ となる確率」

=「$1.32 \leqq Z$ となる確率」+「$Z \leqq -1.32$ となる確率」である。

よって，$2 \times 0.0934 = 0.1868$

問題 2 標準正規分布 $N(0,\ 1^2)$ に従う確率変数 Z に対し，巻末の付表を参照して，以下の確率を求めなさい。

(1) $1.96 \leqq Z$ となる確率　　(2) $Z \leqq -1.96$ となる確率

(3) $1.96 \leqq |Z|$ となる確率　　(4) $|Z| \leqq 1.96$ となる確率

■標準化

▶ 標準化

正規分布 $N(\mu,\ \sigma^2)$ に従う確率変数 X は，次式により，標準正規分布に従う確率変数 Z に変換できる。

$$Z = \frac{X-\mu}{\sigma}$$

これを標準化という。このとき，次の関係が成立する。

「$a \leqq X \leqq b$ となる確率」=「$\frac{a-\mu}{\sigma} \leqq Z \leqq \frac{b-\mu}{\sigma}$ となる確率」

補足

標準正規分布に従う確率変数 Z の確率計算は，巻末に掲載されている付表を参照すれば求めることができる。

(1)の解答での表の見方

$1.32 = 1.3 + 0.02$ より

u	.00	.01	.02
0.0	0.5000	0.4960	0.4920
0.1	0.4602	0.4562	0.4522
0.2	0.4207	0.4168	0.4129
0.3	0.3821	0.3783	0.3745
0.4	0.3446	0.3409	0.3372
0.5	0.3085	0.3050	0.3015
0.6	0.2743	0.2709	0.2676
0.7	0.2420	0.2389	0.2358
0.8	0.2119	0.2090	0.2061
0.9	0.1841	0.1814	0.1788
1.0	0.1587	0.1562	0.1539
1.1	0.1357	0.1335	0.1314
1.2	0.1151	0.1131	0.1112
1.3	0.0968	0.0951	0.0934

重要

$|Z| \leqq 1.96$ となる確率は統計学で重要な役割を果たす

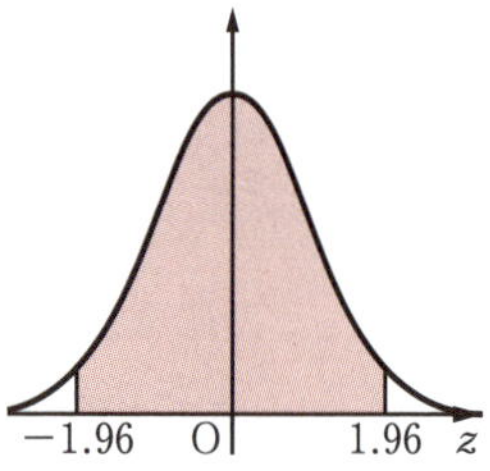

補足

左記の標準化によって，次式も成立する。

・「$a \leqq X$ となる確率」

=「$\frac{a-\mu}{\sigma} \leqq Z$ となる確率」

・「$X \leqq b$ となる確率」

=「$Z \leqq \frac{b-\mu}{\sigma}$ となる確率」

例題 3 確率変数 X は平均 60，分散 15^2 の正規分布に従うとする。

(1) $X=90$ を標準化した値を求めなさい。

(2) $90 \leqq X$ となる確率を求めなさい。

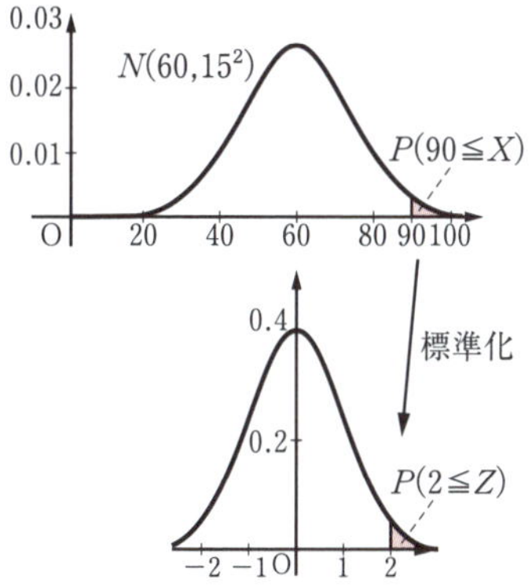

解答 (1) $\mu=60$，$\sigma=15$ なので

$$Z=\frac{X-\mu}{\sigma}=\frac{90-60}{15}=2$$

(2)「$90 \leqq X$ となる確率」

$=$「$\dfrac{90-60}{15} \leqq Z$ となる確率」

$=$「$2 \leqq Z$ となる確率」$=0.0228$

u	.00	.01
0.0	0.5000	0.4960
0.1	0.4602	0.4562
0.2	0.4207	0.4168
0.3	0.3821	0.3783
0.4	0.3446	0.3409
0.5	0.3085	0.3050
0.6	0.2743	0.2709
0.7	0.2420	0.2389
0.8	0.2119	0.2090
0.9	0.1841	0.1814
1.0	0.1587	0.1562
1.1	0.1357	0.1335
1.2	0.1151	0.1131
1.3	0.0968	0.0951
1.4	0.0808	0.0793
1.5	0.0668	0.0655
1.6	0.0548	0.0537
1.7	0.0446	0.0436
1.8	0.0359	0.0351
1.9	0.0287	0.0281
2.0	0.0228	0.0222

問題 3 100 点満点の理科のテストを全国規模で行ったところ，点数 X の分布は，平均 55，分散 15^2 の正規分布に従っていた。

(1) $X=79$ を標準化した値を求めなさい。

(2) $79 \leqq X$ となる確率を求めなさい。

補足

$79 \leqq X$ となる確率 $P(79 \leqq X)$ は，受験者のうち，79 点以上の点数をとった者の割合を意味している。

偏差値

偏差値

正規分布 $N(\mu,\ \sigma^2)$ に従う確率変数 X を次のように変換したもの。

$$50+10\frac{X-\mu}{\sigma}$$

偏差値

正規分布に従う確率変数 X を，平均 50，標準偏差 10 の正規分布 $N(50,\ 10^2)$ に変換したもの

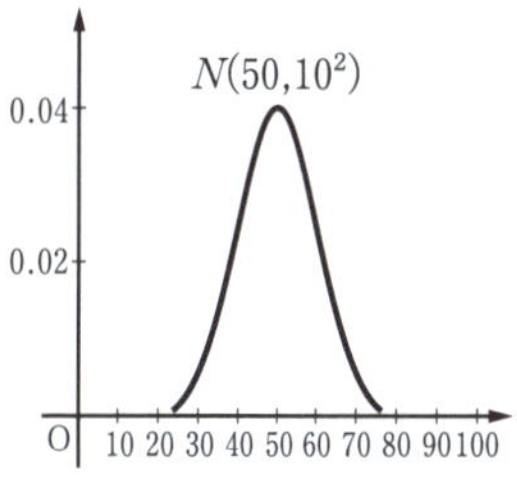

例題 4 全国の高校 3 年生に数学のテストをしたところ，点数 X の分布は正規分布 $N(61,\ 18^2)$ に従っていた。

(1) このテストで 97 点をとった者の偏差値を求めなさい。

(2) このテストで 61 点をとった者の偏差値を求めなさい。

(3) このテストで 25 点をとった者の偏差値を求めなさい。

解答 (1) $50+10\dfrac{97-61}{18}=70$　(2) $50+10\dfrac{61-61}{18}=50$

(3) $50+10\dfrac{25-61}{18}=30$

問題 4 全国の高校 3 年生に地学のテストをしたところ，点数 X の分布は正規分布 $N(45,\ 16^2)$ に従っていた。

(1) このテストで 85 点をとった者の偏差値を求めなさい。

(2) このテストで 49 点をとった者の偏差値を求めなさい。

(3) このテストで 5 点をとった者の偏差値を求めなさい。

4 推定

母集団と標本

調査対象全体の集団やその数値の集まりを**母集団**といい，そこから取り出された（抽出された）一部を**標本**という。母集団の平均は**母平均**，分散は**母分散**といい，標本の平均は**標本平均**という。

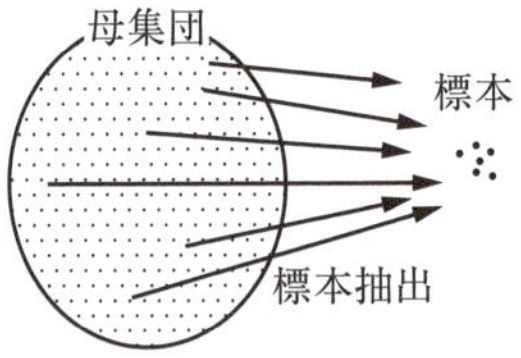

全数調査と標本調査

母集団に属する要素すべてを調査することを全数調査，標本のみを調査することを**標本調査**という。標本の情報から母平均などの母集団の情報を推測することを**推定**という。

例 ある国の成人女性の平均身長を調べるため，成人女性 20 人を選んで身長を計測した。この調査の母集団はこの国の成人女性全体（もしくは成人女性全体の身長の集まり），標本は選ばれた 20 人。

補足
母集団の分布が正規分布のときは，その母集団を**正規母集団**という。

補足
全数調査をするには，多くの時間や費用を要することが少なくない。

無作為抽出

母集団から標本を抽出するとき，抽出者の意思などが入らず，母集団の要素を確率的に抽出する方法を**無作為抽出法**という。標本に含まれる要素の個数 n を**標本の大きさ**という。

区間推定

母集団の一部である標本から得られる量をもとに，幅を持たせて母数を推定するのが**区間推定**である。母分散が既知のときの正規母集団の母平均の区間推定については，次の事実が知られている。

正規母集団（母分散既知）の母平均 μ の 95 %信頼区間

分散 σ^2 の正規母集団から無作為抽出された大きさ n の標本の標本平均を $\overline{X}$ とするとき，母平均 μ は 95 %の確率で次の区間に属する。

$$\left[\overline{X}-1.96\sqrt{\frac{\sigma^2}{n}},\ \overline{X}+1.96\sqrt{\frac{\sigma^2}{n}}\right]$$

この区間のことを母平均 μ の 95 %信頼区間という。

母数
母平均など，母集団全体から定まる量のこと。

補足
記号 $[a,\ b]$ は $a \leqq x \leqq b$ という区間を表す。

補足
母集団から標本を抽出するごとに標本平均は様々な値をとりうる。つまり，標本平均 $\overline{X}$ は確率変数である。一方，μ，σ^2，n は定数と考えている。

例題 1 ある電器メーカーが製造している電球の寿命の分布は正規分布に従い，過去のデータからその分布の標準偏差は 100 時間であることが分かっている。標本として，電球を無作為に 4 個抽出したところ，その標本の平均寿命は 5424 時間だった。この電球全体の平均寿命（母平均 μ）の 95 %信頼区間を求めなさい。

補足
母集団の標準偏差が与えられているので母分散は既知。

解答 母平均μの 95 %信頼区間は

$$\left[5424-1.96\sqrt{\frac{100^2}{4}},\ 5424+1.96\sqrt{\frac{100^2}{4}}\right]=[5326,\ 5522]$$

補足
この電球の寿命全部の平均が母平均。$\overline{X}=5424$, $n=4$, $\sigma^2=100^2$ として公式を利用。

■ 問題 1 ■ ある製品の重さは$\sigma=10$ (g) の正規分布に従うことが分かっている。この製品の重量の平均を推定したい。標本としてこの製品の中から 4 個を無作為に抽出して，その重量を測ったところ以下のデータが得られた。この製品の重量の平均の 95 %信頼区間を求めなさい。

507　　512　　490　　495

ヒント
標本平均は標本データから自分で計算。

母集団の中で，ある特定の性質を持ったものの割合を**母比率**，標本でのその割合を**標本比率**という。

母比率の 95 %信頼区間

母集団から無作為抽出された大きさnの標本の標本比率を$\overline{p}$とするとき，母比率pは 95 %の確率で次の区間に属する。

$$\left[\overline{p}-1.96\sqrt{\frac{\overline{p}(1-\overline{p})}{n}},\ \overline{p}+1.96\sqrt{\frac{\overline{p}(1-\overline{p})}{n}}\right]$$

この区間のことを母比率pの 95 %信頼区間という。

例題 2 ある TV 番組の全国の視聴率を知りたい。無作為に 300 世帯を選び標本調査をしたところ，300 世帯中 75 世帯がその TV 番組を視聴していた。この TV 番組の全国の視聴率（母比率）pの 95 %信頼区間を求めなさい。

解答 標本での視聴率（標本比率）$\overline{p}$は$\dfrac{75}{300}=0.25$である。pの 95 %信頼区間は上の公式で，$\overline{p}=0.25$，$n=300$として

$$\left[0.25-1.96\sqrt{\frac{0.25(1.0-0.25)}{300}},\ 0.25+1.96\sqrt{\frac{0.25(1.0-0.25)}{300}}\right]$$

よって，全国の視聴率pの 95 %信頼区間は [0.201, 0.299]

補足
百分率で言えば，20.1 %以上 29.9 %以下と推定される。

■ 問題 2 ■ ある工場で製造した製品の不良品率を推定したい。そこで，1600 個の製品を無作為にとって調べたところ，32 個が不良品であった。この工場で製造したこの製品の不良品率の 95 %信頼区間を求めなさい。

5 仮説検定

仮説検定の発想

表の出る確率が $\frac{1}{2}$ かどうか疑わしいコインがあるので，下記のような仮説を立てる。

帰無仮説：このコインの表が出る確率は $\frac{1}{2}$ である

対立仮説：このコインの表が出る確率は $\frac{1}{2}$ ではない

帰無仮説
「等しい」とか「差がない」という形で書かれることが多い仮説で，無に帰するだろうと考えている仮説。

このコインの表が出る確率は $\frac{1}{2}$ だと仮定して 100 回投げた観測結果から，対立仮説が正しいといえるか否かを統計学的に検証する。100 回中に表が「異常な回数」出れば，対立仮説が正しいとみなすことにする。ここで，「異常な回数」をどう設定すればいいかという問題が起こる。そこで，次の統計学的な知識を用いる。

補足
帰無仮説が正しいと仮定してコインを投げてみる。

表が出る確率が $\frac{1}{2}$ のコインを 100 回投げたときは，統計的に 95 % もの高い確率で表は 41 回～ 59 回出る（言い換えれば，100 回中，表が 40 回以下しか出なかったり 60 回以上も出る確率はたった 5 %）。

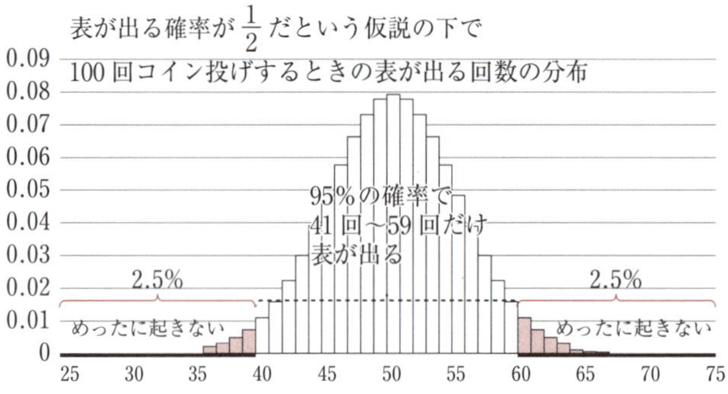

補足
この 5 %を**有意水準**（めったにおきないことが起こる確率）という。

補足
ここでは仮説検定の発想を理解することが目標なので，細かな数字の誤差は無視している。

ここでは，40 回以下または 60 回以上を「異常な回数」とする。そして，手元にある疑わしいコインを 100 回投げてみて，表が出た回数で対立仮説の正しさについて次のように結論を出す。

補足
この「異常な回数」を**棄却域**という。

観測結果		結論
表が異常な回数出る（40 回以下または 60 回以上）	帰無仮説を棄却 →	有意水準 5 %で対立仮説は正しい
表が 41 回～59 回出る	→ 帰無仮説を棄却できない	有意水準 5 %で対立仮説は正しいとはいえない

このように，ある仮説の正しさについて，断定はできないが統計学的に正しいといえるかどうかの検証を**統計学的仮説検定**という。

補足
ここでは有意水準 5 %の仮説検定のみ扱う。

例題 1　表の出る確率が $\frac{1}{2}$ かどうか疑わしいコインがある。試しに 100 回投げてみると表が 87 回出た。このコインの表が出る確率は $\frac{1}{2}$ か否かを有意水準 5 %で検定しなさい。

解答　帰無仮説：このコインの表が出る確率は $\frac{1}{2}$ である

対立仮説：このコインの表が出る確率は $\frac{1}{2}$ ではない

観測された表が出た回数 87 回は棄却域（40 回以下または 60 回以上）に属している。よって結論は

有意水準 5 %でこのコインの表が出る確率は $\frac{1}{2}$ ではない

■ 問題 1 ■　表の出る確率が $\frac{1}{2}$ かどうか疑わしいコインがある。試しに 100 回投げてみると表が 15 回出た。このコインの表が出る確率は $\frac{1}{2}$ か否かを有意水準 5 %で検定しなさい。

例題 2　表の出る確率が $\frac{1}{2}$ かどうか疑わしいコインがある。試しに 100 回投げてみると表が 46 回出た。このコインの表の出る確率は $\frac{1}{2}$ か否かを有意水準 5 %で検定しなさい。

解答　帰無仮説：このコインの表が出る確率は $\frac{1}{2}$ である

対立仮説：このコインの表が出る確率は $\frac{1}{2}$ ではない

観測された表が出た回数 49 回は棄却域（40 回以下または 60 回以上）に属していない。よって結論は，有意水準 5 %でこのコインの表が出る確率は $\frac{1}{2}$ ではないとはいえない

2 種類の過誤
仮説検定においては以下の 2 種類の過誤があり得る。一つは，実際は帰無仮説が正しいのに帰無仮説を棄却してしまう誤りで，これを**第 1 種の過誤**という。もう一つは，実際は対立仮説が正しいのに，帰無仮説を棄却できない誤りで，これを**第 2 種の過誤**という。

■ 問題 2 ■　表の出る確率が $\frac{1}{2}$ かどうか疑わしいコインがある。試しに 100 回投げてみると表が 51 回出た。このコインの表の出る確率は $\frac{1}{2}$ か否かを有意水準 5 %で検定しなさい。

補充問題

■ 1章 ■

1　三角関数

[三角比と三角関数]

問題 1　次の直角三角形において，未知の辺の長さ x，y を，c と θ を用いて表しなさい。

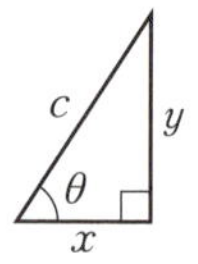

問題 2　次の角の三角関数の値を答えなさい。

(1)　$\theta=390°$　　(2)　$\theta=750°$

(3)　$\theta=-30°$　　(4)　$\theta=-225°$

問題 3　次の角の三角関数の値を答えなさい。

(1)　$\theta=90°$　　(2)　$\theta=180°$

(3)　$\theta=270°$　　(4)　$\theta=360°$

[弧度法と三角関数]

問題 1　次の角の三角関数の値を求めなさい。

(1)　$\dfrac{4}{3}\pi$　　(2)　$-\dfrac{3}{4}\pi$

問題 2　半径が 4，中心角が $\dfrac{2}{3}\pi$ の扇形の弧の長さ l と面積 S を求めなさい。

[三角関数のグラフ]

問題 1　次の関数のグラフをかきなさい。

(1)　$y=3\sin\dfrac{\theta}{2}$　　(2)　$y=3\sin\left(\dfrac{\theta}{2}-\pi\right)$

[加法定理]

問題 1　加法定理を用いて次の値を求めなさい。

(1)　$\sin\dfrac{\pi}{12}$　　(2)　$\cos\dfrac{\pi}{12}$　　(3)　$\tan\dfrac{\pi}{12}$

問題 2　$y=\sqrt{3}\sin\theta-\cos\theta+10$ の最大値，最小値を求めなさい。

問題 3　$0\leqq\alpha\leqq\dfrac{\pi}{2}$ の範囲で $2\sin\alpha\cos\alpha$ が最大になる α を求めなさい。

[極座標]

問題 1　座標平面上の動く点 $\mathrm{P}(x,\ y)$ の座標は，時間 t により $x=2$，$y=5t$ と変化する。このとき，点 P の極座標 $(r(t),\ \theta(t))$ について，$r(t)$ と $\tan\theta(t)$ を求めなさい。

問題 2　地球の表面を極座標で表そう。地球の中心を原点，球面極座標の z 軸の正の方向が北，x-z 平面の x が正の側に経線 0° が通るよう軸を決める。北緯 35° 東経 140° の地点（東京付近）を極座標で表しなさい。また，南緯 22° 西経 43° の地点（リオデジャネイロ付近）を極座標で表しなさい。なお，地球は半径 R の球と考える。

[円運動と単振動]

問題 1　コマを作って回転数を測ったら，毎秒 3500 回転であった。このコマの周期と角速度を求めなさい。

問題 2　新幹線の車輪の直径は 860 mm である。東京－新大阪間での営業運転での最高速度は，時速 285 km

である。最高速度で動いているときの車輪の1秒当たり回転数および角速度を求めなさい。

問題3 問題7（29ページ）で，おもりを放すとき下向きに勢いをつけて放したところ，単振動の式が $y(t)=2Y\sin\left(\sqrt{\dfrac{k}{m}}t+\theta_0\right)$ になった。グラフをかいて考察し，θ_0 を求めなさい。

2 指数関数と対数関数

[指数法則]

問題1 次の指数関数を含む方程式，不等式を解きなさい。

(1) $3^x=81$　(2) $2^{2x}=32$　(3) $2^x<8$

(4) $3^{-x}\leqq\dfrac{1}{27}$　(5) $25^x=5^{x-2}$　(6) $9^{-x}=3^{x+3}$

(7) $\left(\dfrac{1}{8}\right)^x>2^{x+5}$　(8) $3^x\geqq 9^{x-2}$

問題2 次の方程式，不等式を解きなさい。

(1) $2^{2x}-2^{x+1}=8$　(2) $4^x-3\cdot2^x+2=0$　(3) $2^{2x}-2^{x+2}-2^5<0$

(4) $2^{2x}-3\cdot2^{x+1}-2^4>0$　(5) $4^x+2^{x+2}=32$　(6) $3^{2x}-5\cdot3^x+6=0$

(7) $2^{2x+3}-3\cdot2^{x+1}+1<0$　(8) $9^x-28\cdot3^{x-1}+3<0$　(9) $3^{2x-1}-3^{x-1}-2=0$

(10) $\left(\dfrac{1}{3}\right)^{2x-1}-5\cdot\left(\dfrac{1}{3}\right)^x+2=0$　(11) $2^{2x}-3\cdot2^{x+2}+32>0$　(12) $3^{3x}-3^{2x+2}-3^x+3^2<0$

[対数とその性質]

問題1 次の対数関数を含む方程式，不等式を解きなさい。

(1) $\log_3 x=4$　(2) $\log_{10}(3x)=2$　(3) $\log_2 x<4$

(4) $\log_{\frac{1}{2}} x<2$　(5) $\log_3(2x-3)=3$　(6) $\log(3x-2)=0$

(7) $\log_3(4x+3)<2$　(8) $\log_{10} x<-2$

問題2 次の方程式，不等式を解きなさい。

(1) $\log_3(x-3)+\log_3(x-5)=1$　(2) $(\log_2 x)^2-\log_2 x^2-3=0$

(3) $2\log_2(2-x)>\log_2 x$　(4) $(\log_3 x)^2<\log_3 x+2$

(5) $2\log_2 x=\log_2(x+4)+1$　(6) $(\log_2 x)^2-\log_2 x-2=0$

(7) $\log_2(x-2)>\log_4(7-2x)$　(8) $(\log_3 2x)^2<9$

(9) $2\log_2(x+1)-\log_2(x-1)^2=2$　(10) $\log_2 2x=\log_4(x+2)+1$

(11) $2\log_2 x>2+\log_2(x-1)$　(12) $2\log_{\frac{1}{2}} x>\log_{\frac{1}{2}}(x+2)$

3 微分

[微分係数]

問題1 a を実数とする。次の関数について，微分係数 $f'(a)$ を求めなさい。

(1) $f(x)=x^2$　(2) $f(x)=x^3$

問題2 電卓を用いて次の微分係数を予測しなさい。

(1) $f(x)=\sqrt{x}$ における $f'(1)$　(2) $f(x)=\dfrac{1}{x}$ における $f'(1)$

[導関数]

問題1 次の関数の導関数を求めなさい。

(1) $y=x^2+3x-2$　(2) $y=2x-\dfrac{3}{x}$　(3) $y=x^2+1+\dfrac{1}{x^2}$

問題 2　次の関数について，各グラフの指定された点における接線の方程式を求めなさい。

(1)　$y=x^5$　点 A$(-1,\ -1)$
(2)　$y=x^2+3x-2$　点 B$(-4,\ 2)$
(3)　$y=2x-\dfrac{3}{x}$　点 C$(3,\ 5)$
(4)　$y=x^2+1+\dfrac{1}{x^2}$　点 D$(1,\ 3)$

[微分公式]

問題 1　次の関数を微分しなさい。

(1)　$y=(2x+1)(3x+1)$
(2)　$y=x^2(x-1)$
(3)　$y=\dfrac{3x-4}{5x+4}$
(4)　$y=\dfrac{1}{x^2-2}$
(5)　$y=(2x+3)^{10}$
(6)　$y=\left(x-\dfrac{1}{x}\right)^5$

[いろいろな関数の微分]

問題 1　次の関数を微分しなさい。

(1)　$y=x\cos x$
(2)　$y=2\sin 5x$
(3)　$y=\cos(2x+3)$
(4)　$y=\dfrac{\sin x}{x}$
(5)　$y=\dfrac{1}{\cos x}$
(6)　$y=x(e^x-1)$
(7)　$y=e^{3x+2}$
(8)　$y=e^x(\cos x+\sin x)$
(9)　$y=(x+1)\log x$
(10)　$y=\log(x+\sqrt{x^2+1})$

問題 2　次の関数について，各グラフの指定された点における接線の方程式を求めなさい。

(1)　$y=\sqrt{x+1}$　点 A$(3,\ 2)$
(2)　$y=2e^{-3x}$　点 B$(0,\ 2)$
(3)　$y=e^x\cos 2x$　点 C$(0,\ 1)$
(4)　$y=\dfrac{\log x}{x}$　点 D$(1,\ 0)$

問題 3　次の関数を対数微分法により微分しなさい。

(1)　$y=\dfrac{1}{x^x}$
(2)　$y=(\log x)^x$

[関数の増減と極大・極小]

問題 1　次の関数の増減を調べ，極値を求めなさい。

(1)　$f(x)=x^2-x$
(2)　$f(x)=x^3-x^2-5x+5$
(3)　$f(x)=\dfrac{1}{x^2+1}$
(4)　$f(x)=e^{-x^2}$

問題 2　次の関数の極値を求めなさい。ただし，$f(x)$ の定義域はカッコに示されている範囲とする。

(1)　$f(x)=\left(x+\dfrac{1}{x}\right)^2$　$(0<x)$
(2)　$f(x)=xe^{-x}$　$(-\infty<x<\infty)$
(3)　$f(x)=\cos x-\sqrt{3}\sin x$　$(0\leqq x\leqq 2\pi)$
(4)　$f(x)=x^2\log x$　$(0\leqq x)$

[微分の応用]

問題 1　時刻 t でのある物体の位置を $x(t)$ とする。このとき，次の(1)～(3)について，速度 $v(t)$ と加速度 $a(t)$ を求めなさい。

(1)　$x(t)=t^2-t$
(2)　$x(t)=\cos t$
(3)　$x(t)=e^{-t}\sin t$

問題 2　地上から初速度 v_0 [m/s] で物を真上に投げる。このとき，空気の抵抗を考えない場合には，t 秒後の位置は $x(t)=-\dfrac{1}{2}gt^2+v_0t$ で表されるとしてよい．ここで，数直線は上向きを正としている。また，g [m/s^2] は重力加速度である。

(1)　t 秒後の速度 $v(t)$ [m/s] および加速度 $a(t)$ [m/s^2] を求めなさい。

(2) その物体が最高点に到達するまでの時間を g および v_0 を用いて表しなさい。また，最高点の位置を求めなさい。

(3) その物体が投げ上げられてから再び地表に戻るまでの時間，またそのときの速度を g および v_0 を用いて表しなさい。

問題 3 空中のある地点から物体をそっと放す。ここで空気抵抗を考慮すると，t 秒後の位置は $x(t)=\dfrac{g}{\alpha^2}(\alpha t-1-e^{-\alpha t})$ と表される。ここで，数直線は下向きを正としており，α は空気抵抗と物体の質量から定まる正の定数である。また，g [m/s^2] は重力加速度である。

(1) t 秒後の速度 $v(t)$ [m/s] および加速度 $a(t)$ [m/s^2] を求めなさい。

(2) $v(t)$ は減少する関数であること，また，十分長い時間が経過すると，$v(t)$ は一定の値に近づくことを確かめなさい。

問題 4 円錐の表面積 S を一定として，容積を最大としたい。このときの底面の半径と高さの比を求めなさい。

問題 5 フタのない，円柱形のコップがある。表面積 S を一定として，容積を最大としたい。このときの底面の半径と高さ（深さ）の比を求めなさい。

4 積分

[不定積分・不定積分の計算]

問題 1 次の不定積分を求めなさい。

(1) $\displaystyle\int x^6\,dx$　(2) $\displaystyle\int \frac{1}{x^2}\,dx$

(3) $\displaystyle\int \frac{1}{\sqrt[3]{x}}\,dx$　(4) $\displaystyle\int x\sqrt{x}\,dx$

問題 2 次の不定積分を求めなさい。

(1) $\displaystyle\int\left(x^4+3x^2-\frac{5}{2}\right)dx$　(2) $\displaystyle\int \frac{x^2-3x+2}{x^2}\,dx$

(3) $\displaystyle\int(3\sin x-4\cos x)\,dx$　(4) $\displaystyle\int\left(5e^x-\frac{3}{x}\right)dx$

(5) $\displaystyle\int\left(\frac{1}{\sqrt{x}}-\frac{1}{\cos^2 x}\right)dx$

問題 3 次の不定積分を求めなさい。

(1) $\displaystyle\int(3x+5)^2\,dx$　(2) $\displaystyle\int\sin(3x-2)\,dx$

(3) $\displaystyle\int\frac{1}{1-x}\,dx$

問題 4 次の不定積分を［　］に示された置換を用いて求めなさい。

(1) $\displaystyle\int x(x^2+1)^3\,dx$　$[x^2+1=t]$　(2) $\displaystyle\int\frac{x^2}{x^3+2}\,dx$　$[x^3+2=t]$

問題 5 次の不定積分を求めなさい。

(1) $\displaystyle\int(2x-1)\sin x\,dx$　(2) $\displaystyle\int(x+1)e^x\,dx$　(3) $\displaystyle\int x^2\log x\,dx$

[定積分・定積分の計算・原始関数を計算できる関数]

問題 1 次の定積分の値を求めなさい。

(1) $\displaystyle\int_1^5(2x+3)\,dx$　(2) $\displaystyle\int_1^e\frac{x+2}{x}\,dx$　(3) $\displaystyle\int_0^\pi\sin\frac{x}{3}\,dx$

(4) $\displaystyle\int_{-1}^0 e^{1-2x}\,dx$　(5) $\displaystyle\int_0^1\frac{1}{2x+1}\,dx$　(6) $\displaystyle\int_{-1}^4\sqrt{8-x}\,dx$

(7) $\displaystyle\int_1^4 \frac{2}{\sqrt{5-x}}dx$　(8) $\displaystyle\int_0^{\frac{\pi}{2}} \frac{\sin x}{(1+\cos x)^3}dx$　(9) $\displaystyle\int_0^{\frac{\pi}{2}} \sin^2 x\cos x\,dx$

(10) $\displaystyle\int_0^{\frac{\pi}{4}} \frac{\tan^3 x+1}{\cos^2 x}dx$　(11) $\displaystyle\int_2^e \frac{1}{x\sqrt{\log x}}dx$　(12) $\displaystyle\int_{-2}^1 \frac{3x}{\sqrt{2-x}}dx$

問題 2　次の定積分の値を求めなさい。

(1) $\displaystyle\int_0^{\pi} x\cos x\,dx$　(2) $\displaystyle\int_0^{\pi} (x-\pi)\sin x\,dx$　(3) $\displaystyle\int_0^1 (2x-1)e^x dx$

(4) $\displaystyle\int_0^1 (x+1)\log(x+1)dx$　(5) $\displaystyle\int_0^{\pi} x^2\sin x\,dx$　(6) $\displaystyle\int_0^1 x^2e^{-x}dx$

問題 3　次の定積分の値を求めなさい。

(1) $\displaystyle\int_0^{\frac{\pi}{4}} \cos^2 x\,dx$　(2) $\displaystyle\int_2^3 \frac{1}{x(x-1)}dx$

(3) $\displaystyle\int_0^{\frac{\pi}{4}} \tan x\,dx$　(4) $\displaystyle\int_0^{\frac{1}{2}} \frac{1}{\sqrt{1-x^2}}dx$　[$x=\sin t$ とおく]

[面積と体積・定積分の応用]

問題 1　次の図形の面積 S を求めなさい。

(1)　曲線 $y=\cos x$ $\left(-\dfrac{\pi}{2}\leqq x\leqq\dfrac{\pi}{2}\right)$ と x 軸で囲まれる図形

(2)　2 曲線 $y=\sqrt{x}$ と $y=x^2$ で囲まれる図形

問題 2　次の図形を x 軸の周りに回転してできる回転体の体積 V を求めなさい。

(1)　直線 $y=x$ と x 軸，直線 $x=2$ で囲まれる図形

(2)　曲線 $y=\tan x$ $\left(0\leqq x\leqq\dfrac{\pi}{4}\right)$ と x 軸，直線 $x=\dfrac{\pi}{4}$ で囲まれる図形

問題 3　次の極限値を求めなさい。

(1) $\displaystyle\lim_{n\to\infty}\frac{1}{n}\left(e^{\frac{1}{n}}+e^{\frac{2}{n}}+e^{\frac{3}{n}}+\cdots+e^{\frac{n}{n}}\right)$　(2) $\displaystyle\lim_{n\to\infty}\left(\frac{1}{\sqrt{n^2+n}}+\frac{1}{\sqrt{n^2+2n}}+\frac{1}{\sqrt{n^2+3n}}+\cdots+\frac{1}{\sqrt{n^2+n^2}}\right)$

問題 4　$\displaystyle\int_0^2 \frac{1}{1+x}dx=\log 3$ であることを用いて，区間 $0\leqq x\leqq 2$ を 10 等分して，台形公式から $\log 3$ の近似値を小数第 2 位まで求めなさい。

5　微分方程式

[変数分離形]

問題 1　次の微分方程式を解きなさい。

(1) $xy'=y$　(2) $3y'=\dfrac{1}{xy^2}$　(3) $y'=y(x-x^2)$　(4) $y=\dfrac{x-5}{y'}$

問題 2　上記の問題でそれぞれ以下の条件のときの特解を求めなさい。

(1) $y(2)=6$　(2) $y(2)=2$　(3) $y(0)=\dfrac{1}{2}$　(4) $y(0)=2$

[同次形]

問題 1　次の微分方程式を解きなさい。

(1) $yy'=-x-2y$　(2) $xy'=xe^{-\frac{y}{x}}+y$

問題 2　上記の問題でそれぞれ以下の条件のときの特解を求めなさい。

(1) $y\left(\dfrac{1}{2}\right)=1$　(2) $y(e)=0$

[1 階の線形微分方程式]

問題 1　次の微分方程式を解きなさい。

(1)　$y'-2y=4x$　　(2)　$y'+2y=\sin x$

(3)　$y'+\dfrac{1}{x}=4(1+x^2)$　　(4)　$y'+\dfrac{y}{x}=x\log x$

問題 2　上記の問題でそれぞれ以下の条件の時の特解を求めなさい。

(1)　$y(0)=0$　　(2)　$y(0)=0$　　(3)　$y(1)=0$　　(4)　$y(1)=\dfrac{8}{9}$

[定数係数の 2 階線形微分方程式―同次形―]

問題 1　次の微分方程式を解きなさい。

(1)　$y''+y'-6y=0$　　(2)　$3y''-2y'-y=0$

(3)　$y''+8y'+16y=0$　　(4)　$y''-2y'+2y=0$

[定数係数の 2 階線形微分方程式―非同次形―]

問題 1　次の微分方程式を解きなさい。

(1)　$y''+3y'-10y=10$　　(2)　$y''-3y'-4y=16x$

(3)　$y''+2y'-15y=e^{4x}$　　(4)　$y''-3y'+2y=10\sin x$

2 章

1　ベクトル

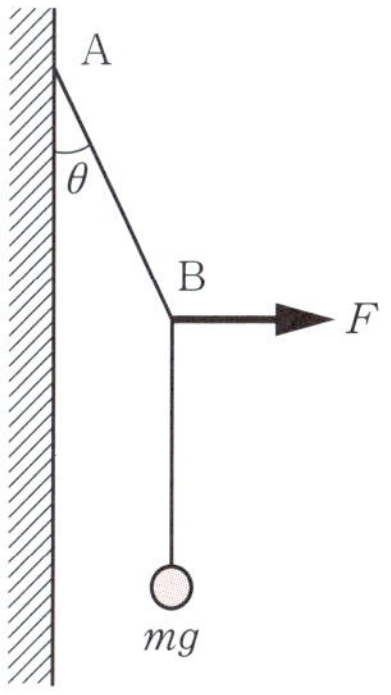

問題 1　図のように，壁の位置 A に糸の一端を固定し，質量 m [kg] のおもりを糸につり下げた。糸のある点 B に床に平行な力 F を加えたところ，壁と糸の成す角が 30° となった。$F=10$ [N] のとき，点 A に及ぼす力の大きさ，およびおもりの質量を小数点以下第 2 位まで求めなさい。ただし，$\sqrt{3}=1.73$，重力加速度を 9.8 m/s^2 とする。

問題 2　2 点 A(2, 3)，B(4, 7) について，$\overrightarrow{\mathrm{AB}}$ を求めなさい。また，2 点間の距離を求めなさい。

問題 3　3 つの点 A(1, 2)，B(4, 5)，C(7, 5) について以下の問いに答えなさい。

(1)　$\overrightarrow{\mathrm{AB}}\cdot\overrightarrow{\mathrm{BC}}$ の値を求めなさい。　　(2)　$\angle\mathrm{ABC}=\theta$ の大きさを求めなさい。

問題 4　$\boldsymbol{a}=(3,\ 4)$ のとき，以下の問いに答えなさい。

(1)　$\boldsymbol{a}$ に平行で，大きさが 15 のベクトルを求めなさい。

(2)　$\boldsymbol{a}$ に垂直で，大きさが 6 のベクトルを求めなさい。

問題 5　以下の外積を求めなさい。

(1)　$\boldsymbol{a}=(-1,\ 0,\ 3)$，$\boldsymbol{b}=(2,\ 2,\ 0)$　　(2)　$\boldsymbol{a}=(2,\ -1,\ 1)$，$\boldsymbol{b}=(1,\ -3,\ 2)$

(3)　$\boldsymbol{a}=(2,\ -1,\ 3)$，$\boldsymbol{b}=(4,\ -3,\ 2)$

問題 6　以下の 3 つのベクトルで構成される平行六面体の体積を求めなさい。

(1)　$\boldsymbol{a}=(-1,\ 0,\ 3)$，$\boldsymbol{b}=(2,\ 2,\ 0)$，$\boldsymbol{c}=(-3,\ 1,\ 4)$

(2)　$\boldsymbol{a}=(2,\ -1,\ 1)$，$\boldsymbol{b}=(1,\ -3,\ 2)$，$\boldsymbol{c}=(2,\ 1,\ 5)$

(3)　$\boldsymbol{a}=(2,\ -1,\ 3)$，$\boldsymbol{b}=(4,\ -3,\ 2)$，$\boldsymbol{c}=(-2,\ 2,\ -1)$

2 行列

[行列とその演算]

問題 1 次の行列を求めなさい。

(1) $\begin{pmatrix} 2 & 4 & -3 \\ -5 & -3 & 1 \end{pmatrix}+\begin{pmatrix} 1 & -2 & -3 \\ 2 & 3 & -2 \end{pmatrix}$　　(2) $5\begin{pmatrix} 2 & -3 \\ 5 & 2 \end{pmatrix}-4\begin{pmatrix} -1 & -5 \\ 5 & 6 \end{pmatrix}$

問題 2 $A=\begin{pmatrix} 2 & -3 \\ 1 & 4 \end{pmatrix}$，$B=\begin{pmatrix} -1 & 3 \\ 4 & 2 \end{pmatrix}$のとき，次式を満たす行列 X を求めなさい。

(1) $X+A=2B$　　(2) $4X+A=X-2A$　　(3) $2(X-A)=B$

問題 3 次の行列の積を求めなさい。

(1) $\begin{pmatrix} 4 & 3 & 5 \\ 1 & -2 & 4 \end{pmatrix}\begin{pmatrix} 3 & 6 \\ 1 & 0 \\ -2 & -4 \end{pmatrix}$　　(2) $(4\ \ 5)\begin{pmatrix} 2 \\ -1 \end{pmatrix}$　　(3) $\begin{pmatrix} 5 \\ 2 \end{pmatrix}(4\ \ -2)$

(4) $\begin{pmatrix} 5 & 3 \\ 2 & 1 \end{pmatrix}\begin{pmatrix} 2 & -1 \\ -3 & 4 \end{pmatrix}$　　(5) $\begin{pmatrix} 2 & -1 \\ -3 & 4 \end{pmatrix}\begin{pmatrix} 5 & 3 \\ 2 & 1 \end{pmatrix}$

問題 4 $A=\begin{pmatrix} 1 & 2 \\ 0 & 1 \end{pmatrix}$，$B=\begin{pmatrix} 3 & 1 \\ 2 & 5 \end{pmatrix}$，$E$ を 2 次（の正方行列）の単位行列とするとき，次の行列を求めなさい。また行列 A と B は交換可能であるかどうか答えなさい。

(1) AB　　(2) BA　　(3) BAB

(4) $EAEB$　　(5) A^2　　(6) A^3

(7) $(A+B)A$　　(8) A^2+BA　　(9) E^2A

[逆行列・行列式―行列と連立一次方程式(1)]

問題 1 次の行列は逆行列を持つかどうかを調べ，持つ場合はその逆行列を求めなさい。

(1) $A=\begin{pmatrix} 5 & 1 \\ 3 & 2 \end{pmatrix}$　　(2) $B=\begin{pmatrix} -4 & 3 \\ 8 & -6 \end{pmatrix}$　　(3) $C=\begin{pmatrix} 4 & 3 \\ 7 & 5 \end{pmatrix}$

問題 2 $\begin{pmatrix} a & 3 \\ 4 & a+1 \end{pmatrix}$が逆行列を持たないとき，$a$ の値を求めなさい。

問題 3 次式を満たす行列$\begin{pmatrix} x \\ y \end{pmatrix}$を求めなさい。

(1) $\begin{pmatrix} 4 & 1 \\ 5 & 3 \end{pmatrix}\begin{pmatrix} x \\ y \end{pmatrix}=\begin{pmatrix} 10 \\ 9 \end{pmatrix}$　　(2) $\begin{pmatrix} 8 & 4 \\ -4 & -2 \end{pmatrix}\begin{pmatrix} x \\ y \end{pmatrix}=\begin{pmatrix} -4 \\ 2 \end{pmatrix}$

問題 4 連立一次方程式$\begin{pmatrix} 4 & 1 \\ 3 & 2 \end{pmatrix}\begin{pmatrix} x \\ y \end{pmatrix}=a\begin{pmatrix} x \\ y \end{pmatrix}$が，$x=0$，$y=0$ 以外の解を持つように定数 a の値を定めなさい。また，a がその値のとき，この連立方程式の解を求めなさい。

問題 5 次式を満たす行列 X を求めなさい。

(1) $\begin{pmatrix} 7 & 4 \\ 5 & 3 \end{pmatrix}X=\begin{pmatrix} 9 & 6 \\ 7 & 5 \end{pmatrix}$　　(2) $X\begin{pmatrix} 7 & 4 \\ 5 & 3 \end{pmatrix}=\begin{pmatrix} 9 & 6 \\ 7 & 5 \end{pmatrix}$

問題 6 $A=\begin{pmatrix} 5 & -2 \\ 4 & -1 \end{pmatrix}$，$P=\begin{pmatrix} 1 & 1 \\ 1 & 2 \end{pmatrix}$とするとき，次の行列を求めなさい。ただし，対角行列について，$\begin{pmatrix} a & 0 \\ 0 & b \end{pmatrix}^n=\begin{pmatrix} a^n & 0 \\ 0 & b^n \end{pmatrix}$が成り立つことを用いてよい。

(1) P^{-1}　　(2) $P^{-1}AP$　　(3) $(P^{-1}AP)^n$　　(4) A^n

[掃出し法・階数―行列と連立一次方程式(2)]

問題 1　次の連立一次方程式の解を行列の掃出し法を使って求めなさい。

(1) $\begin{cases} x-2y=1 \\ 3x-5y-2z=4 \\ 2x-7y+7z=0 \end{cases}$　(2) $\begin{cases} x-3y-3z=3 \\ -2x+9y+15z=-9 \\ 5x-9y+4z=8 \end{cases}$

(3) $\begin{cases} x-2y+16z=7 \\ x-y+12z=5 \\ 3x+4y+8z=1 \end{cases}$　(4) $\begin{cases} x+y+6z=3 \\ 2x+3y+8z=4 \\ 4x+9y+4z=9 \end{cases}$

問題 2　次の行列の逆行列を掃出し法で求めなさい。

(1) $\begin{pmatrix} 1 & 2 & 1 \\ 0 & -1 & -1 \\ 2 & 1 & 0 \end{pmatrix}$　(2) $\begin{pmatrix} 1 & 0 & -3 \\ 3 & -1 & 0 \\ 5 & -2 & 2 \end{pmatrix}$　(3) $\begin{pmatrix} 1 & 2 & -4 \\ 3 & 1 & 0 \\ 5 & 2 & -1 \end{pmatrix}$

[一次変換]

問題 1　次の一次変換を表す行列 A を求めなさい。

(1) 点 (1, 0) を点 (3, 9), 点 (0, 1) を点 (5, 7) に移す一次変換

(2) 点 (3, 7) を点 (6, 5), 点 (2, 5) を点 (4, 3) に移す一次変換

(3) 原点に関する対称移動

(4) 原点を中心として 2 倍に拡大する移動

問題 2　2 点 A(0, 1), B(4, 2) を, 原点を中心として反時計回りに 30° 回転移動した点 A′, B′ の座標を求めなさい。

問題 3　行列 $\begin{pmatrix} 1 & 3 \\ 8 & 4 \end{pmatrix}$ で表される一次変換 f による次の図形の像を求めなさい。

(1) 点 (−1, 3)　(2) 直線 $y=-x$　(3) 直線 $y=3x+2$

3　複素数

[複素数の計算]

問題 1　次の複素数の実部と虚部を示しなさい。

(1) $-4-i$　(2) $\dfrac{4-3i}{7}$

(3) $\dfrac{-3+8i}{4}$　(4) $5i$

問題 2　次の等式を満たす x, y を求めなさい。

(1) $-3x+8i=6-2yi$　(2) $\dfrac{7x+2y+(3y+9x)i}{3}=i$

問題 3　次の計算をしなさい。

(1) $(2-5i)+(6+3i)$　(2) $(-7-2i)-(-5i)$

(3) $(-5-4i)^2$　(4) $(10-8i)\div(-4i)$

問題 4　次の複素数の共役複素数と絶対値を求めなさい。

(1) $z=5+12i$　(2) $z=10-10i$

[方程式と複素数]

問題 1　次の 2 次方程式を解きなさい。

(1) $9x^2+64=0$　(2) $x^2-2x+2=0$

(3) $x^2+6x+13=0$　(4) $x^2-2x+6=0$

問題 2　次の高次方程式を解きなさい。

(1)　$x^3=8$　　(2)　$x^4+10x^2+25=0$

(3)　$x^3-2x^2+6x-5=0$

[複素平面と指数関数形式]

問題 1　次の複素数を複素平面上に示しなさい。

(1)　$-3+2i$　　(2)　$-4i$

(3)　$1+3i$　　(4)　$1-1.5i$

問題 2　次の複素数を複素平面上に示し，直交形式⇔指数関数形式に変換しなさい。

(1)　$-5-5i$　　(2)　$-3i$　　(3)　-4

(4)　$2e^{i\frac{\pi}{2}}$　　(5)　$10e^{-i\frac{\pi}{6}}$　　(6)　$4e^{i\frac{\pi}{5}}$

問題 3　次の複素数の共役複素数を示しなさい。

(1)　$e^{-i\frac{4\pi}{3}}$　　(2)　$2e^{i\frac{2\pi}{7}}$

問題 4　次の計算をし，指数関数形式で表しなさい。

(1)　$2e^{i\frac{2\pi}{5}}\times 3e^{i\frac{5\pi}{6}}$　　(2)　$5e^{-i\frac{\pi}{4}}\div 10e^{-i\frac{3\pi}{2}}$

(3)　$\frac{3}{2}e^{-i\frac{2\pi}{5}}\times\frac{1}{2}e^{-i\frac{7\pi}{4}}$　　(4)　$\frac{1}{5}e^{i\frac{3\pi}{8}}\div\frac{2}{5}e^{i\frac{\pi}{4}}$

問題 5　$z=4e^{-i\frac{\pi}{6}}$ のとき，以下の式の答えを指数関数形式で求め，さらに複素平面上に示しなさい。

(1)　$z\times i$　　(2)　$z\times i^2$

(3)　$z\times i^3$　　(4)　$z\div i$

[応用問題]

問題 1　次の計算をしなさい。

(1)　$\left(-\cos\frac{\pi}{4}+i\sin\frac{\pi}{4}\right)^8$　　(2)　$(-1+\sqrt{3}\,i)^6$

問題 2　次の電圧，電流表示を，瞬時値⇔ベクトル表示の変換をしなさい。ただし(3)，(4)では角周波数を ω とする。

(1)　$v(t)=2\sqrt{2}\sin\left(40t-\frac{2\pi}{3}\right)$　　(2)　$i(t)=4\sin\left(30t+\frac{\pi}{4}\right)$

(3)　$V=3e^{-j\frac{\pi}{2}}$　　(4)　$I=5\sqrt{2}\,e^{-j\frac{\pi}{2}}$

問題 3　角周波数が 1000 rad/s のとき，次の各素子のインピーダンスを求めなさい。

(1)　30 Ω の抵抗　　(2)　10 mH の L　　(3)　20 μF の C

問題 4　次の回路のインピーダンスを求めなさい。ただし，角周波数 $\omega=100$ rad/s，抵抗 $R=20$ Ω，インダクタンス $L=200$ mH，キャパシタンス
$C=1000$ μF とする。

(1)

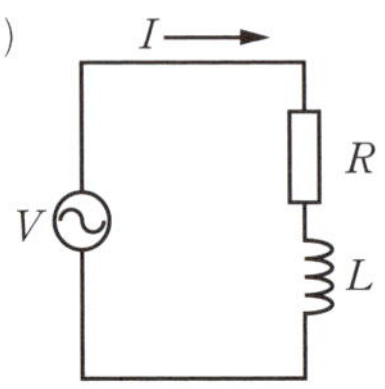

(2)

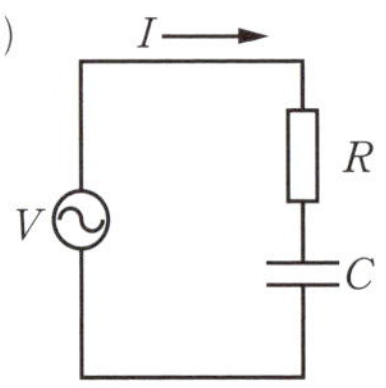

(3)

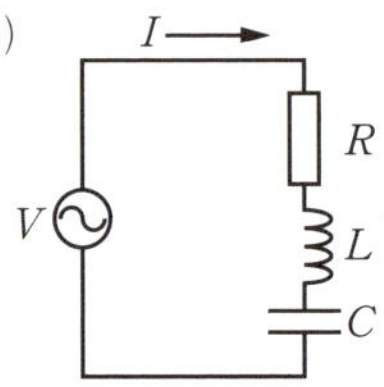

問題 5　次の回路の複素電流 I を指数関数形式で表しなさい。それを瞬時値に直しなさい。

(1)

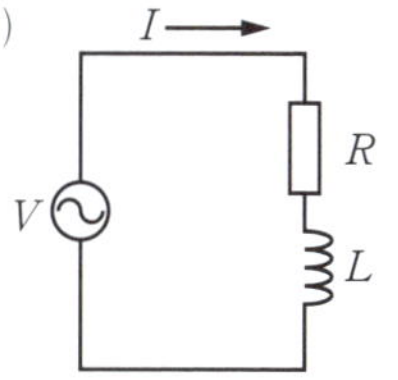

$L=40$ mH
$R=2\ \Omega$
$v(t)=60\sin(50t)$

(2)

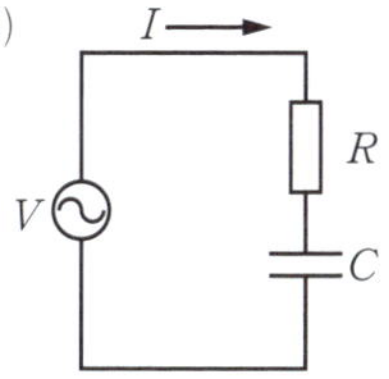

$C=2$ mF
$R=10\ \Omega$
$v(t)=60\sin(50t)$

(3)

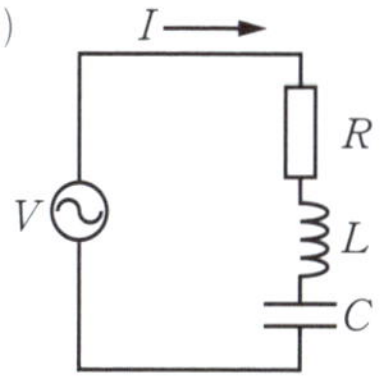

$R=8\ \Omega$, $L=4$ mH
$C=0.2$ mF
$v(t)=50\sqrt{2}\sin(500t)$

4　統計

[データの整理]

問題 1　次のデータ x とデータ y について，分散と標準偏差を求めなさい。また，ばらつきが小さいのはどちらのデータか答えなさい。

x：-100　0　100　　　y：-20　0　20　40

[2 変量のデータの関係]

問題 1　次の 2 変量の間の相関係数 r を求めなさい（本文の例題 1 の数値を 10 で割ったもの）。

x	4	8	5	6	2
y	7	9	4	6	4

問題 2　次の 2 変量の間の相関係数 r を求めなさい。

x	4	8	5	6	2
y	-7	-9	-4	-6	-4

[正規分布]

問題 1　標準正規分布 $N(0,\ 1^2)$ に従う確率変数 Z に対し，以下の値を求めなさい。

(1)　$P(0\leqq Z)$　　(2)　$P(Z\leqq 0)$
(3)　$P(1.64\leqq Z)$　　(4)　$P(Z\leqq -1.64)$
(5)　$P(2\leqq Z)$　　(6)　$P(0\leqq Z\leqq 2)$
(7)　$P(1.64\leqq Z\leqq 2)$　　(8)　$P(-2\leqq Z\leqq -1.64)$

問題 2　確率変数 X は平均 50，分散 10^2 の正規分布に従うとする。

(1)　$X=66.4$ を標準化した値を求めなさい。　　(2)　$P(66.4\leqq X)$を求めなさい。
(3)　$X=70$ を標準化した値を求めなさい。　　(4)　$P(70\leqq X)$ を求めなさい。
(5)　$P(66.4\leqq X\leqq 70)$ を求めなさい。

問題 3　20 歳男性の身長 X（cm）の分布は，ほぼ，平均 171，分散 6.3^2 の正規分布 $N(171,\ 6.3^2)$ をしている。全国の 20 歳男性から一人をランダムに選ぶとき，その者の身長が 183.6 cm 以上である確率を求めなさい。

[推定]

問題 1 (95 %信頼区間の構成) 正規母集団 $N(\mu,\ \sigma^2)$ から無作為抽出された大きさ n の標本の標本平均 $\overline{X}$ の分布は $N\left(\mu,\ \dfrac{\sigma^2}{n}\right)$ となることが知られている。

(1) $\overline{X}$ を標準化した確率変数 $\dfrac{\overline{X}-\mu}{\sqrt{\dfrac{\sigma^2}{n}}}$ は標準正規分布に従う。$P\left(-1.96 \leqq \dfrac{\overline{X}-\mu}{\sqrt{\dfrac{\sigma^2}{n}}} \leqq 1.96\right)$ を求めなさい

(2) $-1.96 \leqq \dfrac{\overline{X}-\mu}{\sqrt{\dfrac{\sigma^2}{n}}} \leqq 1.96$ を式変形することにより，以下の(ア)(イ)に入る式を求めなさい。

「(ア) $\leqq \mu \leqq$ (イ) となる確率は 95 %」

(3) $P\left(1.96 \leqq \left|\dfrac{\overline{X}-\mu}{\sqrt{\dfrac{\sigma^2}{n}}}\right|\right)$ を求めなさい。

[仮説検定]

問題 1 正規母集団から無作為抽出された大きさ n の標本の標本平均を $\overline{X}$ とする。ここで，母平均 μ は未知，母分散 σ^2 は既知とする。$\mu=\mu_0$ かどうかを有意水準 5 %で検定することを考える。

次の 2 つの仮説を立てる。

帰無仮説：$\mu=\mu_0$

対立仮説：$\mu \neq \mu_0$

そして，

$1.96 \leqq \left|\dfrac{\overline{X}-\mu_0}{\sqrt{\dfrac{\sigma^2}{n}}}\right|$ となるとき，帰無仮説を棄却して対立仮説を採択する（なぜなら帰無仮説のもとでは $\dfrac{\overline{X}-\mu_0}{\sqrt{\dfrac{\sigma^2}{n}}}$ は標準正規分布に従うので，

$1.96 \leqq \left|\dfrac{\overline{X}-\mu_0}{\sqrt{\dfrac{\sigma^2}{n}}}\right|$ となる確率は 5 %だから)。

$1.96 \leqq \left|\dfrac{\overline{X}-\mu_0}{\sqrt{\dfrac{\sigma^2}{n}}}\right|$ でない場合は，帰無仮説は棄却できず，対立仮説を採択できない。

(1) 正規母集団 $N(\mu,\ 10^2)$ から無作為に標本を 25 個とると，その標本平均 $\overline{X}$ は 54 であった。$\mu=50$ かどうかを有意水準 5 %で検定しなさい。

(2) 正規母集団 $N(\mu,\ 10^2)$ から無作為に標本を 25 個とると，その標本平均 $\overline{X}$ は 53 であった。$\mu=50$ かどうかを有意水準 5 %で検定しなさい。

Chapter 付録 1

式とグラフ

付録1では，文字式の計算，方程式や不等式を解くこと，グラフを使って2つの量 x，y の関係を表すこと，およびそれらを使ってさまざまな問題を解くことなどを学びます。この付録1は，この本の内容を学ぶ上で必要な基礎事項を，折に触れて復習するためにあります。理解が十分ではなかったり，学び損ねてしまっている事柄があれば，この付録を活用してください。

1 文字式・式の展開

文字の使用

問題 1 次の数量を表す文字式を求めなさい。

(1) 1本 a m の LAN ケーブル m 本と，1本 b m の LAN ケーブル n 本をつなぎ合わせたときの総距離（m）

(2) 底面の半径 r cm，高さ h cm の円柱の体積（cm^3）

問題 2 次の文章を式に直しなさい。

(1) ある整数を別の整数で割ったところ，商が q，余りが r であった。

(2) 異なる3個の物体がある。これらの質量の平均は，m である。

文字式の計算

問題 3 次の式を整理しなさい。

(1) $x^2+2x-1+2x^2-5x+6$　　(2) $a^2+2ab+b^2+a^2-2ab+b^2$

問題 4 次の文字式に，指定された数値を代入して計算しなさい。

(1) $2\pi r$ に，$r=5$ を代入。

(2) $2(ab+bc+ca)$ に，$a=2$，$b=3$，$c=6$ を代入。

展開

問題 5 次の式を展開しなさい。

(1) $3(a+4)-2(3a+2)$　　(2) $(x+2)(y+3)$

展開公式は非常に便利で，因数分解にも役立つ。必ず習得しておこう。

展開公式――2次式

$$(a+b)^2=a^2+2ab+b^2$$
$$(a-b)^2=a^2-2ab+b^2$$
$$(a+b)(a-b)=a^2-b^2$$

展開公式――3次式

$$(a+b)^3=a^3+3a^2b+3ab^2+b^3$$
$$(a-b)^3=a^3-3a^2b+3ab^2-b^3$$

■ **問題 6** ■　展開公式を用いて次の式を展開しなさい。

(1)　$(x-5)^2$　　(2)　$(2x+3)(2x-3)$

(3)　$(3x-2)^3$　　(4)　$\left(x^2+\dfrac{2}{x}\right)^2$

一般的な n 次式の展開公式もあげておく（2 項定理）。

$n \geqq 1$ のとき

$$(a+b)^n = a^n + na^{n-1}b + \frac{n(n-1)}{2\times1}a^{n-2}b^2 + \frac{n(n-1)(n-2)}{3\times2\times1}a^{n-3}b^3 + \cdots\cdots + nab^{n-1} + b^n$$

$$= \sum_{k=0}^{n} {}_nC_k a^{n-k}b^k$$

補足…2 項定理

ここで ${}_nC_k$ は，n 個のものの中から k 個を選ぶ選び方の数。${}_nC_k$ のかわりに $\begin{pmatrix} n \\ k \end{pmatrix}$ という記号を使うこともある。

なお

$${}_nC_k = \frac{n!}{k!(n-k)!}$$

$$k! = 1\cdot2\cdot3\cdot\cdots\cdot(k-1)\cdot k$$

例　$5! = 1\cdot2\cdot3\cdot4\cdot5 = 60$

例　${}_5C_3 = \dfrac{5!}{3!2!}$

$$= \frac{1\cdot2\cdot3\cdot4\cdot5}{1\cdot2\cdot3\times1\cdot2} = 10$$

◆◆◆◆◆ 練　習　問　題 ◆◆◆◆◆　EXERCISE

■ **1** ■　次の式を整理しなさい。

(1)　$a+2b-3a-2b$　　(2)　$x+x^2-1+x^2+x+1-x-x^2+1$

■ **2** ■　次の文字式の変数に指定された数値を代入して計算しなさい。

(1)　x^2-xy+y^2 に，$x=2$，$y=3$ を代入。

(2)　$\dfrac{4}{3}\pi r^3$ に，$r=\dfrac{3}{2}$ を代入。

■ **3** ■　次の文章を式に直しなさい。

(1)　兄は，私より 3 歳年上である。

(2)　台形の面積は，上底と下底の和に高さを掛けて 2 で割った値である。

(3)　定価 a 円の商品を p 割引で購入したところ，b 円であった。

■ **4** ■　次の式を展開しなさい。

(1)　$2(a^2+3a+4)-3(a^2-5a+1)$　　(2)　$(x+2)(x+5)$

(3)　$(x+5)(x-5)$　　(4)　$(2x+3y)(3x-2y)$

(5)　$(x+1)^2-(x-1)^2$　　(6)　$(a-2b)^3$

(7)　$(x+y+1)(x-y+1)$　　(8)　$(a+b)(b+c)(c+a)$

2 因数分解

共通因数のくくり出し

例題 1 次の式の共通因数をくくり出しなさい。

(1) $ax+ay$ (2) $6x^2-8x$

解答 (1) $a(x+y)$ (2) $2x(3x-4)$

問題 1 次の式の共通因数をくくり出しなさい。

(1) $2x^2+3x$ (2) x^2y-xy^2

たすき掛け

たすき掛け（その 1）

$$x^2+(a+b)x+ab=(x+a)(x+b)$$

例題 2 式 x^2-x-6 を因数分解しなさい。

解答 掛けて -6 になる 2 数には，{1, -6}，{-1, 6}，{2, -3}，{-2, 3} がある。このうち足して -1 となる組み合わせは {2, -3}
よって，$x^2-x-6=(x+2)(x-3)$

補足…たすき掛け(その 1)

x^2-x-6 の因数分解

1	2	2
×	×	+
1	-3	-3
↓	↓	↓
1	-6	-1

問題 2 次の式を因数分解しなさい。

(1) x^2-6x+5 (2) $x^2+4x-12$

たすき掛け（その 2）

$$acx^2+(ad+bc)x+bd=(ax+b)(cx+d)$$

例題 3 式 $3x^2+10x-8$ を因数分解しなさい。

解答 掛けて 3 になる 2 数は，{1, 3}，{-1, -3}，掛けて -8 になる 2 数は，{1, -8}，{-1, 8}，{2, -4}，{-2, 4} である。この中から {1, 3} と {-2, 4} を組み合わせると $1\times(-2)+3\times4=10$ となる。
よって，$3x^2+10x-8=(x+4)(3x-2)$

補足…たすき掛け(その 2)

$3x^2+10x-8$ の因数分解

1	4	12
×	×	+
3	-2	-2
↓	↓	↓
3	-8	10

問題 3 次の式を因数分解しなさい。

(1) $5x^2+x-4$ (2) $12x^2+5x-2$

■展開公式の逆

例題 4　展開公式を逆に用いて次の式を因数分解しなさい。

(1)　$x^2-8x+16$　　(2)　a^2-1

解答　(1)　$(x-4)^2$　　(2)　$(a+1)(a-1)$

■問題 4■　展開公式を逆に用いて次の式を因数分解しなさい。

(1)　a^2+4a+4　　(2)　x^2-4

補足…a^n-b^n の因数分解

$n \geqq 1$ のとき，

$(a-b)^n=(a-b)\times$

$(a^{n-1}+a^{n-2}b+a^{n-3}b^2+\cdots$

$+a^2b^{n-3}+ab^{n-2}+b^{n-1})$

■因数定理

高次の多項式 $f(x)$ の因数分解に，因数定理が役に立つことがある。

因数定理

$f(x)$ が $x-\alpha$ で割り切れる　$\Longleftrightarrow$　$f(\alpha)=0$

$f(\alpha)=0$ を満たす α を見つけると，$f(x)$ を因数分解できる。

例題 5　式 x^3+x^2-3x-6 を因数分解しなさい。

解答　$f(x)=x^3+x^2-3x-6$ として因数定理を用いる。

$x=2$ を代入してみると　$2^3+2^2-3\times2-6=0$

因数定理より $f(x)$ は $x-2$ で割り切れる。割り算すると，

$f(x)=(x-2)(x^2+3x+3)$　となる。

■問題 5■　次の式を因数分解しなさい。

(1)　x^3+2x^2-5x-6　　(2)　x^3-4x^2+5x-2

補足…因数定理

整数 $a_n(\neq0)$, a_{n-1}, $\cdots$, a_1, a_0 を係数とする多項式

$f(x)=a_nx^n+a_{n-1}x^{n-1}$
$+\cdots+a_1x+a_0$

を考える。このとき，$f(\alpha)=0$ を満たす有理数 α の候補は，$\pm\dfrac{a_0\text{の約数}}{a_n\text{の約数}}$ に限られる。例えば，

$f(x)=x^3+x^2-5x-6$

については最高次の係数 1，定数項 6 であるので，6 の約数である ±1，±2，±3，±6 が α の候補となる。

試してみると，$f(-2)=0$ となり，

$f(x)=(x+2)(x^2-x-3)$

と因数分解できる。

◆◆◆◆◆ 練習問題 ◆◆◆◆◆　EXERCISE

■1■　次の式を因数分解しなさい。

(1)　x^2-3x　　(2)　a^2x^2-ax　　(3)　x^2-x-12

(4)　x^2+2x-8　　(5)　$4x^2-8x+3$　　(6)　$6x^2-7x-5$

(7)　$a^2+4ab+4b^2$　　(8)　x^3-x　　(9)　$4x^2-y^2$　　(10)　x^3+8

(11)　x^3-3x^2-6x+8　　(12)　$6x^3+5x^2-2x-1$

3 分数式

約分

例題 1 分数式 $\dfrac{3x-9}{x^2-5x+6}$ を約分しなさい。

解答 $\dfrac{3x-9}{x^2-5x+6}=\dfrac{3(x-3)}{(x-2)(x-3)}=\dfrac{3}{x-2}$

問題 1 次の分数式を約分しなさい。

(1) $\dfrac{x^2+x-2}{3x+6}$ (2) $\dfrac{x^2-4}{x^2-4x+4}$

通分

例題 2 次の式を通分しなさい。

(1) $\dfrac{1}{x+1}+\dfrac{2}{x-1}$ (2) $\dfrac{2x-1}{x-4}+2$

解答 (1) $\dfrac{1}{x+1}+\dfrac{2}{x-1}=\dfrac{x-1}{(x+1)(x-1)}+\dfrac{2(x+1)}{(x+1)(x-1)}$

$=\dfrac{3x+1}{(x+1)(x-1)}$

(2) $\dfrac{2x-1}{x-4}+2=\dfrac{2x-1+2(x-4)}{x-4}=\dfrac{4x-9}{x-4}$

問題 2 次の式を通分しなさい。

(1) $\dfrac{3}{x+2}-\dfrac{2}{x-2}$ (2) $\dfrac{4}{x-3}+x-1$

積と商

例題 3 次の計算をしなさい。

(1) $\dfrac{6x}{x+2}\times\dfrac{2x-3}{3x^2}$ (2) $\dfrac{x^2-4}{2x}\div\dfrac{x+2}{x-2}$

解答 (1) $\dfrac{6x}{x+2}\times\dfrac{2x-3}{3x^2}=\dfrac{2(2x-3)}{(x+2)x}$

(2) $\dfrac{x^2-4}{2x}\div\dfrac{x+2}{x-2}=\dfrac{x^2-4}{2x}\times\dfrac{x-2}{x+2}=\dfrac{(x+2)(x-2)^2}{2x(x+2)}=\dfrac{(x-2)^2}{2x}$

■ **問題 3** ■　次の計算をしなさい。

(1) $\dfrac{2x+3}{x(x+3)}\times\dfrac{3x^2}{2x+3}$　　(2) $\dfrac{3x-2}{4(x+1)}\div\dfrac{3x}{2(x+1)^2}$

■ 部分分数分解

与えられた分数式を，いくつかの分数式の和や差で表すことを部分分数分解という。

> **補足…部分分数分解**
> 部分分数分解は，各項が分数である数列の和を求めたり，分数式で表される関数を積分する場合に役に立つ。

例題 4　次の分数式 $\dfrac{x+3}{(x+1)(x+2)}$ を部分分数分解しなさい。

解答　$\dfrac{x+3}{(x+1)(x+2)}=\dfrac{A}{x+1}+\dfrac{B}{x+2}$ ……(*)　とおく。

右辺を通分すると

$$\frac{x+3}{(x+1)(x+2)}=\frac{A(x+2)+B(x+1)}{(x+1)(x+2)}=\frac{(A+B)x+(2A+B)}{(x+1)(x+2)}$$

分子を比較すると，$x+3=(A+B)x+(2A+B)$

これは恒等式なので，$A+B=1$，$2A+B=3$

A，B について解くと，$A=2$，$B=-1$

よって，$\dfrac{x+3}{(x+1)(x+2)}=\dfrac{2}{x+1}-\dfrac{1}{x+2}$

(別解)　(*)式の分母を払うと　$x+3=A(x+2)+B(x+1)$

$x=-1$ を代入すると，$2=A$

$x=-2$ を代入すると，$1=-B$ より $B=-1$ が求まる。

> **補足…恒等式**
> その式に含まれる変数にどのような値を代入しても成り立つ等式を恒等式という。
> x を変数とする等式
> $ax^2+bx+c=Ax^2+Bx+C$
> が恒等式ならば，
> $a=A$，$b=B$，$c=C$
> が成り立つ。

■ **問題 4** ■　次の分数式を部分分数分解しなさい。

(1) $\dfrac{3x}{(x-1)(x+2)}$　　(2) $\dfrac{1}{x^2-4}$

◆◆◆◆◆ 練習問題 ◆◆◆◆◆　EXERCISE

■ **1** ■　次の式を通分しなさい。

(1) $\dfrac{3}{x-5}-\dfrac{2}{x+5}$　　(2) $\dfrac{3x-2}{2x+3}+x-2$

■ **2** ■　次の計算をしなさい。

(1) $\dfrac{(x-1)^2}{(x+3)(x+5)}\times\dfrac{(x-3)(x+5)}{x-1}$　　(2) $\dfrac{x}{x^2-4}\div\dfrac{x^2}{x^3-8}$

■ **3** ■　次の分数式を部分分数分解しなさい。

(1) $\dfrac{1}{x(x+1)}$　　(2) $\dfrac{2x+7}{(x-1)(x+2)}$　　(3) $\dfrac{2}{x^2-x}$

4 1次方程式と1次関数

1次方程式の解法

例題 1 次の1次方程式を解きなさい。

(1) $5x-2=x-5$　　(2) $3(x+2)-3=2(5x-1)$

解答 (1) x を含む項を左辺に，定数項を右辺に移項すると，

$5x-x=-5+2$，よって $4x=-3$　両辺を4で割って，$x=-\dfrac{3}{4}$

(2) 両辺のカッコをはずすと　$3x+6-3=10x-2$

移項すると　$3x-10x=-2-3$

整理して　$-7x=-5$　両辺を -7 で割って　$x=\dfrac{5}{7}$

補足…1次方程式の解の個数
通常の場合には，解は1つに決まる。ただし，例外もある。
方程式 $x+1=x+2$ を変形すると，$1=2$。この式は，x の値に関わらず成り立たない。よって，解はない。一方，方程式 $2(x+1)=2x+2$ を変形すると，$2=2$。この式は，x の値に関わらず成り立つ。従って，あらゆる数が解となり，解は無限個ある。

問題 1 次の1次方程式を解きなさい。

(1) $-3x=-9$　　(2) $2x+3=5x-2$

(3) $3x-5(2x+1)=-2(4x+3)$　　(4) $\dfrac{2x+1}{5}-x=\dfrac{x-3}{2}+2$

1次関数のグラフ

1次関数のグラフは直線となる。例えば，$y=2x-3$ を考えよう。x と y の関係を表にすると右のようになる。

x	-2	-1	0	1	2	3	4	5
y	-7	-5	-3	-1	1	3	5	7

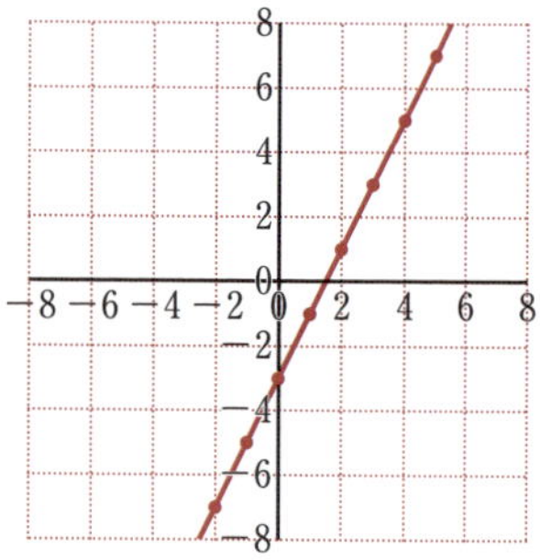

この表の点を打点してグラフを描くと左図のようになる。この直線の傾きは2，切片は -3 である。

直線の方程式 1
傾き a，切片 b の直線の方程式は
$$y=ax+b$$

補足…関数のグラフ
関数 $y=f(x)$ のグラフとは，式 $y=f(x)$ を満たす点 (x, y) の集まりのことである。

補足…直線の傾き
$$傾き=\frac{y の変化量}{x の変化量}$$
特に，x が1だけ増えるときに y が a だけ増えるならば，傾き $=\dfrac{a}{1}=a$ である。

補足…直線の切片
切片とは，直線が y 軸と交わる点の y 座標である。

例題 2 右図の直線の傾きと切片，および方程式を求めなさい。

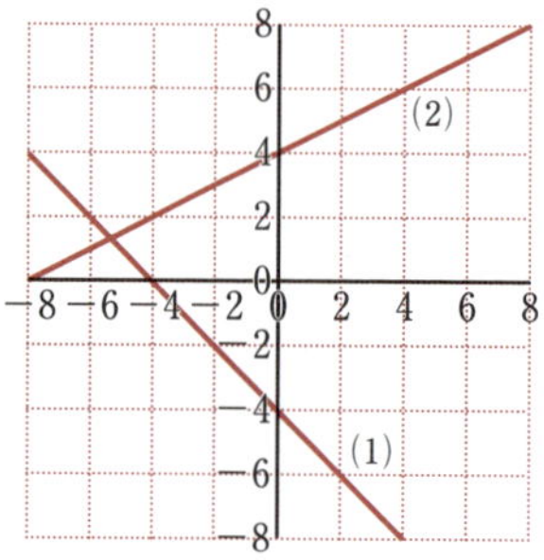

解答 (1) 傾き -1，切片 -4
方程式 $y=-x-4$

(2) 傾き $\dfrac{1}{2}$，切片4，方程式 $y=\dfrac{1}{2}x+4$

■ **問題2** ■　右図の直線の傾きと切片，および方程式を求めなさい。

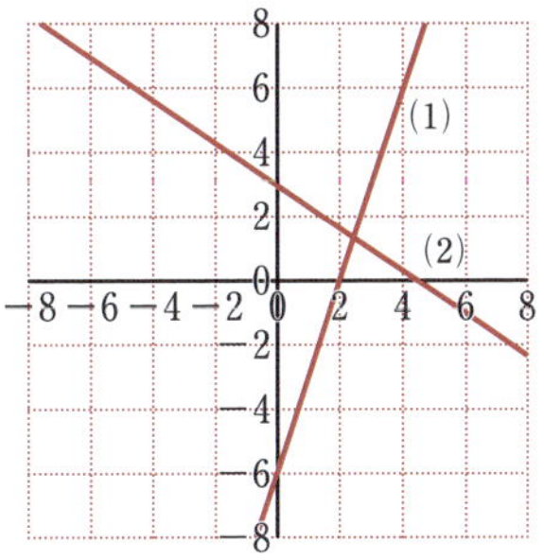

直線の方程式 2

点 $(x_1,\ y_1)$ を通り，傾き a の直線の方程式は

$$y-y_1=a(x-x_1)$$

例題 3　次の直線の方程式を求めなさい。

(1)　点 $A(2,\ 3)$ を通り，傾き -2

(2)　2 点 $A(-5,\ 2)$，$B(3,\ 6)$ を通る

解答　(1)　$y-3=-2(x-2)$　　整理すると，$y=-2x+7$

(2)　まず，傾きを求めると $\dfrac{6-2}{3-(-5)}=\dfrac{1}{2}$　よって，直線の方程式は

$$y-2=\frac{1}{2}(x-(-5))\qquad 整理すると，y=\frac{1}{2}x+\frac{9}{2}$$

■ **問題3** ■　次の直線の方程式を求めなさい。

(1)　点 $A(-5,\ 0)$ を通り，傾き $\dfrac{1}{3}$

(2)　2 点 $A(-2,\ -3)$，$B(4,\ 1)$ を通る

◆◆◆◆◆　練習問題　◆◆◆◆◆　EXERCISE

■ **1** ■　次の 1 次方程式を解きなさい。

(1)　$3x+1=7x-4$　　(2)　$\dfrac{x+7}{4}-\dfrac{x+1}{3}=\dfrac{x-4}{2}$

■ **2** ■　ある数に 3 を加えてから 4 倍したところ，元の数に等しくなった。ある数を x として 1 次方程式を作り，x の値を求めなさい。

■ **3** ■　右のグラフの直線の傾き，切片，および方程式を求めなさい。

■ **4** ■　次の直線の方程式を求めなさい。

(1)　点 $A(3,\ 1)$ を通り，傾き -2

(2)　2 点 $A(-3,\ 0)$，$B(3,\ 4)$ を通る

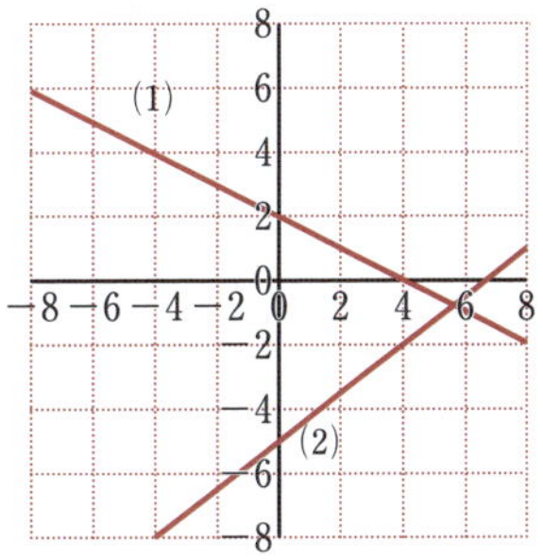

補足…直線の方程式 2

$y-y_1=a(x-x_1)$ に $x=x_1$ を代入すると $y-y_1=0$，よって，$y=y_1$ となり，点 $(x_1,\ y_1)$ を通ることがわかる。

次に，$y-y_1=a(x-x_1)$ の両辺を $x-x_1$ で割ると

$$a=\frac{y-y_1}{x-x_1}$$

これは，この点と直線上の点 $(x,\ y)$ の間の $\dfrac{y\text{の変化量}}{x\text{の変化量}}$，つまり傾きが a ということである。

補足…2 点を通る直線の傾き

$A(x_1,\ y_1)$，$B(x_2,\ y_2)$ を通る直線の傾きは，$\dfrac{y_2-y_1}{x_2-x_1}$

補足…軸に平行な直線の方程式

・x 軸に平行で，y 軸との交点が $(0,\ b)$ である直線　…　$y=b$

この直線上のどの点も y 座標が b であるので，$y=b$ となる。

・y 軸に平行で，x 軸との交点が $(c,\ 0)$ である直線　…　$x=c$

この直線上のどの点も x 座標が c であるので，$x=c$ となる。

5 連立方程式

解法 1：代入法

まず，いずれかの方程式を変形して，x（またはy）をy（またはx）の式で表す。次に，それをもう一方の方程式に代入する。

例題 1 連立方程式$\begin{cases} x+3y=7 & \cdots① \\ 3x-2y=-1 & \cdots② \end{cases}$を代入法で解きなさい。

解答 ①より，$x=-3y+7$ ②に代入して，$3(-3y+7)-2y=-1$
よって $y=2$，これを①に代入すると $x+3\times2=7$，よって $x=1$
解は $\begin{cases} x=1 \\ y=2 \end{cases}$

問題 1 次の連立方程式を代入法で解きなさい。

(1) $\begin{cases} 4x-y=5 \\ 2x+3y=-1 \end{cases}$ (2) $\begin{cases} 2x-3y=7 \\ x-2y=2 \end{cases}$

解法 2：加減法

方程式の両辺を足したり引いたりして，xまたはyを消去する。必要なら，一方または両方の方程式を何倍かした後，足したり引いたりする。

例題 2 連立方程式$\begin{cases} 5x-3y=3 & \cdots① \\ -3x+4y=7 & \cdots② \end{cases}$を加減法で解きなさい。

解答 $3\times①+5\times②$によりxを消去すると，$11y=44$，したがって
$y=4$，これを①に代入すると $5x-3\times4=3$，よって $x=3$
解は $\begin{cases} x=3 \\ y=4 \end{cases}$

問題 2 次の連立方程式を加減法で解きなさい。

(1) $\begin{cases} 3x-5y=1 \\ 2x+5y=9 \end{cases}$ (2) $\begin{cases} 4x-3y=7 \\ 3x-2y=4 \end{cases}$

連立方程式の解とグラフ

連立方程式のそれぞれの方程式をグラフとして表すとき，その共有点が連立方程式の解となる。

補足…検算について
方程式を解いたら，解を元の方程式に代入して，成り立つことを確かめるとよい。
例題 1 では，
$1+3\times2=7$，
$3\times1-2\times2=-1$ となる。

補足…連立方程式の解とグラフ
変数がx，yの連立 1 次方程式では，各方程式のグラフはxy平面上の直線になる。よって，連立方程式を解くことは，それらの直線の共有点を求めることになる。
変数がx，y，zの連立 1 次方程式では，各方程式のグラフはxyz空間内の平面になる。よって，2 式の連立方程式の解は 2 平面の共有点（一般には直線）になり，3 式の連立方程式の解は 3 平面の共有点（一般には 1 点）になる。

例題 3　連立方程式 $\begin{cases} -2x+y=7 & \cdots① \\ x-2y=4 & \cdots② \end{cases}$ をグラフを用いて解きなさい。

解答　①は $y=2x+7$，②は $y=\dfrac{1}{2}x-2$，と変形できる。グラフをかくと次図のようになる。

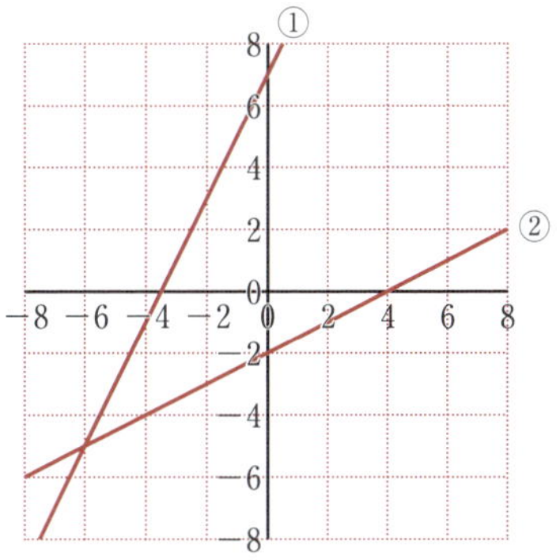

交点の座標は $(-6,\ -5)$　　したがって，解は $\begin{cases} x=-6 \\ y=-5 \end{cases}$

補足…解を持たない場合のグラフ
2つの方程式に対応する2本の直線が互いに平行ならば，共有点は存在しない。その場合には元の連立方程式は解を持たない。

■ **問題 3** ■　次の連立方程式をグラフを用いて解きなさい。

(1) $\begin{cases} 2x-y=7 \\ x-3y=-9 \end{cases}$　　(2) $\begin{cases} x-y=7 \\ 3x+5y=5 \end{cases}$

◆◆◆◆◆ 練 習 問 題 ◆◆◆◆◆ EXERCISE

■ **1** ■　次の連立方程式を代入法で解きなさい。

(1) $\begin{cases} 3x+y=8 \\ 4x-2y=-6 \end{cases}$　　(2) $\begin{cases} x-2y=-7 \\ 3x+5y=1 \end{cases}$

■ **2** ■　次の連立方程式を加減法で解きなさい。

(1) $\begin{cases} 4x-7y=5 \\ 2x+3y=9 \end{cases}$　　(2) $\begin{cases} -5x+4y=7 \\ 4x-3y=-6 \end{cases}$

■ **3** ■　次の連立方程式をグラフを用いて解きなさい。

(1) $\begin{cases} 3x-y=-5 \\ x-3y=9 \end{cases}$　　(2) $\begin{cases} x+y=-3 \\ -2x+3y=21 \end{cases}$

6 不等式

不等号の意味

$x<a$ … x は a より小さい。

$x \leqq a$ … x は a 以下である。

$x>a$ … x は a より大きい。

$x \geqq a$ … x は a 以上である。

例題 1 次の内容を表す不等式を示しなさい。

(1) x は 0 以上である。　(2) a と b の和は 10 より小さい。

解答 (1) $x \geqq 0$（または $0 \leqq x$） (2) $a+b<10$（または $10>a+b$）

問題 1 次の内容を表す不等式を示しなさい。

(1) π は 3.14 より大きい。　(2) n は 3 以上 5 以下である。

不等式と数直線

例題 2 次の不等式を満たす x の範囲を数直線上に示しなさい。

(1) $x \geqq 2$　(2) $-1<x \leqq 1$

解答 (1)

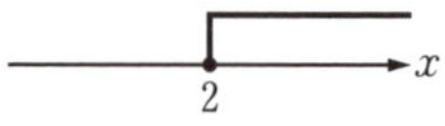

(2)

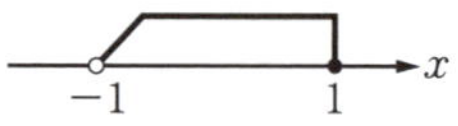

補足…数直線上の範囲の表し方について

$x \leqq a$ や $x \geqq a$ のように x が含まれる場合は，$x=a$ の点を • で表す。$x<a$ や $x>a$ のように x が含まれない場合は，$x=a$ の点を ◦ で表す。

問題 2 次の不等式を満たす x の範囲を数直線上に示しなさい。

(1) $x<0$　(2) $2 \leqq x<5$

1 次不等式

不等式を解くときは，両辺に負の数を掛ける（または割る）と，不等号の向きが反対になることに注意する。

例題 3 次の不等式を解きなさい。

(1) $2x \leqq -6$　(2) $-2x<6$

解答 (1) 両辺を 2 で割ると　$x \leqq -3$

(2) 両辺を -2 で割る。不等号の向きが反対になることに注意すると，$x>-3$

■ 問題 3 ■　次の不等式を解きなさい。

(1)　$3x+2<x-8$　　　(2)　$3(x-1)\leqq 2(x+4)$

■ 連立不等式

例題 4　次の連立不等式を解きなさい。

(1)　$\begin{cases} 3x-5<4 \\ -4x\leqq 8 \end{cases}$　　　(2)　$\begin{cases} 2(x-1)>3(x+1) \\ 3x-2\leqq 2x-5 \end{cases}$

解答　(1)　第 1 式を解くと $x<3$，第 2 式を解くと $x\geqq -2$

よって，$-2\leqq x<3$

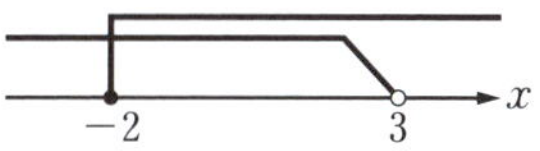

(2)　第 1 式を解くと $x<-5$，第 2 式を解くと　$x\leqq -3$

よって，$x<-5$

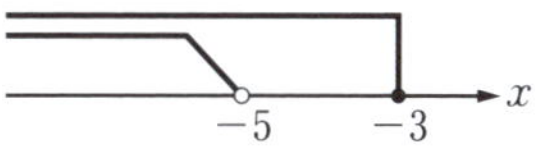

■ 問題 4 ■　次の連立不等式を解きなさい。

(1)　$\begin{cases} 2x-6<3(x-1) \\ x\geqq 4x-6 \end{cases}$　　　(2)　$\begin{cases} 4(x+1)-3\geqq 0 \\ 3(x+2)-2>0 \end{cases}$

◆◆◆◆◆ 練 習 問 題 ◆◆◆◆◆　EXERCISE

■ 1 ■　次の内容を表す不等式を示しなさい。

(1)　x は 5 以下である。　　　(2)　a と b の積は 1 より大きい。

■ 2 ■　次の不等式を満たす x の範囲を数直線上に示しなさい。

(1)　$x\geqq 3$　　　(2)　$-3<x\leqq -2$

■ 3 ■　次の不等式を解きなさい。

(1)　$2x-10>0$　　　(2)　$-3x+9\geqq 0$

(3)　$\dfrac{x}{2}+3<2x-5$　　　(4)　$\dfrac{x+2}{3}-\dfrac{x-2}{2}\leqq 0$

■ 4 ■　次の連立不等式を解きなさい。

(1)　$\begin{cases} 4x+1<2(x-1) \\ 2x-3\leqq 5x+2 \end{cases}$　　　(2)　$\begin{cases} 2(3x+2)-5<0 \\ 3(x+2)-4\leqq 0 \end{cases}$

7 2次方程式

解法1：因数分解

2次方程式　$ax^2+bx+c=0$　について，左辺が2つの1次式の積 $(px+q)(rx+s)$ に因数分解できるとする。このとき，$px+q=0$ と $rx+s=0$ の解，つまり $x=-\frac{q}{p}$ と $x=-\frac{s}{r}$ が元の方程式の解となる。

補足…因数分解による解法
解法の核心は，
「$AB=0$
$\iff A=0$ または $B=0$」
であること。

例題 1　次の2次方程式を解きなさい。

(1)　$(x+4)(x-5)=0$　　(2)　$x^2-5x+6=0$

解答　(1)　$x+4=0$，$x-5=0$ を解いて，$x=-4$，5

(2)　$x^2-5x+6=(x-2)(x-3)$ と因数分解できるため，元の方程式の解は $x-2=0$，$x-3=0$ の解となる。したがって，$x=2$，3

問題 1　次の2次方程式を因数分解により解きなさい。

(1)　$x^2-6x+5=0$　　(2)　$x^2+2x-8=0$

解法2：平方完成

C を正の定数とする。このとき $x^2=C$ の解は，$x=\pm\sqrt{C}$ である。このことを利用して，与えられた2次方程式を「$(x$ の1次式$)^2=$定数」の形に変形して解く。

補足…C が負の場合の $x^2=C$ の解について
例えば $x^2=-3$ を複素数の範囲で求めると，
$x=\pm\sqrt{3}\,i$ となる。ここで i は虚数単位であり，$i^2=-1$ を満たす。

例題 2　次の2次方程式を解きなさい。

(1)　$(x+2)^2=10$　　(2)　$x^2-6x+2=0$

解答　(1)　両辺の平方根をとると，$x+2=\pm\sqrt{10}$

したがって，$x=-2\pm\sqrt{10}$

(2)　左辺を変形すると，$(x-3)^2-9+2=0$

したがって，$(x-3)^2=7$

両辺の平方根をとると，$x-3=\pm\sqrt{7}$

よって，$x=3\pm\sqrt{7}$

補足…$ax^2+bx+c=0$ の実数解の個数
$b^2-4ac>0 \Rightarrow 2$ 個
$b^2-4ac=0 \Rightarrow 1$ 個（重解）
$b^2-4ac<0 \Rightarrow 0$ 個（この場合には，虚数の解を2つ持つ。）
このように $D=b^2-4ac$ の値により，解の個数や解が実数か虚数かを判別することができる。このことから D を判別式という。

問題 2　次の2次方程式を解きなさい。

(1)　$(x-1)^2=2$　　(2)　$x^2+4x-1=0$

解法 3：解の公式

2 次方程式の解の公式

$a \neq 0$ とする。$ax^2+bx+c=0$ の解は

$$x=\frac{-b\pm\sqrt{b^2-4ac}}{2a}$$

補足…解の公式の導出

ax^2+bx+c

$=a\left(x^2+\frac{b}{a}x+\frac{c}{a}\right)$

$=a\left(\left(x+\frac{b}{2a}\right)^2-\frac{b^2}{(2a)^2}+\frac{c}{a}\right)$

$=a\left(\left(x+\frac{b}{2a}\right)^2-\frac{b^2-4ac}{(2a)^2}\right)$

$=0$

よって，

$\left(x+\frac{b}{2a}\right)^2=\frac{b^2-4ac}{(2a)^2}$

したがって，

$x+\frac{b}{2a}=\pm\sqrt{\frac{b^2-4ac}{(2a)^2}}$

よって，解は

$x=\frac{-b\pm\sqrt{b^2-4ac}}{2a}$

例題 3 次の 2 次方程式を解きなさい。

(1) $x^2-5x+3=0$ (2) $2x^2-4x+1=0$

解答 (1) 解の公式より，$x=\frac{5\pm\sqrt{13}}{2}$

(2) 解の公式より，$x=\frac{4\pm\sqrt{8}}{4}$

$\sqrt{8}=2\sqrt{2}$ であることより，式を整理して，$x=\frac{2\pm\sqrt{2}}{2}$

問題 3 次の 2 次方程式を解きなさい。

(1) $x^2+5x-2=0$ (2) $2x^2+6x+1=0$

練 習 問 題 EXERCISE

1 次の 2 次方程式を因数分解を用いて解きなさい。

(1) $(x+2)(x+5)=0$ (2) $(x-4)^2=0$

(3) $x^2-8x+15=0$ (4) $x^2+x-12=0$

(5) $3x^2+5x-2=0$ (6) $4x^2-4x+1=0$

2 次の 2 次方程式を平方完成を用いて解きなさい

(1) $(x-3)^2=4$ (2) $(x+5)^2-5=0$

(3) $x^2-2x-6=0$ (4) $x^2+5x+3=0$

(5) $2x^2+8x-3=0$ (6) $3x^2-9x+1=0$

3 次の 2 次方程式を解の公式を用いて解きなさい。

(1) $x^2+x-1=0$ (2) $x^2+3x+1=0$

(3) $9x^2-6x+1=0$ (4) $2x^2+7x+5=0$

8　2次関数のグラフ

放物線のグラフ

例題 1　次の関数のグラフをかきなさい。

(1)　$y=x^2$　　　　(2)　$y=-2x^2$

解答　x と x^2，$-2x^2$ の関係を表にすると以下のようになる。

x	-3	-2	-1	0	1	2	3	4
x^2	9	4	1	0	1	4	9	16
$-2x^2$	-18	-8	-2	0	-2	-8	-18	-32

この表の点をプロットしてグラフをかくと次の通り放物線になる。

(1)
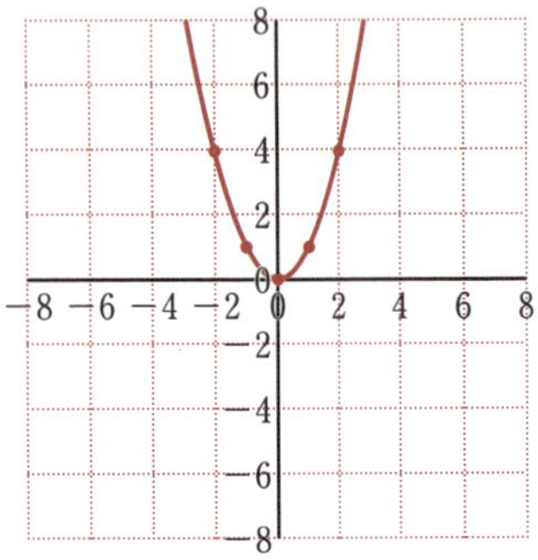

(2)
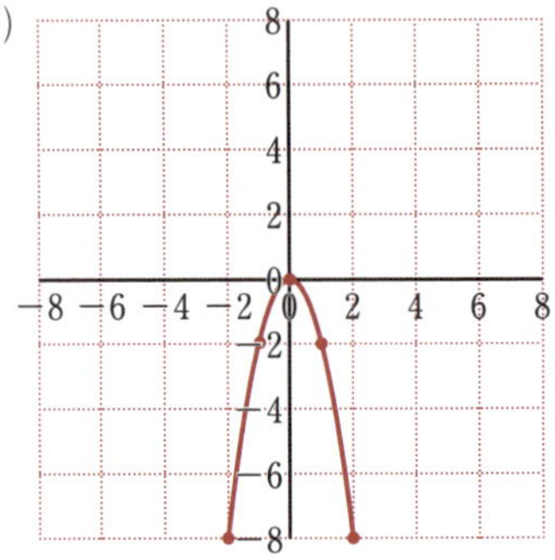

補足…$y=ax^2$ のグラフ
頂点は原点であり，軸は y 軸である。

問題 1　次の関数のグラフをかきなさい。

(1)　$y=\frac{1}{4}x^2$　　　　(2)　$y=-x^2$

頂点と軸

放物線には，頂点と軸がある。例えば，関数 $y=(x-2)^2-3$ で x と y の関係を表にしてみる。

x	-2	-1	0	1	2	3	4	5
y	13	6	1	-2	-3	-2	1	6

この表の点を打点してグラフをかくと次の通りである。

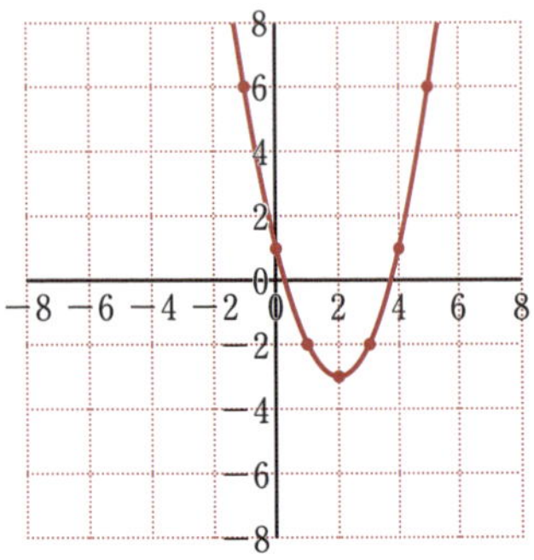

このグラフは，$y=x^2$ のグラフを x 軸方向に 2，y 軸方向に -3 平行移動したものとなっている。したがって，頂点は，$(2,\ -3)$ であり，軸は $x=2$ である。

補足…$y=a(x-p)^2+q$ の頂点が $(p,\ q)$ である理由
$a>0$ とする。この式に $x=p$ を代入すると $y=q$ となるので，点 $(p,\ q)$ はこのグラフ上の点である。また，$(x-p)^2 \geqq 0$ だから，
$y=a(x-p)^2+q \geqq q$ である。以上より，点 $(p,\ q)$ は頂点であることがわかる。

2 次関数のグラフの頂点と軸

$y=a(x-p)^2+q$ のグラフは，$y=ax^2$ を x 軸方向に p，y 軸方向に q 平行移動したグラフ。頂点は $(p,\ q)$，軸は $x=p$

例題 2　次の 2 次関数のグラフの頂点と軸を求めなさい。

(1)　$y=-4(x+1)^2+5$　　(2)　$y=x^2-6x+2$

解答　(1)　$y=-4x^2$ のグラフを x 軸方向に -1，y 軸方向に 5 平行移動したものなので，頂点は $(-1,\ 5)$，軸は $x=-1$

(2)　$y=x^2-6x+2=(x-3)^2-7$ より，頂点は $(3,\ -7)$，軸は $x=3$

■ 問題 2 ■　次の 2 次関数の頂点と軸を求めなさい。

(1)　$y=3(x-1)^2+2$　　(2)　$y=-x^2-4x$

2 次不等式

例題 3　2 次不等式 $(x-2)(x+5)>0$ を解きなさい。

解答

$(x-2)(x+5)$ の符号を調べる。

よって，解は

$x<-5,\ 2<x$

x		-5		2	
$x-2$	$-$	$-$	$-$	0	$+$
$x+5$	$-$	0	$+$	$+$	$+$
$(x-2)(x+5)$	$+$	0	$-$	0	$+$

■ 問題 3 ■　次の 2 次不等式を解きなさい。

(1)　$(x-1)(x+2)<0$　　(2)　$-x^2+6x-8\leqq 0$

補足…2 次関数のグラフと 2 次不等式

$y=(x-2)(x+5)$ のグラフは次の通り。

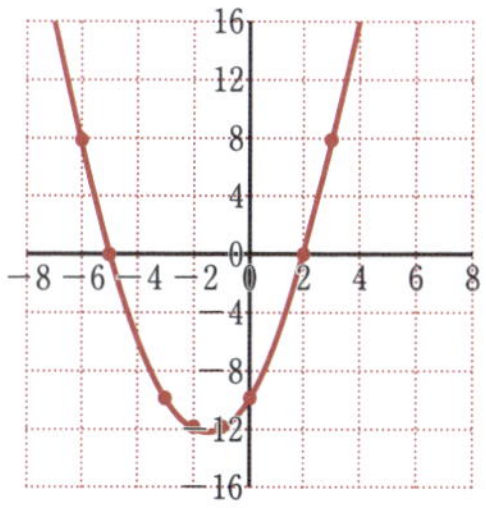

このグラフより，

$y>0 \iff x<-5,\ 2<x$

であることがわかる。

ヒント（問題 3）

例題 3 のような表を作って，＋，－，0 をよく考えて入れる。(1)と(2)では，答えのタイプが違ってくる。

練習問題　EXERCISE

■ 1 ■　次の 2 次関数の頂点と軸を求めなさい。

(1)　$y=(x-2)^2$　　(2)　$y=-\dfrac{1}{8}x^2-4$

(3)　$y=-x^2-4x+6$　　(4)　$y=3x^2-2x+1$

■ 2 ■　次の 2 次不等式を解きなさい。

(1)　$(x+4)(x-4)\geqq 0$　　(2)　$2x^2+3x<0$

9 グラフの変換

式とグラフ

例題 1 次の式で表されるグラフをかきなさい。

(1) $y=\frac{1}{x}$　　(2) $y=\sqrt{x}$

補足…反比例

$y=\frac{c}{x}$（c は定数）は x と y が反比例の関係にあることを表している。

解答 (1) x と y の関係を表にすると以下のようになる。

x	-3	-2	-1	$-\frac{1}{2}$	0	$\frac{1}{2}$	1	2	3
y	$-\frac{1}{3}$	$-\frac{1}{2}$	-1	-2	なし	2	1	$\frac{1}{2}$	$\frac{1}{3}$

この表の点をプロットしてグラフをかくと，次のような双曲線になる。

(1)のグラフ

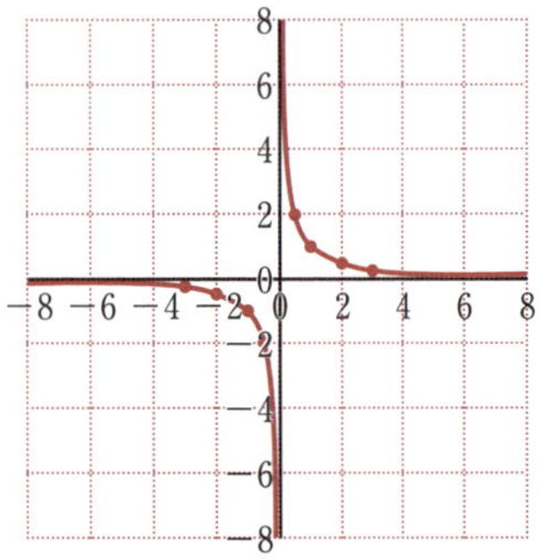

(2)のグラフ

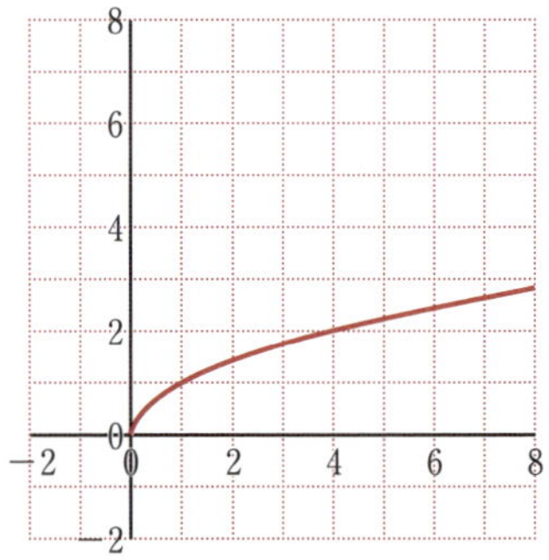

(2) $y \geqq 0$ であり，両辺を2乗すると $y^2=x$ となる。x と y を入れ替えると，$y=x^2$，$x \geqq 0$

これは放物線の右半分である。よって，(2)のグラフは軸を x 軸とする放物線の上半分である。

問題 1 次の式で表されるグラフをかきなさい。

(1) $y=\frac{4}{x}$　　(2) $y=-\sqrt{x}$　　(3) $x^2+y^2=1$

補足…円のグラフ

$r>0$ とする。$x^2+y^2=r^2$ のグラフは原点を中心とする半径 r の円となる。なぜなら，点 P(x, y) と原点 O$(0, 0)$ の距離は，$\sqrt{x^2+y^2}$ であり，それが r と等しいので，$\sqrt{x^2+y^2}=r$。両辺を2乗すると $x^2+y^2=r^2$ となる。

平行移動

x，y の式が表すグラフを，x 軸方向に a，y 軸方向に b 平行移動すると，元の式の x を $x-a$ に，y を $y-b$ に置き換えた式のグラフになる。

例題 2 次のグラフの式を求めなさい。

(1) 放物線 $y=x^2$ を x 軸方向に 5，y 軸方向に -2 平行移動したグラフ

(2) 双曲線 $y=\dfrac{1}{x}$ を x 軸方向に -2，y 軸方向に 3 平行移動したグラフ

解答 (1) $y-(-2)=(x-5)^2$　よって，$y=(x-5)^2-2$

(2) $y-3=\dfrac{1}{x-(-2)}$　よって，$y=\dfrac{1}{x+2}+3$

■ 問題 2 ■ 次のグラフを表す式を求めなさい。

(1) x 軸を軸とする放物線 $y=\sqrt{x}$ $(x\geqq 0)$ を x 軸方向に 1，y 軸方向に 2 平行移動したグラフ

(2) 原点を中心とする半径 5 の円 $x^2+y^2=25$ を x 軸方向に -3，y 軸方向に -4 平行移動したグラフ

補足…平行移動
x 軸方向に a，y 軸方向に b の平行移動において，元の式の x，y を $x-a$，$y-b$ に置き換える理由。

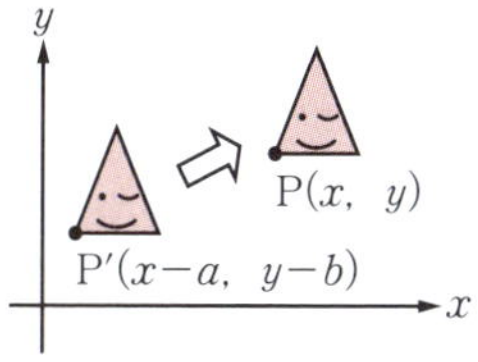

平行移動後のグラフ上のある点を P$(x,\ y)$ とする。このとき，対応する移動前の点は，P′$(x-a,\ y-b)$ であるが，P′ が元の式を満たしていなければならないため。

■ 拡大・縮小

x，y の式が表すグラフを，原点を基準として x 軸方向に a 倍，y 軸方向に b 倍すると，元の式の x を $\dfrac{x}{a}$ に，y を $\dfrac{y}{b}$ に置き換えた式のグラフになる。

補足…拡大・縮小
x 軸方向に a 倍，y 軸方向に b 倍の拡大において，もとの式の x，y を $\dfrac{x}{a}$，$\dfrac{y}{b}$ に置き換える理由。

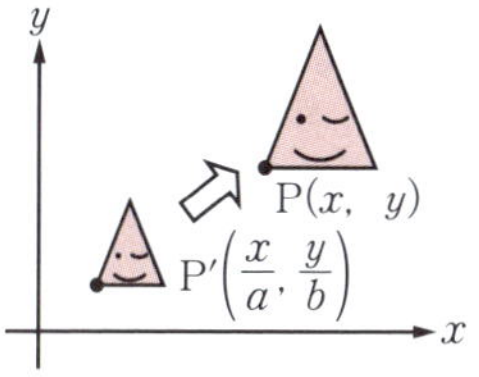

拡大後のグラフ上のある点を P$(x,\ y)$ とする。このとき，対応する拡大前の点は，P′$\left(\dfrac{x}{a},\ \dfrac{x}{b}\right)$ であるが，P′ が元の式を満たしていなければならないため。

例題 3 次のグラフを表す式を求めなさい。

(1) 放物線 $y=x^2$ を x 軸方向に 3 倍したグラフ

(2) 双曲線 $y=\dfrac{1}{x}$ を y 軸方向に 5 倍したグラフ

解答 (1) $y=\left(\dfrac{x}{3}\right)^2$　よって，$y=\dfrac{x^2}{9}$

(2) $\dfrac{y}{5}=\dfrac{1}{x}$　よって，$y=\dfrac{5}{x}$

■ 問題 3 ■ 次のグラフを表す式を求めなさい。

(1) 直線 $y=x+1$ を x 軸方向に 2 倍したグラフ

(2) 原点を中心とする半径 1 の円 $x^2+y^2=1$ を x 軸方向に 3 倍，y 軸方向に $\dfrac{1}{4}$ 倍したグラフ

対称移動（その 1）：座標軸に関する線対称移動

x，y の式が表すグラフを，x 軸について対称移動すると，元の式の y を $-y$ に置き換えた式のグラフになる。また，y 軸について対称移動すると，元の式の x を $-x$ に置き換えた式のグラフになる。

補足

x 軸に関する線対称移動

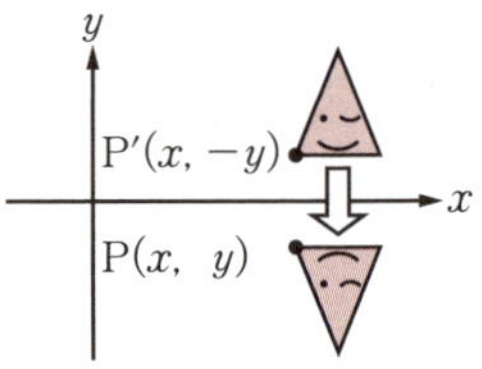

y 軸に関する線対称移動

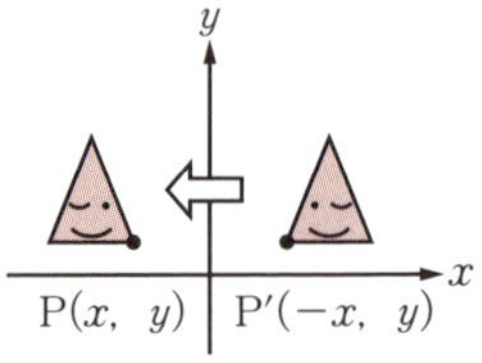

例題 4　次のグラフを表す式を求めなさい。

(1)　直線 $y=2x+3$ を x 軸について対称移動したグラフ

(2)　点 $(2,\ 3)$ を中心とする半径 1 の円 $(x-2)^2+(y-3)^2=1$ を y 軸について対称移動したグラフ

解答　(1)　$-y=2x+3$　よって，$y=-2x-3$

(2)　$(-x-2)^2+(y-3)^2=1$　よって，$(x+2)^2+(y-3)^2=1$

問題 4　次のグラフを表す式を求めなさい。

(1)　放物線 $y=x^2+2x-3$ を y 軸について対称移動したグラフ

(2)　放物線 $y=\sqrt{x}$，$x \geqq 0$ を x 軸について対称移動したグラフ

対称移動（その 2）：原点に関する点対称移動

x，y の式が表すグラフを，原点について対称移動したグラフは，元の式の x を $-x$ に，y を $-y$ に置き換えた式のグラフである。

補足

原点に関する点対称移動

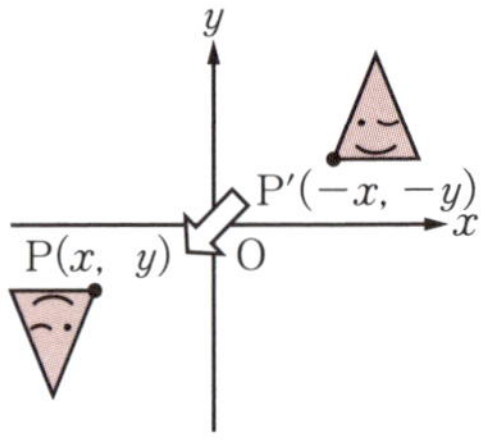

例題 5　次のグラフを表す式を求めなさい。

(1)　放物線 $y=x^2-3x+5$ を原点について対称移動したグラフ

(2)　双曲線 $y=\dfrac{1}{x-1}$ を原点について対称移動したグラフ

解答　(1)　$-y=(-x)^2-3(-x)+5$　よって，$y=-x^2-3x-5$

(2)　$-y=\dfrac{1}{-x-1}$　よって，$y=\dfrac{1}{x+1}$

問題 5　次のグラフを表す式を求めなさい。

(1)　直線 $y=3x+2$ を原点について対称移動したグラフ

(2)　点 $(1,\ -4)$ を中心とする半径 10 の円 $(x-1)^2+(y+4)^2=100$ を原点について対称移動したグラフ

◆◆◆◆◆ 練習問題 ◆◆◆◆◆ EXERCISE

1 次の式で表されるグラフをかきなさい。

(1) $y=-\frac{1}{x}$　　(2) $x^2+y^2=9$

2 次のグラフを表す式を求めなさい。

(1) 放物線 $y=x^2-2x$ を x 軸方向に 3，y 軸方向に -4 平行移動したグラフ

(2) 原点を中心とする半径 4 の円 $x^2+y^2=16$ を x 軸方向に -1，y 軸方向に 1 平行移動したグラフ

(3) 直線 $y=\frac{1}{2}x+1$ を x 軸方向に 3 倍したグラフ

(4) 放物線 $y=x^2+3$ を y 軸方向に $\frac{1}{2}$ 倍したグラフ

(5) 双曲線 $y=\frac{2}{x-4}+3$ を x 軸について対称移動したグラフ

(6) 放物線 $y=\sqrt{x}$，$x \geqq 0$ を y 軸について対称移動したグラフ

(7) 直線 $y=-\frac{2}{3}x+7$ を原点について対称移動したグラフ

(8) 点 $(2,\ -3)$ を中心とする半径 3 の円 $(x-2)^2+(y+3)^2=9$ を原点について対称移動したグラフ

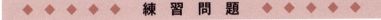

補充問題

[文字式・式の展開]

問題 1　次の式を整理しなさい。

(1)　$a-5-3a+2$　　(2)　$x^2-4xy+4y^2+4x^2+4xy+y^2$

問題 2　次の文字式の変数に指定された数値を代入して計算しなさい。

(1)　x^2+xy+y^2 に，$x=1$，$y=-1$ を代入。　　(2)　$ab^2+bc^2+ca^2$ に，$a=1$，$b=2$，$c=3$ を代入。

問題 3　次の文章を式に直しなさい。

(1)　コーヒー一杯の値段は紅茶一杯の値段より d 円安い。

(2)　税抜き価格 a 円の商品に x %の消費税を付加すると税込み b 円になる。

(3)　ビーカー A には濃度 a %の食塩水 100 g，ビーカー B には濃度 b %の食塩水 100 g が入っている。まず A から B に 50 g 移しよく混ぜてから B から A に 50 g 戻してよく混ぜたところ，ビーカー A の食塩水の濃度は c %になった。

問題 4　次の式を展開しなさい。

(1)　$3(3x+2)-2(2x-3)$　(2)　$(y+2)^2$　(3)　$(a-2b)^2$　(4)　$(z+7)(z-8)$

(5)　$(3x+4)(2x-5)$　(6)　$(x+3)^3$　(7)　$(x-2y)^3$　(8)　$(x+1)^3-(x-1)^3$

[因数分解]

問題 1　次の式を因数分解しなさい。

(1)　$5x^2-20x$　(2)　$5x^2-20$　(3)　$x^2+3x-10$　(4)　$a^2-12a+36$

(5)　$4x^2-7x-2$　(6)　$x^2-4xy+4y^2$　(7)　a^2-100　(8)　x^3+27

(9)　$8a^3-b^3$　(10)　x^4-1

[分数式]

問題 1　次の式を通分しなさい。

(1)　$\dfrac{1}{x}-\dfrac{1}{x+5}$　　(2)　$\dfrac{1}{3x+2}+2x-3$

問題 2　次の計算をしなさい。

(1)　$\dfrac{x+1}{x^2}\times\dfrac{x}{x^2-1}$　　(2)　$\dfrac{x^2-x+1}{x^2-1}\div\dfrac{x^3+1}{(x+1)^2}$

問題 3　次の分数式を部分分数分解しなさい。

(1)　$\dfrac{2}{x(x+3)}$　(2)　$\dfrac{3x+4}{(x+2)(x+3)}$　(3)　$\dfrac{1}{x^2-9}$

[1 次方程式と 1 次関数]

問題 1　次の 1 次方程式を解きなさい。

(1)　$-4x=-24$　(2)　$2x+1=3x+5$　(3)　$\dfrac{x}{2}+\dfrac{x+1}{3}=5$

問題 2　ある立方体の一辺の長さを 1 cm 増やしたところ，その表面積が 7 cm^2 増えた。もとの立方体の一辺の長さを求めなさい。

問題 3　「与えられた数を 2 倍してから 1 を加える」という操作を考える。ある数 x にこの操作を 7 回続けて行ったところ 7 になった。x を求めなさい。

問題 4　次の直線の方程式を求めなさい。

(1)　点 A$(-2,\ 3)$ を通り，傾き $\dfrac{1}{4}$　　(2)　点 B$(2,\ -1)$ を通り，傾き 0

(3)　2 点 C$(-6,\ 3)$，D$(4,\ -3)$ を通る　　(4)　2 点 E$(2,\ 5)$，F$(2,\ 3)$ を通る

問題 5　標高が 100 m 上がると気温は約 0.6 ℃下がるとする。

(1)　標高 0 m の地点の気温が b ℃のとき，標高 x m の地点の気温を y ℃とし，x と y の関係を表しなさい。

(2)　三保の松原（標高 4 m）の気温が 20 ℃のとき，富士山頂（標高 3776 m）の気温を予測しなさい。

[連立方程式]

問題 1　次の連立方程式を解きなさい。

(1) $\begin{cases} -2x+3y=1 \\ x-2y=-2 \end{cases}$　　(2) $\begin{cases} 5x+2y=3 \\ 7x+4y=9 \end{cases}$

問題 2　あるボートは流れのない水面を時速 v_0 [km/h] で進む。流速 v [km/h] の川がある。上流の A 地点から下流の B 地点までこのボートで往復したところ，ちょうど 1 時間かかった。このとき，往きにかかった時間 s [h] と帰りにかかった時間 t [h] を v_0, v を用いて表しなさい。

問題 3　ある仕事があり，A さん一人で行うと 12 日かかり，B さん一人で行うと 18 日かかる。この仕事を最初の何日かは A さん一人で行い，その後は B さん一人で行ったところ，合計 14 日で仕事を完了した。A さん一人で仕事をしていた日数を求めなさい。

[不等式]

問題 1　次の内容を表す不等式を示しなさい。

(1) a は負の数である。　　(2) x の小数点以下を切り捨てると 2 である。

問題 2　次の不等式を解きなさい。

(1) $-2x-4<0$　　(2) $3x+5\geqq 0$　　(3) $\dfrac{x}{3}<\dfrac{x}{4}+1$

問題 3　1000 円で 1個 a 円の商品を 8 個まで買うことができるとき，a の満たす範囲を不等式で表しなさい。

問題 4　長さ 4 m のロープを用いて面積が 0 より大きい長方形の周を作る。このとき，この長方形の対角線の長さのとりうる範囲を不等式で表しなさい。

[2 次方程式]

問題 1　次の 2 次方程式を解きなさい。

(1) $(x-1)(2x+5)=0$　　(2) $x^2-x-30=0$　　(3) $x^2-16x+64=0$

(4) $2x^2+7x+3=0$　　(5) $(x-7)^2=5$　　(6) $x^2+x-3=0$

(7) $(3x-4)^2-9=0$　　(8) $(2x-5)^2=(x-8)^2$

問題 2　斜辺の長さが 3 cm，面積が 1 cm^2 である直角三角形について，直角をはさむ二辺の長さを求めなさい。

問題 3　ある立方体の各辺を 1 cm ずつ増やしたとき，体積が 4 cm^3 増加した。もとの立方体の一辺の長さを求めなさい。

[2 次関数のグラフ]

問題 1　次の 2 次関数の頂点と軸を求めなさい。また，上に凸か，下に凸かを示しなさい。

(1) $y=-x^2+8x$　　(2) $y=x^2+x+1$

問題 2　次の 2 次不等式を解きなさい。

(1) $x^2-4x-12>0$　　(2) $x^2+4x+2\leqq 0$

問題 3　k が実数全体を動くとき，$y=x(x-k)$ の頂点の軌跡が満たす方程式を求めなさい。

[グラフの変換]

問題 1　次のグラフを表す式を求めなさい。

(1) 放物線 $y=x^2+1$ を x 軸方向に 2，y 軸方向に -3 平行移動したグラフ

(2) 原点を中心とする半径 5 の円 $x^2+y^2=25$ を x 軸方向に 2 倍したグラフ

(3) 直線 $y=2x-3$ を y 軸について対称移動したグラフ

問題 2　a を定数とする。次の各グラフは，それぞれの変換の前後において変化しないことを確かめなさい。

(1) 傾き a の直線を x 軸方向に 1，y 軸方向に a 平行移動

(2) $y=ax^2$ を x 軸方向に 2 倍し，y 軸方向に 4 倍したグラフ

(3) $y=ax^3$ を原点について対称移動したグラフ

Chapter 付録 2

数量と単位

数学と現実世界を結ぶのは，現実のものを測定して得られる数量，つまり測定値です。測定値には必ず単位がつき，誤差，言い換えると不確かさが伴います。この章では単位のあらましを紹介し，誤差や不確かさの扱い方を簡単に説明します。

この章は，細かいことは気にせず気楽に読んでください。問題は簡単なものが多いですが，解き方がわからない問題はすぐに解答を見て結構です。なお一部の問題には正解がありません。自分の結果を出せば結構です。

1 数量と単位

なぜ数学で数量を扱うか

これまで学んできた数学は，現実的な世界とは縁の薄いものだと思う人が多いのではないか。だが数学を学ぶ意味は，主に数学の知識を現実世界で使うことにある。大学で学ぶ微分積分，微分方程式，線形代数，確率統計なども，実世界で使ってこそ意味がある。

もちろん数学を学ぶ意義には，物事を論理的に厳密に考える態度，物事の本質的な構造を見抜き認識を深める態度，根拠のあいまいな意見で済まさず確かな事実や真実を誠実に追い求めようとする態度など，社会人として身に付けるべき態度や価値観，能力を育てることが含まれる。

とはいえ，実世界と関わりを持つ数学を学ぶなかでこそ，そのような学習も励みになる。実世界と数学が関わりを持つのは，現実の物事を数量で表して処理し，現象の分析や予測などの情報を得るときであろう。

現実に存在する物事を数量で表すとき，必ず必要なのが測定を行って測定値を得，単位を使って結果を表すことである。単位は古くから使われてきたが，合理的で普遍的・国際的共通性のある単位が作られたのは近代である。メートルとキログラムはフランスで1799年に定義されたのが最初で，メートル原器・キログラム原器が作られたのは1798年である。現在も研究が進められ，国際基準も常に変更が検討されている。

一方，このような基準の精度の追及と同時に，あいまいさへの関心も高まった。「不確かさ」は新しい分野で活発に研究が進められている。ただし，「これまでの方法」も学生実験や普通の企業や国・自治体などで使われ続けている。本書では新しい考え方の要点を紹介し，併せて実用的な「これまでの方法」を紹介する。

量と単位

長さ，質量（重さ），時間，速度，密度のような現実世界の量が「どれだけあるか」は，何か基準を決め，その基準が「いくつ分あるか」で表す。その基準が単位であり，「いくつあるか」は数直線上の数値（実数）で，実際には整数または有限な桁数の小数で表される。

例 長さの基準は1 m（1メートル）で，m（メートル）が単位である。長さ3.46 mとは，1 mの長さの3.46個にあたる長さである。

補足…メートル法
長さの単位をメートル，質量の単位をキログラムとし，10進法を使って数値を表す単位系のことである。フランス革命時に，当時の第一線の科学者による議論と，厳しい条件の下での測量によって作られた。
その後国際単位として数次の改定を経て現在使われており，今後も改定が予定されている。

補足…1 mを決めた測量
フランス革命政府が1792年に測量隊を派遣し，フランス国内とスペインで測量を行った。1798年に完了し白金のメートル原器が作られた。

補足…メートル原器
19世紀後半に，メートル原器もキログラム原器も国際的な協力の下，より精密に作り直された。1 mの定義はその後，原子が放射する光の波長を使って改定された。キログラムの定義は，メートル原器を使わないようにすることが決定されているが，2017年7月現在，新定義はまだできていない。

補足…1 mの最初の定義
上述の測量で求めた，北極から赤道までの経線の長さの1000万分の1とされた。

補足…1 kgの最初の定義
1辺10 cmの水の質量とされた。

■単位の国際規約

単位については，国際度量衡委員会やその総会で決めている。長さ，質量，時間など7つの基本量の単位（SI基本単位）と，面積・速度・密度・力など基本単位の積・商で作られる組立単位が決められている。表1にSI基本単位（7つの基本量の名称とその記号，および定義）を示す。

補足…SI（国際単位系）
フランス語でSystème international d'unités（SI），英語でInternational System of Unitsの略称。国際度量衡委員会（CIPM：Comité International des Poids et Mesures）ならびにその総会（CGPM）で決定する。

表1　SI基本単位

基本量の名称	単位記号	定義
長さ	m（メートル）	1秒の299 792 458分の1の時間に光が真空中を伝わる行程
質量	kg（キログラム）	国際キログラム原器の質量
時間	s（秒）	セシウム133の原子の基底状態の2つの超微細構造の間の遷移に対応する放射の周期の9 192 631 770倍の継続時間
電流	A（アンペア）	真空中に1 mの間隔で平行に置かれた無限に長い直線状の無限に小さい円形断面積をもつ導体のそれぞれを流れ，導線1 mにつき 2×10^{-7} ニュートンの力を及ぼしあう一定の電流
熱力学的温度	K（ケルビン）	水の三重点の熱力学的温度の1/273.16
物質量	mol（モル）	0.012 kgの炭素12の中に存在する原子数に等しい要素粒子を含む系の物質量
光度	cd（カンデラ）	周波数 540×10^{12} ヘルツの単色光を，所定の方向の放射強度1/683ワット毎ステラジアン（立体角）で放出する光源の，その方向における光度

■次元

長さの基本単位はmだが，kmやmmなど様々な単位が使われる。どれも共通に「長さ」であることを示したいとき「次元」を使う。長さを表す次元記号はLで，次元は[L]と書く。表2に7つの基本量の次元記号を示す。次元は，次ページ以降の組立単位で大切になる。

補足…CGPM
CGPM第1回総会は1889年に開かれ，国際キログラム原器（プラチナ90％，イリジウム10％の合金で，直径・高さとも39 mmの円柱）を国際的な質量の基準として承認した。現在質量の単位の新しい定義を検討中である。

表2　次元の記号

基本量	長さ	質量	時間	電流	熱力学的温度	物質量	光度
次元記号	L	M	T	I	Θ	N	J

■基本単位と組立単位

組立単位とは，基本単位の積や商で定義される，面積・体積や速度，力，密度などの単位である。よく使われる組立単位はSIで定義されている。前ページの基本単位の定義にも使われる組立単位があるが，他の基本単位を使った組立単位なので循環論法の問題は発生しない。有力な組立単位の意味などは次節以降で触れる。

問題 1 SI 基本単位の定義（表 1）に使われている組立単位を，第 2 節の表 3，表 4，表 5 を参考にすべてあげ，どの基本単位を使って定義された組立単位か述べ，循環論法の問題が生じないことを説明しなさい。

物理量の単位（物理単位）と物理量でない単位

長さ，質量，時間など多くの単位は物理量の単位であるが，個数，人口，人口密度など，よく使われる単位には物理単位でないものもある。個数の単位は，1 個，1000 個などの他，ダース（12 個）がある。人口密度は，面積当たりの人口で，組立単位である。お金（円，ドル，ユーロなど）にも単位がある。SI 基本単位でも，光度（カンデラ）は「人が標準的に感じる明るさ」の単位であり，物理量でなく心理物理量と呼ばれる量の単位である。ただし，厳格な物理的測定が可能になっている。

問題 2 鉛筆 16 ダースには何本の鉛筆があるか。

SI 単位と非 SI 単位

以上のように，多くの SI 単位が定められているが，その他にも食品で使われるカロリーや，特定の国で使われているヤード（長さ），ポンド（重さ）などの単位がある。これらは非 SI 単位と呼ばれる。

物理単位でも，分，時，日（時間）や度，分，秒（平面角），ヘクタール（面積），リットル（体積），トン（質量），天文単位（長さ）などは非 SI 単位であるが，これらは SI 単位を用いて定義されている。

単位系

一貫性ある単位の使い方で，必要なすべての単位を定義しているものを単位系という。SI 単位系が単位系の代表であるが，特定の分野で便利が良くて使われている単位系もある。素粒子物理で使われる cgs 単位系，真空中の光速，電子質量，換算プランク定数を基本単位とする自然単位系などがある。

循環論法

A で B を定義し，かつ，B で A を定義するのでは，何も定義できないことになる。このような議論を循環論法という。単位の定義に循環論法的な表現が使われるのは，量は極めて基礎的な概念なのでやむを得ず，質量や時間など意味が分かっていることが前提である。しかし，電流の定義に時間を使い，時間の定義に電流を使うようなことは許されない。

光度

光度は量そのものに馴染みがなく，定義の表現も分かりにくいが，本章第 6 節で説明する。

補足…補助的な SI 単位の例

ヘクタール(ha)
　1 ha＝10^4 m^2
リットル(L)
　1 L＝10^{-3} m^3＝10^3 cm^3
トン(t)
　1 t＝10^3 kg
天文単位(au)：第 3 節参照

補足…cgs 単位系

センチメートル（cm），グラム（g），秒（s）秒を基本単位とする単位系。

数値の科学的記数法

10 のべき乗を使った数値の表現方法を科学的記数法という。非常に大きい数や小さい数を表すときに便利である。また，後で述べる有効数字を表す場合にも便利である。

例 太陽中心から地球中心までの平均的な距離は，1.496×10^{11} m

例 インフルエンザウイルスの大きさは，約 8×10^{-19} kg

例 火縄銃を撃つと，弾は 200 m 飛んだ。(測定精度不明)

⇩

火縄銃を撃つと，弾は 2.000×10^{2} m 飛んだ。(精度 10 cm で測定)

問題 3 次の値を SI 基本単位と科学的記数法で表せ。

(1) 北極から赤道までの長さ（弧長）は，10,002 km である。

(2) 新幹線 N700 系 1 編成 16 両の質量は，約 700 t（トン）である。

SI 接頭辞

側注に SI 接頭辞の表をあげる。

例 生物の細胞膜は，厚さ約 6 nm(ナノメートル)〜10 nm である。

問題 4 次の値を基本単位と科学的記数法で表しなさい。

(1) クモの巣の糸の幅は，約 5 μm（マイクロメートル）である。

(2) ヒトの赤血球の質量は，約 90 pg（ピコグラム）である。

補足…SI 接頭辞

単位を表す補助的な記号として，キロ，メガ，デシ，ミリ等がある。これらについても SI で定義されており，SI 接頭辞と呼ばれる。

接頭辞	記号	乗数
ヨタ（yotta）	Y	10^{24}
ゼタ（zetta）	Z	10^{21}
エクサ（exa）	E	10^{18}
ペタ（peta）	P	10^{15}
テラ（tera）	T	10^{12}
ギガ（giga）	G	10^{9}
メガ（mega）	M	10^{6}
キロ（kilo）	k	10^{3}
ヘクト（hecto）	h	10^{2}
デカ（deca）	da	10^{1}
デシ（deci）	d	10^{-1}
センチ（centi）	c	10^{-2}
ミリ（milli）	m	10^{-3}
マイクロ（micro）	μ	10^{-6}
ナノ（nano）	n	10^{-9}
ピコ（pico）	p	10^{-12}
フェムト（femto）	f	10^{-15}
アト（atto）	a	10^{-18}
ゼプト（zepto）	z	10^{-21}
ヨクト（yocto）	y	10^{-24}

◆◆◆◆◆ 練 習 問 題 ◆◆◆◆◆ EXERCISE

1 次の量を SI 基本単位で科学的記数法を使って表しなさい。

(1) 光は 1 日に 25.9 Tm（テラメートル）進む。

(2) 100 Mt（メガトン）の TNT 火薬と同じ威力がある爆弾。

2 次の量を適当な SI 接頭辞を使って表しなさい。

(1) 酸素の原子核の半径は，約 3×10^{-15} m である。

(2) 酸素原子 1 個の質量は，2.66×10^{-26} kg である。

3 次の値を SI 基本単位で表しなさい。

(1) 国際宇宙ステーションは，地上約 400〜420 km の上空を飛ぶ。

(2) 1914 年の桜島の噴火では，3 Gt（ギガトン）の溶岩が流れた。

2 組立単位

基本単位を用いて表される SI 組立単位

SI 基本単位の積や商で作られる面積・体積や速度，密度などを組立単位という。表 3 は，単位の名称に SI 基本単位を使う組立単位である。

表 3　基本単位を用いて表される組立単位

組立量（別名）	名称	単位記号	基本単位で表現	次元
面積	平方メートル	m^2	m^2	[L^2]
体積	立方メートル	m^3	m^3	[L^3]
速さ（速度）	メートル毎秒	m/s	$m\,s^{-1}$	[LT^{-1}]
加速度	メートル毎秒毎秒	m/s^2	$m\,s^{-2}$	[LT^{-2}]
密度（質量密度）	キログラム毎立方メートル	kg/m^3	$kg\,m^{-3}$	[$L^{-3}M$]
電流密度	アンペア毎平方メートル	A/m^2	$A\,m^{-2}$	[$L^{-2}I$]
磁界の強さ	アンペア毎メートル	A/m	$A\,m^{-1}$	[$L^{-1}I$]
量濃度	モル毎立方メートル	mol/m^3	$mol\,m^{-3}$	[$L^{-3}N$]
輝度	カンデラ毎平方メートル	cd/m^2	$cd\,m^{-2}$	[$L^{-2}J$]
屈折率		1	$m\,s^{-1}/m\,s^{-1}$	1

表 3 にあげたものは，定義通りに単位を求めることができる。例えば面積は一辺 1 m の正方形の面積：$1\,m \times 1\,m = 1\,m^2$ を基準とする量で，単位は m^2 である。32.7 m^2の土地なら，1 m^2 が 32.7 個分の広さである。簡単な例を計算して単位を求める方法もある。

例　速度は「速度＝距離/時間」で計算される。例えば 100 m を 9.8 秒で走ると　速度＝100 m/9.8 s＝10.2 m/s となり，単位は m/s になる。

例　（体積の単位）タテ 3 m ヨコ 5 m 高さ 2 m の直方体の体積は $3\,m \times 5\,m \times 2\,m = 3 \times 5 \times 2\,m^3 = 30\,m^3$ となる。単位は末尾の m^3。

問題 1　加速度は「速度の変化/時間」で計算する。速度の変化は速度と同じ単位でよい。上の例にならって，加速度の単位を導きなさい。

無次元の量

同じ単位を持つ量どうしの比は無次元の量になる。屈折率は真空中の光の速さを物質中の光の速さで割って得られる。速度/速度 の単位になり無次元である。

無次元量の単位記号や次元記号を上の表のように 1 と表記するが，実際には「1」は使われない。何も書かないのが普通である。

注意…他の単位

基本単位に接頭辞をつけるなどして，別の単位を作ることもできる。速度なら，km/h（キロメートル毎時）など。

■固有の名称と記号で表されるSI組立単位

組立単位のなかには，力（ニュートン）や平面上の角度（ラジアン）など，固有の名称（固有名）を持つものがある。表4はその例である。

表4　固有名を持つ組立単位の例

組立量	名称	記号	単位の表現
平面角	ラジアン	rad	1
立体角	ステラジアン	sr	1
周波数	ヘルツ	Hz	s^{-1}
力	ニュートン	N	$m\,kg\,s^{-2}$
圧力，応力	パスカル	Pa	N/m^{-2}
エネルギー，仕事	ジュール	J	N m
仕事率，電力	ワット	W	J/s
電荷	クーロン	C	s A
電位差	ボルト	V	W/A
静電容量	ファラッド	F	C/V
電気抵抗	オーム	Ω	V/A
セルシウス温度	セルシウス度	℃	K
光束	ルーメン	lm	cd/sr
照度	ルクス	lx	lm/m^2
放射性核種の放射能	ベクレル	Bq	s^{-1}
吸収線量	グレイ	Gy	J/kg
線量当量	シーベルト	Sv	J/kg

補足…放射線関係の単位
ベクレル，グレイ，シーベルトは原発事故の際に有名になったが，相当に混乱があった。これらもSIで定義された単位である。本書では特に解説しないが，興味ある読者は，是非インターネット検索などで意味と相互の違いを調べてほしい。

■組立単位のいくつかの表現方法

例えばエネルギーの単位J（ジュール）はN mで表現されるが，SI基本単位だけを使って表現することもできる。$N=m\,kg\,s^{-2}$より$J=N\,m=m^2\,kg\,s^{-2}$だから，エネルギーの単位ジュールは$m^2\,kg\,s^{-2}$である。

■問題2■　表4で，上の例以外に他の組立単位を使って表現されている単位をすべてあげなさい。さらに，それらの単位をSI基本単位だけで表現しなさい。

■問題3■　表4の組立単位の次元を書きなさい。

単位名に固有の組立単位の名称を含む SI 組立単位

単位の名称中に固有名を持つ SI 組立単位を含む組立単位がある。

表 5　単位名に固有名を持つ組立単位が含まれる組立単位の例

組立量	名称	単位記号
力のモーメント	ニュートンメートル	N m
角速度	ラジアン毎秒	rad/s
熱容量・エントロピー	ジュール毎ケルビン	J/K
熱伝導率	ワット毎メートル毎ケルビン	W/(m K)
照射線量（X 線と γ 線）	クーロン毎キログラム	C/kg
吸収線量率	グレイ毎秒	Gy/s

この場合も SI 基本単位だけを使って単位を表すことができる。

例　力のモーメントの単位は $\mathrm{N\,m}=\left(\mathrm{m}\,\dfrac{\mathrm{kg}}{\mathrm{s}^2}\right)\mathrm{m}=\mathrm{m^2\,kg\,s^{-2}}$ となる。次元は［$\mathrm{L^2MT^{-2}}$］である。

問題 4　表 5 の組立量それぞれの単位を，SI 基本単位だけで表しなさい。また，それぞれの次元を書きなさい。

同一次元の異なる種類の組立単位

次元が同一でも量としては異なるものがある。例えば力のモーメントの次元はエネルギーの次元と同じである。しかし両者は別物で，力のモーメントは何らかの軸の周りの回転を引き起こす量であり，エネルギーは位置エネルギー・運動エネルギー・熱エネルギーなどの形をとる，物質の状態を表す量である。

無次元量に関する補足

角度（ラジアン，ステラジアン）は無次元の量であるが，たとえばラジアンは「弧の長さ/円周全体の長さ」で定義されるので，m/m で定義された無次元の量と考え，組立単位として扱われる。

問題 5　立体角（ステラジアン）の定義を正確に述べなさい。また，ステラジアンが無次元量である理由を述べなさい。（必要ならば，インターネットなどで調べて解答すること）

割合や％も無次元量である。個数・人数，場合の数や確率も無次元量である。以下はこのような無次元量の例である。

例　サッカーＪリーグ2016年度1位鹿島アントラーズの年間リーグ戦成績は34試合18勝5分11敗だった。勝率（勝数/試合数）は52.9％で，2位浦和レッズ（23勝5分6敗）は勝率67.6％だった。

例　日本における2015年の出生数は100万5,677人であり，合計特殊出生率は1.45であった。ここで合計特殊出生率は次の式で求める：

$$\sum_{x=15}^{49} \frac{f(x)}{g(x)}$$

ただし，$g(x)$は年齢xの女性の数，$f(x)$は年齢xの女性が1年間に生んだ子供の数である。

■ **問題6** ■　日本の出生数，出生率とその推移，諸外国との比較についてインターネットで検索し，意見をまとめなさい。（正解は用意しません）

単位の換算（組立単位の場合）

組立単位でも，基本単位だけでなく接頭辞をつけたり，様々な単位が使われる。そこで，単位の間の換算が必要になる。

■ **問題7** ■　体積1 cm^3は何m^3に等しいか答えなさい。

■ **問題8** ■　1 N を$\mathrm{g\,cm\,s^{-2}}$で表しなさい。

参考…ダイン（dyn）
$\mathrm{g\,cm\,s^{-2}}$は，cgs単位系でダインと呼ばれる単位である。

◆◆◆◆◆ 練習問題 ◆◆◆◆◆ EXERCISE

■ **1** ■　1 erg（エルグ）とはエネルギーの単位で，1 dyn（ダイン）の力が働いて1 cm力の方向に動かすエネルギーである。何J（ジュール）か。

3 長さの単位と組立単位

この節では，長さの単位と，長さを使う組立単位をやや詳しく扱う。歴史的事情にも触れる。

長さ・面積・体積の単位の定義

長さには，基本単位以外の様々な単位がある。

例 光年。光が 1 年間に進む距離で，9 460 730 472 580 800 m と定義される。しかし SI では単位として採用していない。

例 Å（オングストローム）。1 Å $=10^{-10}$ m である。かつては原子や分子のサイズや可視光の波長を表示するのによく使われたが，SI では推奨されていない。

例 au（天文単位）。地球と太陽の間の平均距離に由来するが，この距離は変化するため，1 au＝149 597 870 700 m と SI で定義されている。

注意…数字の区切り方
SI では，桁数が多い数を表現するのに “,” は使わず，1 の位から 3 個ずつ区切り，少し空白を開けて書く。

注意…小数点
小数点は SI では “.”（日本など）でも “,”（ドイツ，フランスなど）でもよい。
日本で
123,456,789.0123
と書く数は，ドイツでは
123.456.789,0123
と表される。
SI 標準の書き方は
123 456 789.0123
または
123 456 789,0123
である。どちらでもよいとされている。

問題 1 火星と太陽の間のおよその距離は 1.5 au である。キロメートルで表すとどうなるか。光年で表すとどうなるか。

問題 2 月と地球の間の平均距離 384,400 km を au で表しなさい。

長さの単位の歴史

単位は文明の発生以前から使われてきたであろう。麦やコメなどの農作物，水，レンガや木，耕地面積などを測り記録することなしに大文明は存在できなかったであろう。各地で様々な単位が使われてきたが，メートル法は 19 世紀に次第に世界に普及し，1875 年にメートル条約が締結され，CIPM 設立に至った。日本は 1885 年にこの条約に加盟，1891 年に度量衡法を制定し，それまで使われていた尺貫法とメートル法の併用を図った。戦後 1959 年に土地・建物の坪表記を除きメートル法が完全実施され，1966 年には坪表記も公的には廃止された。

メートル法を採用しない国

メートル法を主要な単位として採用していないのは，2006 年にはアメリカ合衆国，リベリア，ミャンマーの 3 か国，他にイギリスではメートル法とヤード・ポンド法が併用されている。アメリカは現在もメートル法がほとんど使われていない唯一の国と見られている。

歴史的な単位の例

例 フィート（ヤード・ポンド法における長さの基本単位）。1 フィートが 0.3048 メートルである。1 フィート＝12 インチ，1 ヤード＝3 フィートと定めた副次的な単位も使われている。

例 尺（尺貫法における長さの単位）。日本で伝統的に使われてきた。中国文明の影響による。1 尺$=\frac{10}{33}$ m（度量衡法：1951 年廃止）。

問題 3 「アルプス一万尺」は，日本アルプスを指す。歌詞の「小鑓」は槍ヶ岳（3,180 m）頂上すぐ下の小峰である。槍ヶ岳は何尺か。また，1 万尺は何 m か。

問題 4 「6 尺豊かな大男」は 6 尺以上の身長の男子を表す。何センチ以上を指すか。

参考…フィート
シュメール文化（メソポタミア）や古代ヨーロッパのほぼすべての文化で，足の長さを基準にした長さの単位が使われていたという。以来各文化・各国でまちまちの“フィート”が使われてきたが，1959 年にアメリカ・イギリスなど英語圏 6 か国で国際フィートとして統一された。

参考…日本の伝統的な単位系
里，町，間（歩），丈，尺，寸の体系が作られていた。一辺 1 間（歩）の正方形の面積が 1 坪（約 3.3 m^2）。この単位は古来変わっていない。

人口密度

人口密度は，単位面積当たりの人口で，千人/km^2 のように人口の単位と面積の単位を明示して使われることが多い。

問題 5 日本の人口の推定値 127,103,000 人（2014 年），面積 377,972 km^2 として，適切な単位で人口密度を求めなさい。

◆◆◆◆◆ 練習問題 ◆◆◆◆◆ EXERCISE

1 大化の改新の後の律令制では，良民（6 才以上）男子 1 人に土地 2 段，女子にその $\frac{2}{3}$ の口分田が与えられ，租庸調の納税が義務付けられた。1 町が 10 段，1 段は 360 歩（面積にも流用，1 歩＝1 坪）。

(1) 男子に与えられる口分田面積を SI 単位で表しなさい。

(2) 全国の耕地面積を 600,000 町，人口 7,000,000 人とし，1 人が 1 年に米を 1 石消費する。1 段当たりの生産高は少なくともどれだけか。

(3) 1 人が 1 日に食べる米の量は 3 合で，その分量が 1 歩の田でできたと言われる。1 段の田では，どれだけの米がとれるか。なお，1 石は 10 斗，1 斗は 10 升，1 升は 10 合，1 合は 0.18 L（リットル）。

参考…口分田の実施
それほど完全に実施されたとはいえず，統計も庸調が減免される女子が男子よりずっと多いなど不備が指摘されている。

補足
米 1 石は約 150 kg

参考…田の等級
上田，中田，下田，下下田と分けられていた。1 段 1 石は上田と推定される。

4 質量と質量を使う組立単位

質量と重さ

質量と重さの違いを確認しておこう。質量はそれぞれの物自身に固有な量で，どこに持ち運んでも変わらないが，重さは変わる。重力の作用が場所によって変わるからである。質量 1 kg の物体は地球の表面では標準的には 1 kg の重さだが，月に運べば約 167 g の重さになる。重さとは，物質の量そのもの（質量）に働く力の大きさを測ったものである。

万有引力の法則と重力

ニュートンによる万有引力の法則とは，

$$F=\frac{Gm_1m_2}{{r_{12}}^2} \qquad (1)$$

m_1，m_2 は 2 つの物体 1，2 それぞれの質量，r_{12} は物体間の距離，G は万有引力定数，F は物体間の引き合う力である。宇宙のすべての物体間に，この式で決まる力がお互いに働いて引き付けあっている，というのが万有引力の法則である。

地球の重力とは，物体 1 を地球とし，物体 2 を他の様々な物体としたときに，物体 2 に物体 1 が及ぼす力である。r_{12} は地球の中心と物体 2 との距離であるから，物体が動けば変わる。高い山の上の物体や人工衛星などの物体では r_{12} は大きくなるから F は小さくなる。

重力加速度 g とは，$F=gm_2$ によって定義される量だから

$$g=\frac{Gm_1}{{r_{12}}^2} \qquad (2)$$

で与えられる。定数 G や地球の質量 m_1 は物体 2 が位置を変えても変わらないが，r_{12} が変わればg の値も変わるのである。

問題 1　平地で体重 65 kg の人がエベレスト（8,848 m とする）の頂上で測った体重を求めなさい。ただし地球の半径を 6,371 km とし，地球中心からの距離の変化のみが重力加速度に影響すると考えなさい。

問題 2　場所による重力加速度の違いをインターネットで調べなさい。

補足…G の値
$G=6.67408(31)\times10^{-11}$ $\mathrm{m^3\,kg^{-1}\,s^{-2}}$
である。記号は，第 8 節参照。

補足…g の値の変化
同じ高度でも場所が違うと g の値は変化する。地球の自転により地球表面はやや扁平になっているから，r_{12} が変化する。自転自体による遠心力の影響もある。また，地下に何が埋まっているか，密度の高い（重い）物体か密度が小さい（軽い）物体かでかなり違う。
(1)式や(2)式は地球が均一な密度で真に球体であるとした近似値である。実際には場所で変化する密度を積分して計算する必要がある。逆に，g の値を精密に測定することで，地下の様子が多少分かる。g の値が標準より大きければ，地下に鉱石のような「重いもの」が埋まっている公算が高い。

歴史的な単位の例

長さ同様，質量（重さ）には様々な単位が使われてきた。

例 ポンド：英米では昔からポンドが使われており，アメリカとイギリスでも違いがあった。1959年に英米等6か国で統一され，1ポンド＝0.453 592 37 kg となった。

例 貫：明治時代に3.75 kg と定義されたが，現在は公的には使用されない単位である。

問題3 バター0.5ポンドは，何グラムか。

問題4 キログラム原器は本来何ポンドか。また，何貫か。質量1貫の「貫原器」が日本で作られたことがある。何ポンドであったか。

問題5 江戸時代の横綱谷風（宮城県出身）は身長189 cm 体重169 kg（横綱昇進時）とされている。同時期の横綱小野川（滋賀県出身）は176 cm，116 kg とされる。両横綱の身長・体重を尺貫法で表しなさい。

練習問題 EXERCISE

1 次の表は，太陽，地球，月，木星の直径と質量である。それぞれの密度を求めなさい。また，気づいたことを述べなさい。

天体	太陽	地球	月	木星
直径（km）	1,392,000	12,756	3,475	139,800
質量（kg）	1.988×10^{30}	5.972×10^{24}	7.346×10^{22}	1.899×10^{27}

2 肉牛一頭からとれる肉の質量は280 kg 程度である。0.5ポンドステーキ何枚分とれるか（端切れの肉も形成肉にして使うとして）。

3 真珠は「もんめ」（英語で mom）を単位として取引される。真珠の密度は約2.7 g/cm^3 である。直径8 mm の上質の真珠1珠の価格を24,000円とすると，もんめ当たりいくらになるか。ただし，1もんめは3.75 g である。

5 時間と時間を使う組立単位

時間は，物ではない。しかし，現実世界にとってなくてはならない基本の量である。時間の経過自体が日常生活にも産業経済にも非常に大切なものであるし，時間を使った合成単位である速度・加速度や力は，物理現象を解き明かすうえで最も基本となる量である。

時間の様々な単位

例 日，時，分はSI単位ではないが，SI単位で一貫した記述を行っている際にも，時・分を併用してよい。なお，分や秒が作られたのは13世紀のヨーロッパで精密な機械式時計が発明された頃である。

例 1年の長さ（日数）の平均は，ユリウス暦（325年に制定）で365.25日，グレゴリオ暦（1582年に制定）で365.2425日とされる。

問題1 365日は何秒か。

問題2 1年の秒数をユリウス暦とグレゴリオ暦でそれぞれ求めなさい。

うるう秒

最近の45年間で27回うるう秒が挿入されている。セシウム原子の放射光を使う現在の秒の定義に，微妙な問題があるとされている。定義ではこの放射光の9 192 631 770周期を1秒とするが，1967年時点で9 192 631 997周期にしておけば，1回の挿入と2回の削除で済んだと言われている。現在の定義は1750～1892年の間の測定値に基づいており，当時の地球の自転速度と現在の自転速度でずれが生じているのである。自転速度は長期的には月の引力などによる海水の潮汐の効果で少しずつ遅くなっているが，他にも地球内部のマントル対流や風の影響もあると言われ，短期・中期の複雑な変動があり量的な究明はできていない。

秒の定義を変更すると，測定されている様々な物理定数に影響が及ぶ。数式の計算をやり直すことにもなるので，秒の定義は容易に変えられず，比較的影響の少ない，うるう秒の挿入によって，1日は24時間，1時間は60分，1分は60秒という設定と，季節や日の出，日没など現実的な日月のありようにズレが生じないように調整されている。

速度

時間を使う組立量としては最も基本的なものである。SI でも様々な単位が使われる。

問題 3 新幹線は現在最高時速 285 km で営業運転している。秒速では何 m か。

問題 4 ミミズは 1 分間に自分の体の長さ程度動く。体長 10 cm のミミズの標準的な速度を，cm/s を単位として求めなさい。

加速度

加速度は，速度の変化を変化に要する時間で割って得られる。力の単位に直結するので非常に大切な量である。

例 時刻 0 秒から 10 秒までの間に，速度が20 km/h から 60 km/h まで変化したとする。この間の平均的な加速度は

(40 km/h)/(10 s)≅1.1 m/s²

問題 5 新幹線が駅を出発して 2 分後に最高速度 285 km/h に達したとする。この間の平均的な加速度を求めなさい。また，この加速度で体重 70 kg（質量も 70 kg）の人にかかる力はどれだけか。

練習問題 EXERCISE

1 時刻 $t=0$ で速度 0，$t>0$ で一定の加速度 α で直線運動をする物体の位置を $x(t)$ とすると，$x(t)=\frac{\alpha t^2}{2}+x(0)$ であることを示しなさい。

2 H2 ロケットが打ち上げ後約 380 秒で速度 5.6 km/s に達するとしよう。この間一定の加速度 α で運動したとして，α を適当な単位で求めなさい。また，α を重力加速度と比較して，どんなことが言えるか考察しなさい。

3 ミミズは，静止状態から 0.15 秒間に 3 cm 動けるという観測結果がある。この場合前半 0.075 秒の加速度 α，後半 0.075 秒の加速度 $-\alpha$ で運動したとする。α の値を適当な単位で求めよ。また最高速度はどれだけか。

ヒント 1
微分積分を使う。位置 $x(t)$ を t で微分すると速度 $v(t)$ になり，速度 $v(t)$ を t で微分すると加速度 $\alpha(t)$ になる。よって，加速度を積分すれば速度，速度を積分すれば位置になる。

6　そのほかのSI基本単位

電流の単位（アンペア）

電流・電気・磁気の関係では多くの物理量が使われている。本書では磁気は扱わず，電気電流について基本的な量を説明する。いずれもアンペアを使って定義される。

電荷，電気量（クーロン）

電荷量の単位で，1 A（アンペア）の電流が1秒間に運ぶ電荷である。1個の電子の持つ電荷の $6.241\,510 \times 10^{18}$ 倍で，これだけの個数の電子の持つ電荷が1 C（クーロン）である。

問題1　後述のアボガドロ定数は約 $6.022\,140 \times 10^{23}$（1 mol当たり個数）である。電子1 molは何Cの電荷を持つか。

電圧（ボルト）

1 Cの電荷を導体の2点間を運ぶのに，1 J（ジュール）の仕事が必要になるときの，その2点間の電圧とSIでは定義されている。

別の定義では，1 Aの電流が流れる導体（導線）2点間で消費される電力が1 W（ワット）であるときの，その2点間の電圧とされる。実質的に同じ定義であるが，後者の定義ではワット（電力）を先に定義しなければならない。

電力（ワット）

電力は，単位時間に電流がする仕事（単位はJ他）である。一定の電流が流れているとき，その発熱量を測れば測定できる。

電力 P と電圧 V，電流 I の間には

$$P = VI$$

の関係がある。電圧100 V，電流1 Aの電流が消費する電力は100×1 W，あるいは100 J/s（ジュール毎秒）である。

問題2　250 Vで5 Aの電流が流れるとき，電力を求めなさい。

問題3　水を張った水槽を通る導体に1 Aの電流を流したところ，0.1リットルの水の温度が10分間で15度上昇した。

(1)　水1 cm^3 を1度温めるのに必要なエネルギーを4.2 Jとして，電流が消費したエネルギー全体を求めなさい。

(2)　このときの電圧と電力を求めなさい。

■ 抵抗（オーム）

物体に電流を流そうとするとき，実際に流れる電流 I とそのときの電圧 V の比 $R=\dfrac{V}{I}$ が抵抗である。抵抗は物体に固有の値で，電流の流れにくさを表している。

■ **問題 4** ■　抵抗のある回路に電流を流したところ，電流は 2.5 A，消費電力は 50 W であった。回路全体の電気抵抗を求めなさい。

■ **問題 5** ■　電球に電圧 100 V で電流を流すと 1 A の電流が流れた。

(1)　電球の持つ抵抗を求めなさい。

(2)　このとき消費される電力を求めなさい。

物質量（モル）

原子や分子など物質を構成する基本となる微小な粒（要素粒子と呼ばれる）の個数に関わる量である。1 アボガドロ定数個の粒子が存在するとき，その物質量は 1 mol（モル）である。定義としては，同位元素 ^{12}C 12 g 中の物質量が 1 mol であり，その中に存在する炭素原子の数がアボガドロ定数である。

■ **問題 6** ■　^{12}C 100 g は何 mol か。

■ **問題 7** ■　炭素は地球表面での自然状態では，重量比で ^{12}C が 98.9 %，^{13}C が 1.1 %存在する。^{13}C は 13 g で 1 mol，したがってアボガドロ定数個の原子がある。自然状態の炭素 12 g には，何 mol の ^{12}C 原子と何 mol の ^{13}C 原子が存在するか。

熱力学的温度

熱力学を使って定義された温度で，いわゆる絶対温度である。一般には，理想気体を使ってカルノーの定理から導かれるが，詳細は熱力学の専門書に譲る。他に，エントロピーを使う方法や統計力学を使う方法があるが，これらはいっそう数学的・抽象的な定義になる。

■ 熱力学的温度（K）とセルシウス温度（℃）

熱力学的温度 T（単位 K）と現在定義されているセルシウス温度 θ（単位 ℃）の間には，簡単に表現すると

$$\theta = T - 273.15$$

の関係がある。セルシウス温度とはいわゆる摂氏とほぼ同じ温度である。水の三重点の温度は 273.16 K であり，セルシウス温度では定義

補足…水の三重点
液体の水，固体の氷，気体の水蒸気が共存する唯一の温度・圧力の組み合わせを水の三重点という。測定が容易で誤差を少なくできるので，基準として使われている。

によって0.01℃になる。セルシウス温度では，1気圧の下での水の沸点は約99.974℃，氷点は0.002 519℃になる。したがって，1気圧の下での氷の融点を0℃，水の沸点を100℃とする伝統的な摂氏温度とは微妙に違っていることに注意が必要である。融点と沸点の間を何等分するという方法で定義されているのではない。

■光度（カンデラ，cd）

熱力学的温度を正確に理解するのは大変だが，伝統的に使われてきた温度との関係で，その量が何を表すか，一応の見当はつく。ところが光度の場合，「明るさ」といっても把握し難いところがある。

まず，光度は「光の強さ」であっても，単にエネルギーを測定しているのではない。「人が標準的に感じる光の強さ」であり，物理量でなく心理物理量である。

光度を一番明確に理解するには式

$$I = \int_0^\infty K_\lambda I_\lambda \, d\lambda \qquad (1)$$

を見るとよい。ここで I が光度，I_λ は波長 λ の分光放射強度，K_λ は波長 λ の光の視感度である。ここで放射強度は放射される光のエネルギー毎単位時間で，I_λ は波長 λ の分光のエネルギー（単位時間当たり）となる。視感度 K_λ は，人の目で感じられる光の明るさを表したものである。人が感じることができる光の波長は400 nmから700 nmの範囲に限られており，その外側の波長はいくら強く放射されても人は明るさを感じない。照明器具は，人が明るいと感じる波長の光を放射することが要求されるので，このような心理物理単位を用いる。

光度
式(1)は，様々な波長の光が混ざっている場合である。現在のSIでは，周波数 540×10^{12} ヘルツの単色光のみ使うから，この式は当てはまらない。この定義で問題がないという判断が行われている。
現在の定義は，(1)式をふつうの積分と考えると理解できない。やや高度になるが，リーマン＝スティルチェス積分と解釈すると，うまく行く。（必要なら自分で調べること）

■ 光束（ルーメン，lm）

簡単に言えば，光度は方向ごとに放出される光の強さであり，光束はある立体角（ステラジアン）の方角全体で放出される光の量である。光束は立体角で光度を積分して得られる。

■ 照度（ルクス，lx）

照度は，光に照らされた面の明るさをいう。光度・光束・輝度は光源の明るさである。

照度 E は，光に照らされている物体の微小面積 $\varDelta S$ を考え，$\varDelta S$ に入射する光束を $\Phi(\varDelta S)$ として，

$$E=\lim_{\varDelta S\to 0}\frac{\Phi(\varDelta S)}{\varDelta S}$$

で定義される。点光源を中心とする半径 R の球面上では，その球面の単位面積当たりの光束が照度になる。

◆◆◆◆◆ 練習問題 ◆◆◆◆◆ EXERCISE

1 A 君の平熱は 36.5 ℃である。熱力学的温度（単位 K）で表しなさい。また，ファーレンハイト温度で表しなさい。

2 地球の中心部の温度は，約 6000 K といわれる。この温度をセルシウス温度で表しなさい。また，ファーレンハイト温度で表しなさい。

3 ある点状の光源から全方向に均一な強さで光が放射されている。その強度を A cd（カンデラ）とすると，この光源の光束は何 lm（ルーメン）か。

4 光束の次元は何か。

5 問題 3 の光源を中心とする半径 1 m の球面上（光源を向いた面）では照度は何 lx（ルクス）か。半径 3 m の場合はどうか。

補足…華氏温度

温度の単位として，華氏温度（ファーレンハイト温度：°F で表す）が欧米圏の一部で使われることがある。現在はセルシウス温度（θ）から

$$F=\frac{9}{5}\theta+32$$

で計算する。歴史的には多少異なっている。

7　測定値・誤差・不確実性

測定値には「誤差」がある

現実に行われるどんな測定も，「誤差」なしには済まない。誤差は，以下の例に示されるような事情が積み重なって発生する。

① 多くの測定器には目盛りがついている。通常目盛りの $\frac{1}{10}$ 程度の精度で測定値を読み取るが，しかし読み取りの誤差がありうる。
② 不慣れな測定に伴う誤差がありうる。
③ 測定器に狂いが生じている。(校正証明書が妥当でなくなっている)
④ ネコや鳥の体重を測るなど，測定自体に困難が伴う。
⑤ 測定が依拠する理論に不備があるなど，想定外の誤差がありうる。

測定器の誤差
正確な測定を目的とする測定器には，校正証明書がついており，精度の保証が行われる。その保証以下の誤差はあるものと考えられる。

アリスタルコスによる太陽までの距離の測定

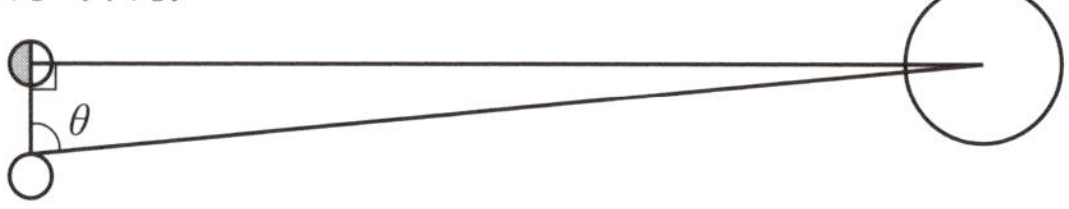

図のようにちょうど半月のとき，太陽－月－地球は直角三角形を作る。そのとき月－地球－太陽の角度を測定すれば，地球から月までの距離と太陽までの距離の比がわかる。アリスタルコスはこう考えて観測し87.5° の値を得，太陽までの距離を月までの 20 倍程度とした。この角度は実際は約 89.85° なので，太陽までの距離を過小に見積ることになった。しかし理論は正しく，太陽は月よりはるかに遠いという知見は優れていた。

問題 1　角度 89.85° を使って，太陽までの距離と月までの距離の比を求めなさい。

問題 2　太陽と半月が同時に観測できる薄明時に，ちょうど半月になる時間を測定するのは困難が大きい。アリスタルコスの測定では，この時間に関して何時間程度の誤差が生じているか。

解説…チコ=ブラーエとケプラー
ケプラーはチコ=ブラーエのデータから彼の三法則を発見し，後にニュートンの発見(ニュートンの運動方程式を含む運動の三法則と万有引力の法則) を引き出すことになった。

チコ=ブラーエの天体観測

チコ=ブラーエは，自分で工夫した観測機器を多数使用して星や惑星を観測し詳細な日ごとのデータを得た。これらのデータの誤差は 1′～2′ と言われる。当時としては非常に精密である。

■ **問題 3** ■　地球と火星が一番近づいたとき，地球から見て火星は 1 日当たりどの向きに何度動くか。地球と火星が一番離れているときはどうか。火星の軌道も地球の軌道も円とし，次の表のデータを使って計算しなさい。

天体	太陽を中心とする軌道半径（概略）	軌道周期
地球	1.00 au	1 年
火星	1.52 au	1.88 年

ヒント
次図を参考に考えるとよい。

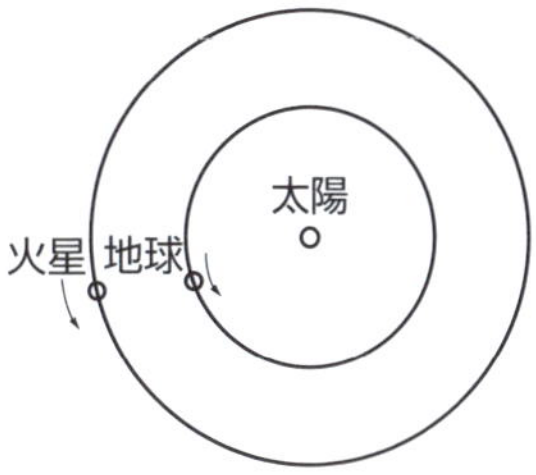

誤差と「真の値」

現在は測定技術も背景の科学理論も過去に比べてずっと進んだが，どれほど科学や技術が進もうと「誤差」そのものをなくすことはできない。

例　地球の赤道半径のように，本来正確な値が存在しない量がある。地球は正確な球体でなく，地表面は凹凸があり，地震や火山の噴火で変動する。「真の値」は本来存在しない。

例　工業製品にはバラツキがあり，平均的な値や標準偏差を求める必要があるが，これらは「真の値」とは呼べない。

例　量子力学の不確定性原理によれば，微小粒子の位置と運動量を同時に決定することはできない。真の値は同時には決まらない。

赤道半径
SI では他の機関が定義した値 6 378 137 m を赤道半径として採用している。

不確定性原理
位置の不確定さを $\varDelta p$，運動量（質量×速度）の不確定さを $\varDelta q$ とすると $\varDelta p \cdot \varDelta q \geqq h$ の関係がある。したがって，特定の位置にある粒子の運動量（や速度）は真の値を持たない。
ここで h はプランク定数と呼ばれ，$h = 6.626070040(81) \times 10^{-34}$ J s である。
記号は第 8 節参照。

誤差から不確実性へ

真の値の存在が疑わしいだけでなく，誤差の最大値も疑わしい。ある量の観測値の誤差が，ある範囲を決して超えないという絶対的な保証はない。個数を数えるような場合を除けば，真の値や誤差の限界が存在するとは言えない。測定は本来的に不確かであり，その不確かさの程度を見積ることだけが可能であり必要でもある……このような考え方が現在主流になろうとしている。とはいえ，特に学生実験など日常的な測定では，素朴に真の値や最大誤差を想定してかまわないことが多いだろう。

◆◆◆◆◆ 練習問題 ◆◆◆◆◆　EXERCISE

■ **1** ■　次の量は，真の値を持つといえるか。理由をつけて答えなさい。

(1)　日本の領土である島の数　(2)　水素原子の半径
(3)　2016 年中の宝くじの当選者の数　(4)　あなたの今日の身長

8 測定値と誤差・不確かさの表現

測定値の表現法

ある物体の質量を測定し，真の値は 54.63〜54.69 kg の範囲にあると読み取った。どう記録するか，いくつかの方法を検討しよう。

① 小数第 2 位まで有効数字にするため，範囲の両端のまん中をとって $M=54.66$ kg とする。

② 小数第 2 位には不安があるので，有効数字は小数第 1 位までとし，$M=54.7$ kg とする。①の値を四捨五入したのである。

③ 読み取った範囲をそのまま記録，54.63 kg≦M≦54.69 kg。

④ ③と同じ意味で，$M=54.66(3)$ kg とする。

⑤ 誤差に多少不安があり，この範囲に収まらない可能性を考え，$M=54.66(3)$ kg（信頼水準 95%）とする。

④は③と同じ意味で表現方法だけが異なる。測定による物理定数は，正式にはこの形式で表現される。例えば，万有引力定数 G は $6.67408(31)\times10^{-11}$ m^3 kg^{-1} s^{-2} とされている。不等式で表すと次の範囲である：

$$6.67377\times10^{-11}\leqq G\leqq6.67439\times10^{-11}\ (\mathrm{m^3\,kg^{-1}\,s^{-2}})$$

なお，⑤の信頼水準の決め方は難しいので，ここでは議論しない。

有効数字で表す一般的な方法は，①や②である。測定値を適当な桁数まで表記し，書かれた数字は信頼できる（有効である）とするのである。

単位を省略して①の表記を範囲で表せば，$54.655\leqq M\leqq54.665$ である。同じく②の表記を範囲で表せば，$54.65\leqq M\leqq54.75$ である。表記①，②は簡明であるが，測定結果を正確に反映させていない。③〜⑤は測定結果を素直に表現しているが，やや煩雑で信頼水準の決定はやや困難である。大学での実験実習などでは①や②が多用される。

問題 1 次の表現で真の値の範囲はどうなるか，不等式で答えなさい。

(1) 34.7023(26)　　(2) $4.2451(18)\times10^6$

有効数字による測定値の表現

有効数字による記数法とは測定値を整数や有限な小数で表す方法で，0 でない最初の数字から，最後の 0 の並びのうち単に桁数表示に必要な 0 を除くものまでを，有効な数とする方法である。
例をいくつか挙げよう。

- 132.054　すべての数字が有効。有効数字 6 桁
- 132.0450　すべての数字が有効。右端の「無意味な 0」は，書かれていること自体が有意味性（有効性）を主張する。有効数字 7 桁。
- 13000　右端の 0 の 3 個の並びのうち，どれが有効か不明。曖昧で不適切な表示である。
- 13000.　小数点があるので 1 の位の 0 まで有効。有効数字 5 桁。
- 13000.0　有効数字 6 桁。小数第 1 位まで有効とされる。
- 13000.00　有効数字 7 桁。小数第 2 位まで有効とされる。
- 0.00123　有効数字 3 桁。最後の 3 桁のみ有効。
- 0.00123000　有効数字 6 桁。小数第 3 位～第 8 位が有効。

科学的記数法と有効数字

科学的記数法では，必ず小数点を先頭の 0 でない数字と次の数字の間に打つ。このルールにより表現が一通りに定まる。以下の例は数学的にはどれも同じ数値になるが，正しい表現と正しくない表現がある。

- 1.23×10^{7}　正しい科学的記数法。有効数字は 3 桁。
- 1.2300×10^{7}　正しい科学的記数法。有効数字は 5 桁。
- 0.123×10^{8}　正しくない。先頭の数値は 0 であってはならない。
- 12.3×10^{6}　正しくない。小数点を一桁左に移し，10 のべき指数をその分調整する（1 増やす）必要がある。

◆◆◆◆◆ 練 習 問 題 ◆◆◆◆◆ EXERCISE

1 次の数値を科学的記数法で表し，有効数字の桁数を答えなさい。

(1) 23.61　　(2) 321000000（千の位まで正しい）

(3) 0.00032　　(4) 0.00034000（小数第 8 位まで 0 が有効）

2 科学的記数法で表された次の数値を普通の整数や小数で書き，有効数字の桁数を答えなさい。

(1) 2.30012000×10^{6}　　(2) 4.2713×10^{-4}

(3) 1.2240010×10^{-5}　　(4) 3.5731×10^{10}

■ 9 ■ 有効数字を使って表された測定値の計算

測定値はそのままで使われることもあるが，いくつかの測定値や数学的な数，物理定数などを使って，一つの量を求めることに使われることが多い。その際，四則演算の方法に注意が必要である。

■有効数字で表された測定値の和と差

有効数字の一番下の位が同じ数どうしの和や差は，そのまま普通に計算する。

例　$12.34+325.07=337.41$

有効数字の一番下の位が同じでない数どうしの和や差は，その位の高い方が，結果の有効数字の末尾の桁になる。ただし，計算途中では可能な限りデータを失わず，そのまま計算することが推奨される。

例　$3.276+42.12=45.39$

この場合計算結果の有効数字は小数第 2 位までである。ただしこの値が最終結果でない場合は 45.396 とするほうがよい。

■ **問題 1** ■　$13.253+351.25+215.8$ を計算し，最終結果を答えなさい。

■ **問題 2** ■　$2.473\times10^4-1.13\times10^4+1.741\times10^5$ を計算し，最終結果を答えなさい。

■引き算では，桁落ちに注意

引き算では有効数字の桁数が少なくなることがある。これを桁落ちという。測定値の計算での桁落ちは防ぎようがなく，注意が必要である。

例　$360.38-360.25=0.13$

元の値の有効数字は 5 桁であるが，答えの有効数字は 2 桁に減少している。

■ **問題 3** ■　次の測定値の計算を行い，最終結果として答えなさい。また，有効数字の桁数について，考察できたことを述べなさい。

(1)　$2.41-1.38$

(2)　$413.112-238.17-174.864$

(3)　$7.3523\times10^8+3.1534\times10^8-1.0431\times10^9$

有効数字で表された測定値の積・商

積や商の場合は，双方の有効数字の桁数の短いほうを，積や商の有効数字の桁数とする。

例　$24.3 \times 5.16 = 125$　ただし計算途中の場合は，125.388 がよい。

問題 4　次の計算をし，答えを最終結果として書きなさい。

(1)　631.7×26.54　　(2)　20.86×345.271

(3)　$52.03 \div 1723.11$　　(4)　$4.132 \times 10^5 \times 8.326 \times 10^7$

（まず正確に計算し，最後に有効数字の桁数で丸める。）

丸め

四捨五入など所定の方式に従って，所定の形式（有効数字何桁など）で数値を表現することを丸めという。丸めは，可能な限り計算途中では行わず，最終結果を報告する段階でのみ行うことが望ましい。

例題 1　341.2615 を有効数字 4 桁に丸めなさい。

解答　一番上から 5 桁目の小数第 2 位を四捨五入して，341.3

問題 5　次の数を指示に従って丸めなさい。

(1)　37042.637（有効数字 6 桁に）(2)　6.371746（有効数字 4 桁に）

四則演算の複合

計算が複雑な場合，極力精度を落とさないように計算し，別途有効数字の桁数を求めて最終的な答えを丸める。桁落ちに注意し，引き算はなるべく最後に 1 回だけ行うようにする。

例題 2　$42.1 \times 23.61 + 26.77 \times 156.2$ を計算し最終結果を求めなさい。

解答　まず，完全に計算すると，5175.455 となる。有効数字は 3 桁だから，4 桁目を四捨五入して，518×10

問題 6　次の計算をし，最終的な答えを記述しなさい。

$13.24 \times 32.1 - 13.4 \times 24.13 + 62.7 \times 43.1 - 53.89 \times 50.44$

10 有効数字の演算の確からしさ

前節の計算の妥当性を，和の演算について検討しよう。

有効数字の最下位の桁が一致する場合の和の計算

例として

量 x の測定値 3.2，量 y の測定値 1.6

として $x+y$ を求めよう。前節の計算では $x+y=4.8$，誤差の範囲

$$4.75 \leqq x+y < 4.85$$

である。x や y にも誤差があり，$3.15 \leqq x < 3.25$，$1.55 \leqq y < 1.65$ である。すると $x+y$ の値は厳密には

$$4.70 = 3.15 + 1.55 \leqq x+y < 3.25 + 1.65 = 4.90$$

の範囲にある。誤差の範囲が 2 倍に広がり，前節の計算は正確とは言えない。

ここで x，y の誤差の分布を想定して詳しく計算してみよう。x も y も測定値は次のような矩形分布であると想定する。

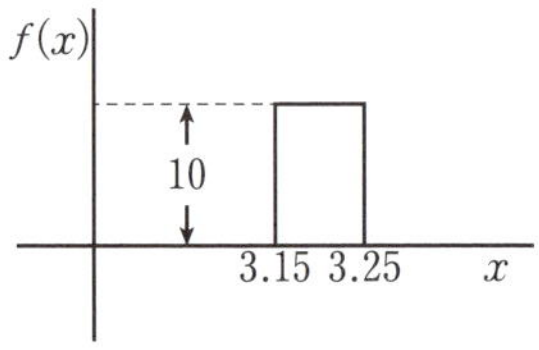

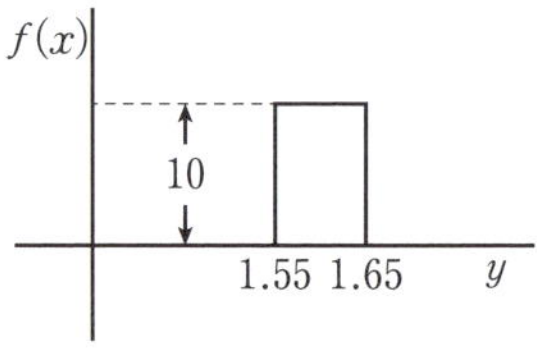

$x+y$ の分布を計算しよう。x と y の真の値の存在範囲を 2 次元的に示したのが下の左図で，x と y の値の範囲を示す正方形の中の線分 $x+y=k$ の長さ，$x+y$ が値 k をとる確率に比例する。したがって $x+y$ の分布関数は下の右図のような三角形になる（三角分布という）。

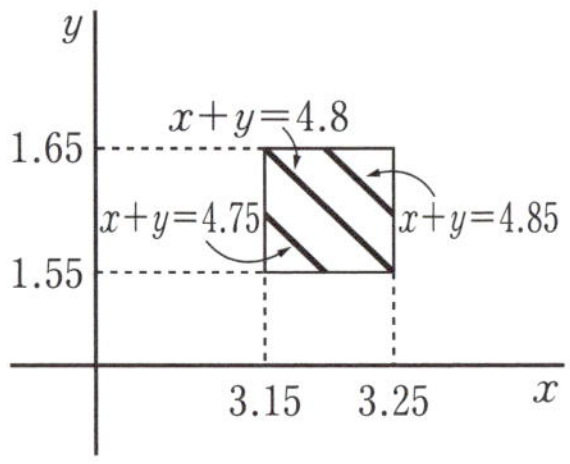

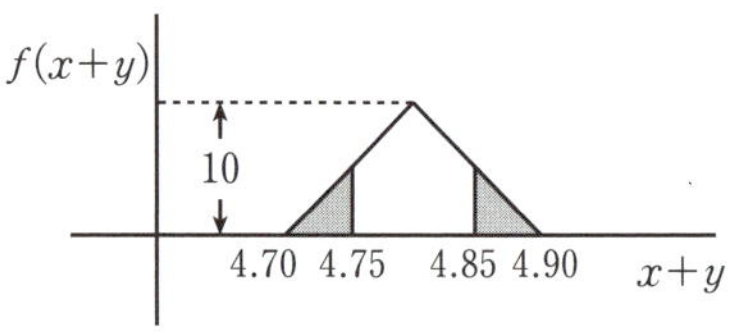

上の右図の三角形で塗りつぶした部分が，$4.70 \leqq x+y < 4.90$ であるが $4.75 \leqq x+y < 4.85$ でない部分である。つまり，9 節の方法での誤差範囲から $x+y$ の値がはみ出す部分であり，その面積，したがって確率は図より $\dfrac{1}{4}$ である。つまり誤差範囲は 2 倍になるが，和の値がはみ出す確率は $\dfrac{1}{4}$ である。x や y の分布が矩形分布でなく，三角分布や正規

分布に近い形状なら，はみ出す確率はもっと小さくなる。9 節の方法は確かに誤差範囲を過小に見積るが，問題が起こる確率はそれほど高くない。そして，より正確な評価を行うには，測定値の分布，つまり測定値の「不確かさ」の評価が必要になる。

有効数字の最下位の桁が異なる場合の和の計算

今度は 3 つの量 x，y，z の測定値和として

$$3.12+1.3+2.44$$

を計算しよう。途中の計算ではデータをそのまま使って計算し，最終的には小数第 1 位までを有効数字として結果を丸める。この方法で最終結果としては $x+y+z=6.9$ を得る。このやり方の妥当性を検証しよう。

議論を単純にするため y の誤差のみ考えると $1.25 \leqq y < 1.35$ が y の値の範囲である。ここでも矩形分布を仮定しよう。このとき和 $x+y+z$ は $6.81 \leqq x+y+z < 6.91$ となる。

そこで $x+y+z=6.86(5)$ と考えることができる。中心の値 6.86 の小数第 2 位を四捨五入すれば 6.9 になる。これは 9 節の方法の妥当性を裏づける。

この場合，先に x と z を小数第 2 位で四捨五入してから計算すると，$x+y+z=3.1+1.3+2.4=6.8$ となってしまう。ゆえに，なるべくデータを失わないように計算するのが望ましいのである。

結論

第 9 節の方法は厳密には正確でないが簡単な方法として推奨できる。より正確な計算には「不確かさ」の見積りが必要，ということになる。和の場合に簡単な例で分析したが，他の場合も含め，以上が結論できる。

◆◆◆◆◆ 練 習 問 題 ◆◆◆◆◆ EXERCISE

1 2 つの量 x，y の測定値がそれぞれ 3.24×10^4，1.98×10^4 の場合に，前ページの議論にならって 9 節の方法による $x+y$ の計算を検討しなさい。

2 2 つの量 x，y の測定値がそれぞれ 134，217.6 の場合に，このページ上部の議論にならって 9 節の方法による $x+y$ の計算を検討しなさい。

詳しい解答は，弊社 Web サイト（http: //.www.jikkyo.co.jp）の本書の紹介からダウンロードできます。

1章

1—1　三角比と三角関数（p. 8）

問題 1　(1)　$\sin\theta=\frac{3}{5}$，$\cos\theta=\frac{4}{5}$，$\tan\theta=\frac{3}{4}$

(2)　$\sin\theta=\frac{1}{\sqrt{2}}$，$\cos\theta=\frac{1}{\sqrt{2}}$，$\tan\theta=1$

問題 2　$x=\frac{3}{2}$，$y=\frac{3\sqrt{3}}{2}$

問題 3　$c=\sqrt{34}$

問題 4　(1)　$\theta=225°$，一般角 $225°+360°\times n$

(2)　$\theta=270°$，一般角 $270°+360°\times n$

問題 5　(1)　$\sin 45°=\frac{1}{\sqrt{2}}$，$\cos 45°=\frac{1}{\sqrt{2}}$，$\tan 45°=1$

(2)　$\sin 135°=\frac{1}{\sqrt{2}}$，$\cos 135°=-\frac{1}{\sqrt{2}}$，$\tan 135°=-1$

(3)　$\sin 150°=\frac{1}{2}$，$\cos 150°=-\frac{\sqrt{3}}{2}$，$\tan 150°=-\frac{1}{\sqrt{3}}$

問題 6　42

問題 7　$a=\sqrt{7}$

問題 8　$B=60°$

練習問題

1　(1)　$\sin 210°=-\frac{1}{2}$，$\cos 210°=-\frac{\sqrt{3}}{2}$，$\tan 210°=-\frac{1}{\sqrt{3}}$

(2)　$\sin 225°=-\frac{1}{\sqrt{2}}$，$\cos 225°=-\frac{1}{\sqrt{2}}$，$\tan 225°=1$

(3)　$\sin 240°=-\frac{\sqrt{3}}{2}$，$\cos 240°=-\frac{1}{2}$，$\tan 240°=\sqrt{3}$

(4)　$\sin 300°=-\frac{\sqrt{3}}{2}$，$\cos 300°=\frac{1}{2}$，$\tan 300°=-\sqrt{3}$

(5)　$\sin 315°=-\frac{1}{\sqrt{2}}$，$\cos 315°=\frac{1}{\sqrt{2}}$，$\tan 315°=-1$

(6)　$\sin 330°=-\frac{1}{2}$，$\cos 330°=\frac{\sqrt{3}}{2}$，$\tan 330°=-\frac{1}{\sqrt{3}}$

2　$B=60°$

1—2　弧度法と三角関数（p. 12）

問題 1　(1)　$\sin\frac{\pi}{6}=\frac{1}{2}$，$\cos\frac{\pi}{6}=\frac{\sqrt{3}}{2}$，$\tan\frac{\pi}{6}=\frac{1}{\sqrt{3}}$

(2)　$\sin\frac{5}{6}\pi=\frac{1}{2}$，$\cos\frac{5}{6}\pi=-\frac{\sqrt{3}}{2}$，$\tan\frac{5}{6}\pi=-\frac{1}{\sqrt{3}}$

(3)　$\sin\frac{\pi}{4}=\frac{1}{\sqrt{2}}$，$\cos\frac{\pi}{4}=\frac{1}{\sqrt{2}}$，$\tan\frac{\pi}{4}=1$

(4)　$\sin\frac{3}{4}\pi=\frac{1}{\sqrt{2}}$，$\cos\frac{3}{4}\pi=-\frac{1}{\sqrt{2}}$，$\tan\frac{3}{4}\pi=-1$

練習問題

1　(1)　$\frac{\pi}{6}$　(2)　$\frac{\pi}{3}$　(3)　$\frac{\pi}{2}$　(4)　$\frac{2}{3}\pi$

(5)　$\frac{5}{6}\pi$　(6)　60°　(7)　180°　(8)　240°

(9)　315°　(10)　360°

2　(1)　$\sin\frac{5}{4}\pi=-\frac{1}{\sqrt{2}}$，$\cos\frac{5}{4}\pi=-\frac{1}{\sqrt{2}}$，$\tan\frac{5}{4}\pi=1$

(2)　$\sin\frac{11}{6}\pi=-\frac{1}{2}$，$\cos\frac{11}{6}\pi=\frac{\sqrt{3}}{2}$，$\tan\frac{11}{6}\pi=-\frac{1}{\sqrt{3}}$

(3)　$\sin\pi=0$，$\cos\pi=-1$，$\tan\pi=0$

(4)　$\sin\frac{\pi}{2}=1$，$\cos\frac{\pi}{2}=0$，$\tan\frac{\pi}{2}$ は定義されない

1—3　三角関数のグラフ（p. 14）

問題 1　(1)　$y=\cos\left(\theta-\frac{\pi}{3}\right)$ のグラフは $y=\cos\theta$ のグラフを θ 軸方向に $\frac{\pi}{3}$ 平行移動したもの。グラフは略。

(2)　$y=\cos\left(\theta-\frac{\pi}{2}\right)$ のグラフは $y=\cos\theta$ のグラフを θ 軸方向に $\frac{\pi}{2}$ 平行移動したもの。グラフは略。

問題 2　(1)　$\frac{\pi}{2}$　(2)　8π　(3)　T

問題 3　最大値は 3，最小値は -3

練習問題

1　略

2　(1)　$y=\sin\frac{\theta}{3}$ のグラフは $y=\sin\theta$ のグラフを θ 軸方向に 3 倍したもの。グラフは略。

(2)　$y=\sin\left(\frac{\theta}{2}-\pi\right)$ のグラフは，$y=\sin\theta$ のグラフを θ 軸方向に 2 倍した $y=\sin\frac{\theta}{2}$ のグラフを θ 軸方向に 2π だけ平行移動したもの。グラフは略。

3　(1)　最大値 5，最小値 -5

(2)　最大値 5，最小値 -5

(3)　最大値 3，最小値 -3

(4)　最大値 3，最小値 -1

(5)　最大値 5，最小値 -5

1—4　三角関数の方程式・不等式（p. 18）

問題 1　(1)　$\theta=\frac{5}{6}\pi$，$\frac{7}{6}\pi$

(2)　$\theta=\frac{5}{6}\pi+2n\pi$，$\frac{7}{6}\pi+2n\pi$（$n$ は整数）

問題 2 (1) $\theta=\frac{5}{6}\pi,\ \frac{11}{6}\pi$

(2) $\theta=\frac{5}{6}\pi+n\pi$ (n は整数)

問題 3 $\theta=\frac{\pi}{3},\ \frac{\pi}{2},\ \frac{3}{2}\pi,\ \frac{5}{3}\pi$

問題 4 (1) $\frac{\pi}{4}\leqq\theta\leqq\frac{7}{4}\pi$

(2) $0\leqq\theta<\frac{\pi}{4},\ \frac{\pi}{2}<\theta<\frac{5}{4}\pi,\ \frac{3}{2}\pi<\theta<2\pi$

1—5 加法定理 (p. 20)

問題 1 $\frac{\sqrt{2}+\sqrt{6}}{4}$

問題 2 $-2-\sqrt{3}$

問題 3 (1) $-\frac{4\sqrt{2}}{9}$ (2) $-\frac{7}{9}$

問題 4 (1) $\frac{\sqrt{2-\sqrt{2}}}{2}$ (2) $\frac{\sqrt{2+\sqrt{2}}}{2}$

問題 5 (1) $2\sin\left(\theta+\frac{\pi}{6}\right)$ (2) $5\sin\left(\theta+\frac{\pi}{4}\right)$

最大値 2，最小値 −2

問題 6 $\sqrt{3}\sin\theta+\cos\theta=2\sin\left(\theta+\frac{\pi}{6}\right)$ より，最大値は 2，最小値は −2

練習問題

1 (1) $\sqrt{2}\sin\left(\theta+\frac{7}{4}\pi\right)$ (2) $2\sin\left(\theta+\frac{11}{6}\pi\right)$

1—6 極座標 (p. 24)

問題 1 $\left(2,\ \frac{5}{3}\pi\right)$

問題 2 $(-4,\ 4\sqrt{3})$

問題 3 $\left(\frac{5\sqrt{2}}{4},\ \frac{5\sqrt{6}}{4},\ \frac{5\sqrt{2}}{2}\right)$

1—7 円運動と単振動 (p. 26)

問題 1 (1) $\theta(t)=4\pi t+\frac{\pi}{4},\ \theta(0)=\frac{\pi}{4},\ \theta\left(\frac{1}{8}\right)=\frac{3}{4}\pi,$

$\theta\left(\frac{1}{4}\right)=\frac{5}{4}\pi,\ \theta\left(\frac{3}{8}\right)=\frac{7}{4}\pi,\ \theta\left(\frac{1}{2}\right)=\frac{9}{4}\pi$

(2)，(3) 略

問題 2 回転数 2，周期 $\frac{1}{2}$ 秒

問題 3 $\theta(t)=3\pi t+\frac{\pi}{4},\ x(t)=5\cos\left(3\pi t+\frac{\pi}{4}\right)$ [cm]，

$y(t)=5\sin\left(3\pi t+\frac{\pi}{4}\right)$ [cm]

周期 $\frac{2}{3}$

問題 4 略

問題 5 略

問題 6 振幅 2，角振動数 6，周期 $\frac{\pi}{3}$，初期位相 $\frac{\pi}{6}$，グラフは略

問題 7 振幅 5 cm，角振動数 ≅8.08，周期 ≅0.78，グラフは略

練習問題

1 $\theta(t)=4\pi t+\frac{\pi}{3}$，

$x(t)=5\cos\left(4\pi t+\frac{\pi}{3}\right)$ [cm]，$y(t)=5\sin\left(4\pi t+\frac{\pi}{3}\right)$ [cm]，グラフは略

2 $x(t)=r\cos\left(2k\pi t+\frac{3}{4}\pi\right),\ y(t)=r\sin\left(2k\pi t+\frac{3}{4}\pi\right)$

3 $x(t)=6\cos(-16\pi t+\theta_0),\ y(t)=6\sin(-16\pi t+\theta_0)$，

$\omega=-16\pi,\ T=\frac{1}{8}$ 秒

4 A 君が正しい。

2—1 べき乗 (p. 30)

問題 1 (1) 1 (2) $\frac{1}{16}$ (3) 4

(4) $\frac{1}{100000}$ $(=0.00001)$

問題 2 (1) 27 (2) $2\sqrt{2}$ (3) $\frac{1}{2}$

(4) $\frac{1}{125}$ $(=0.008)$ (5) 9 (6) 2

2—2 指数法則 (p. 31)

問題 1 (1) −32 (2) 64 (3) 81 (4) 49

問題 2 (1) $\frac{1}{16\sqrt{2}}$ (2) $\sqrt{3}$ (3) $2\sqrt{2}$

(4) 576

問題 3 (1) $x^{22}y^{11}$ (2) x^2y^3 (3) $x^2y^{-\frac{5}{2}}$

2—3 指数関数のグラフ (p. 32)

問題 1 略

問題 2 略

問題 3 (1) $\sqrt{3}<\sqrt[3]{9}<\sqrt[4]{27}$

(2) $\sqrt[4]{\frac{1}{8}}<\sqrt[3]{\frac{1}{4}}<\sqrt{\frac{1}{2}}$

練習問題 略

2—4 対数とその性質 (p. 34)

問題 1 (1) $\log_2 256=8$ (2) $\log_{10}\frac{1}{10}=-1$

(3) $\log_2\frac{\sqrt{2}}{2}=-\frac{1}{2}$ (4) $\log_3\sqrt{27}=\frac{3}{2}$

問題 2 (1) $4^3=64$ (2) $3^{-2}=9$ (3) $\left(\frac{1}{2}\right)^3=\frac{1}{8}$

(4) $\left(\frac{1}{2}\right)^{-3}=8$

問題 3 (1) $\frac{5}{2}$ (2) $\frac{1}{3}$ (3) −6 (4) 1

問題 4 (1) 1 (2) 4 (3) 1 (4) −1

問題 5 (1) −4 (2) 0 (3) 3 (4) 2

(5) 1

練習問題

1 (1) $\dfrac{1}{3}$ (2) -5 (3) -2 (4) $\dfrac{3}{2}$

(5) $\dfrac{1}{3}$ (6) $\log_2\sqrt[6]{3}+1$ (7) 4 (8) $3\log_2 7$

2—5 対数関数のグラフ (p. 36)

問題 1 略

問題 2 略

問題 3 (1) $\log_8 17<\log_4 9<\log_2 5$

(2) $\log_{\frac{1}{8}}\dfrac{1}{10}<\log_{\frac{1}{4}}\dfrac{1}{6}<\log_{\frac{1}{2}}\dfrac{1}{3}$

練習問題 略

3—1 微分係数 (p. 38)

問題 1 (1) $f'(4)=8$ (2) $f'(2)=12$

問題 2 $y=12x-16$

練習問題

1 (1) $f'(1)=6$ (2) $f'(2)=-24$

2 (1) $y=6x-9$ (2) $y=3x+2$

3—2 導関数 (p. 40)

問題 1 (1) $y'=3x^2$ (2) $y'=-\dfrac{3}{x^4}$

問題 2 (1) $y'=-3x^2+6x$ (2) $y'=3-\dfrac{6}{x^4}$

練習問題

1 (1) $y'=5x^4$ (2) $y'=-\dfrac{4}{x^5}$ (3) $y'=6x^2$

(4) $y'=\dfrac{3}{x^2}$

2 (1) $y'=2x-2$ (2) $y'=-9x^2+4x$

(3) $y'=-\dfrac{4}{x^3}$ (4) $y'=-\dfrac{6}{x^2}-1$

3 (1) $y=-4x-3$ (2) $y=-6x-8$

(3) $y=3x-9$ (4) $y=2$

3—3 微分公式(1) (p. 42)

問題 1 (1) $y'=20x+11$ (2) $y'=4x^3+9x^2+2$

問題 2 (1) $y'=-\dfrac{16}{(3x-1)^2}$

(2) $y'=-\dfrac{2x+3}{(x^2+3x-2)^2}$

問題 3 (1) $y'=\dfrac{1}{3\sqrt[3]{x^2}}$ (2) $y'=-\dfrac{1}{2x\sqrt{x}}$

練習問題

1 (1) $y'=6x-2$ (2) $y'=18x^2+14x+12$

(3) $y'=2x(2x^2+1)$ (4) $y'=\dfrac{31}{(5x+8)^2}$

(5) $y'=-\dfrac{2x+3}{(x^2+3x-1)^2}$ (6) $y'=\dfrac{2}{3\sqrt[3]{x}}$

(7) $y'=-\dfrac{1}{3x\sqrt[3]{x}}$ (8) $y'=\dfrac{-3x+2}{2\sqrt{x}\,(3x+2)^2}$

3—4 微分公式(2) (p. 44)

問題 1 (1) $y'=12(3x-2)^3$ (2) $y'=-\dfrac{6x}{(x^2+1)^4}$

問題 2 $f^{-1}(y)=\dfrac{1-2y}{y}$,

$\dfrac{df^{-1}(y)}{dy}=-\dfrac{1}{y^2}(=-(x+2)^2)$, $f'(x)=-\dfrac{1}{(x+2)^2}$

練習問題

1 (1) $y'=30(3x+5)^9$

(2) $y'=32(x-1)(2x^2-4x+3)^7$ (3) $y'=\dfrac{1}{\sqrt{2x+1}}$

(4) $y'=\dfrac{2x+1}{2\sqrt{x^2+x+1}}$

2 $f^{-1}(y)=\dfrac{y}{y-2}$,

$\dfrac{df^{-1}(y)}{dy}=-\dfrac{2}{(y-2)^2}\left(=-\dfrac{(x-1)^2}{2}\right)$,

$f'(x)=-\dfrac{2}{(x-1)^2}$

3—5 いろいろな関数の微分 (その 1) (p. 46)

問題 1 (1) $y'=-2\sin 2x$

(2) $y'=2x\sin x+x^2\cos x$

問題 2 (1) $y'=-e^{-x}$ (2) $y'=e^x(\sin x+\cos x)$

問題 3 (1) $y'=\dfrac{3}{3x+4}$ (2) $y'=\log x+1$

練習問題

1 (1) $y'=2\cos 2x-3\sin 3x$

(2) $y'=-2\sin\left(2x-\dfrac{\pi}{3}\right)$ (3) $y'=\cos^2 x-\sin^2 x$

(4) $y'=2\sin x\cos x$ (5) $y'=e^x-1$

(6) $y'=2e^{2x+3}$ (7) $y'=x(x+2)e^x$

(8) $y'=e^{2x}(2\sin x+\cos x)$ (9) $y'=\dfrac{2x}{x^2+1}$

(10) $y'=x(2\log x+1)$

2 (1) $y=x$ (2) $y=ex$

3—6 いろいろな関数の微分 (その 2) (p. 48)

問題 1 (1) $y'=(\log 2)x2^{x^2+1}$

(2) $y'=\dfrac{(x+3)^3}{(x+1)(x+2)^2}\left(\dfrac{3}{x+3}-\dfrac{1}{x+1}-\dfrac{2}{x+2}\right)$

問題 2 $\sin^{-1}(1)=\dfrac{\pi}{2}$, $\sin^{-1}(0)=0$, $\sin^{-1}\left(\dfrac{1}{\sqrt{2}}\right)=\dfrac{\pi}{4}$

問題 3 $y'=\dfrac{3}{9+x^2}$

練習問題

1 (1) $y'=e^{e^x+x}$ (2) $y'=\dfrac{x^2}{(x^2-1)^2}\left(\dfrac{2}{x}-\dfrac{4x}{x^2-1}\right)$

(3) $y'=(\log x+1)x^x$ (4) $y'=\dfrac{2}{4+x^2}$

3—7 関数の増減と極大・極小 (p. 50)

問題 1 $x<0$, $2<x$ で増加し, $0<x<2$ で減少する。

問題 2 (1) $x=-4$ で極大値 $f(-4)=36$,
$x=0$ で極小値 $f(0)=4$ をとる。
(2) 極値は存在しない。

練習問題

1 (1) $x<2$ で減少し，$2<x$ で増加する。$x=2$ で極小値 $f(2)=-4$ をとる。
(2) $x<-5$, $1<x$ で減少し，$-5<x<1$ で増加する。$x=-5$ で極小値 $f(-5)=-95$, $x=1$ で極大値 $f(1)=13$ をとる。
(3) $x<0$ で減少し，$0<x$ で増加する。$x=0$ で極小値 $f(0)=1$ をとる。
(4) $x<0$ で減少し，$0<x$ で増加する。$x=0$ で極小値 $f(0)=1$ をとる。

2 (1) $x=1$ で極小値 $f(1)=2$ をとる。
(2) $x=-1$ で極小値 $f(-1)=-\dfrac{1}{e}$ をとる。

3—8 微分の応用 (p. 52)

問題 1 $v(2)=12$ [m/s]

問題 2 (1) $f'(x)=8x+5$, $f''(x)=8$
(2) $f'(x)=-\sin x$, $f''(x)=-\cos x$
(3) $f'(x)=e^x$, $f''(x)=e^x$
(4) $f'(x)=\dfrac{1}{x}$, $f''(x)=-\dfrac{1}{x^2}$

問題 3 $a(2)=12$ [m/s²]

問題 4 速度 $-9.8t+v_0$ [m/s], 加速度 -9.8 [m/s²]

問題 5 $v(t)=\dfrac{F}{m}t$ $x(t)=\dfrac{F}{2m}t^2$

練習問題

1 速度 $-\dfrac{1}{2}(T-t)^{-\frac{1}{2}}$ 加速度 $-\dfrac{1}{4}(T-t)^{-\frac{3}{2}}$

2 $v(t)=50t+20$ [m/s] $a(t)=50$ [m/s²]

3—9 2 次元空間での運動 (p. 54)

問題 1 (1) $\boldsymbol{v}(t)=(v_x(0),\ -gt+v_y(0))$
$\boldsymbol{a}(t)=(0,\ -g)$
(2) $t=4$, $x(4)=40$, $x'(4)=10$, $y''(4)=-9.8$
(3) $t=2$, $x(2)=20$

問題 2 (1)
$\boldsymbol{v}(t)=(-R\omega\sin(\omega t+\theta_0),\ R\omega\cos(\omega t+\theta_0))$
$\boldsymbol{a}(t)=(-R\omega^2\cos(\omega t+\theta_0),\ -R\omega^2\sin(\omega t+\theta_0))$
(2) 略
(3) $|\boldsymbol{v}(t)|=R|\omega|$ $|\boldsymbol{a}(t)|=R\omega^2$

問題 3 (1) 2.66×10^{-6} ラジアン/s
(2) $F=mR\omega^2$
(3) 6.04×10^{24} kg（少し大きめの値になっている）

問題 4 略

練習問題

1 $t_1\cong3.3$ s, $x(t_1)\cong33$ m

2 1.99×10^{30} kg

4—1 不定積分 (p. 56)

問題 1 積分定数を C とする。(以下同じ)
(1) $\dfrac{1}{2}x^2+C$ (2) $x+C$
(3) $-\dfrac{1}{3}x^{-3}+C$ (4) $2x^{\frac{1}{2}}+C$

問題 2 (1) $\dfrac{1}{4}x^4+\dfrac{2}{3}x^3+\dfrac{3}{2}x^2-2x+C$
(2) $2x+3\log|x|+\dfrac{4}{x}+C$

練習問題

1 (1) $\dfrac{1}{5}x^5+C$ (2) $-\dfrac{1}{3x^3}+C$
(3) $\dfrac{5}{6}x\sqrt[5]{x}+C\left(\dfrac{5}{6}x^{\frac{6}{5}}+C\right)$ (4) $2\sqrt{x}+C$
(5) $-\cos x+C$ (6) e^x+C

2 (1) $\dfrac{1}{3}x^3+\dfrac{3}{2}x^2-x+C$
(2) $\dfrac{1}{3}x^3+2\log|x|+\dfrac{3}{2x^2}+C$
(3) $\dfrac{1}{2}e^x+3\cos x+C$ (4) $5\tan x-2\sin x+C$
(5) $\dfrac{3}{2}x^2-2x+3\log|x|+\dfrac{1}{x}+C$
(6) $\dfrac{3}{8}x^{\frac{8}{3}}+2x^{\frac{3}{2}}-2x^{\frac{1}{2}}-6x^{-\frac{2}{3}}+C$

4—2 不定積分の計算 (p. 58)

問題 1 (1) $-\dfrac{1}{2}\cos(x^2+1)+C$ (2) $\dfrac{(\log x)^3}{3}+C$
(3) $\dfrac{2}{5}(1-x)^{\frac{5}{2}}-\dfrac{2}{3}(1-x)^{\frac{3}{2}}+C$

練習問題

1 (1) $\dfrac{1}{8}(2x+3)^4+C$ (2) $\dfrac{1}{3}\sin(3x-1)+C$
(3) $-\dfrac{1}{2}\log|3-2x|+C$

2 (1) $\dfrac{1}{9}(x^3+1)^3+C$ (2) $\log(e^x+2)+C$

3 (1) $x\sin x+\cos x+C$ (2) xe^x-e^x+C
(3) $x\log x-x+C$

4—3 定積分 (p. 60)

問題 1 (1) $\dfrac{16}{3}$ (2) 6 (3) 1 (4) $e-1$

練習問題

1 (1) 3 (2) $\log2+1$ (3) $\dfrac{1}{3}(e-1)$ (4) 2

4—4 定積分の計算 (p. 62)

問題 1 (1) $\dfrac{1}{2}$ (2) $\log2$ (3) $\dfrac{1}{3}(e^8-1)$
(4) $\dfrac{1}{30}$

問題 2　(1)　π　　(2)　$\frac{1}{4}(e^2+1)$

練習問題

1　(1)　$\frac{1}{3}(3\sqrt{3}-1)$　　(2)　$\frac{1}{2}(e^3-e)$

(3)　$2\log\frac{e+1}{2}$

2　(1)　$\frac{\pi}{2}-1$　　(2)　$\frac{1}{16}(3e^4+1)$　　(3)　$2e^2$

(4)　$e-2$

4—5　原始関数を計算できる関数 (p. 64)

問題 1　(1)　$\log|x(x+2)|+C$

(2)　$-\frac{1}{x}+\log|x(x+1)|+C$

(3)　$\frac{1}{2}\log(x^2+1)+C$　　(4)　$\frac{1}{2}\tan^{-1}\left(\frac{x}{2}\right)+C$

練習問題

1　(1)　$\frac{\pi}{4}$　　(2)　$\log\frac{3}{2}$　　(3)　$1-\frac{\pi}{4}$　　(4)　$\frac{\pi}{4}$

4—6　面積と体積 (p. 66)

練習問題

1　(1)　18　　(2)　$\log 3$　　(3)　$e-\frac{3}{2}$　　(4)　$\frac{\pi}{2}-1$

2　(1)　$\frac{4}{3}\pi r^3$　　(2)　$\frac{2}{3}\pi$　　(3)　$\frac{\pi^2}{2}$

(4)　$\frac{\pi}{2}(e^2-1)$

4—7　定積分の応用 (p. 68)

練習問題

1　(1)　$\frac{2}{3}$　　(2)　$\frac{1}{4}\log 3$

2　0.69

5—1　変数分離形 (p. 70)

練習問題

1　$y=Ce^{\frac{x^2}{2}}$

2　$y=-\frac{2}{x^2+2x+C}$

3　一般解 $y=C(x-1)-2$，特解 $y=4x-6$

4　一般解 $y=Ce^{x\log x-x}$，特解 $y=2e^{-x}x^x$

5—2　同次形 (p. 72)

練習問題

1　一般解 $y=\pm\sqrt{x^2+Cx}$，特解 $y=\sqrt{x^2+3x}$

2　一般解 $y=x\pm\sqrt{C+3x^2}$，特解 $y=x+\sqrt{e^4+3x^2}$

3　一般解 $y=\frac{1}{2}(-C\pm\sqrt{C^2+4x^2})$，

特解 $y=\frac{1}{2}(-1-\sqrt{1+4x^2})$

5—3　1 階の線形微分方程式 (p. 74)

練習問題

1　(1)　$y=-x^2-x-\frac{1}{2}+Ce^{2x}$

(2)　$y=\frac{1}{4}x^2-x+\frac{C}{x^2}$

2　(1)　一般解 $y=e^x+Ce^{-x}$

特解 $y=e^x+2e^{-x}$

(2)　一般解 $y=Ce^{3x}-3\cos x+\sin x$

特解 $y=5e^{3x}-3\cos x+\sin x$

5—4　定数係数の 2 階線形微分方程式—同次形— (p. 77)

練習問題

1　(1)　一般解 $y=C_1e^{-x}+C_2e^{5x}$，

特解 $y=\frac{1}{2}(e^{-x}+e^{5x})$

(2)　一般解 $y=C_1e^{\frac{3}{2}x}+C_2e^{-3x}$，

特解 $y=4e^{\frac{3}{2}x}-e^{-3x}$

(3)　一般解 $y=e^{-\frac{3}{2}x}(C_1+C_2x)$，

特解 $y=e^{-\frac{3}{2}x}(2+5x)$

(4)　一般解 $y=e^{2x}(C_1\cos 3x+C_2\sin 3x)$，

特解 $y=e^{2x}(2\cos 3x+\sin 3x)$

5—5　定数係数の 2 階線形微分方程式—非同次形— (p. 79)

練習問題

1　(1)　一般解 $y=C_1e^{-3x}+C_2e^{2x}-1$

特解 $y=\frac{1}{5}e^{-3x}+\frac{9}{5}e^{2x}-1$

(2)　一般解 $y=C_1e^{-x}+C_2e^{3x}-3x+2$

特解 $y=-2e^{-x}+e^{3x}-3x+2$

(3)　一般解 $y=C_1e^{4x}+C_2e^{-3x}-\frac{1}{6}e^{3x}$

特解 $y=e^{4x}+\frac{1}{6}e^{-3x}-\frac{1}{6}e^{3x}$

(4)　一般解 $y=C_1e^{2x}+C_2xe^{2x}+\frac{1}{2}x^2e^{2x}$

特解 $y=4e^{2x}-6xe^{2x}+\frac{1}{2}x^2e^{2x}$

(5)　一般解 $y=C_1e^{\frac{x}{2}}+C_2e^{-x}-\cos x-3\sin x$

特解 $y=6e^{\frac{x}{2}}-3e^{-x}-\cos x-3\sin x$

(6)　一般解 $y=C_1e^{-2x}+C_2e^x-\frac{1}{3}e^x+xe^x$

特解 $y=-e^{-2x}+2e^x+xe^x$

2 章

1—1　座標平面と点の位置 (p. 84)

練習問題

1　(1)　(a)，(e)，(i)，(j)

(2)　(c)，(k)

1―2 ベクトルの和とスカラー倍 (p. 86)

練習問題

1 $\boldsymbol{a}$ と等しいベクトル：$\boldsymbol{j}$

$-\boldsymbol{a}$ と等しいベクトル：$\boldsymbol{f}$

$2\boldsymbol{a}$ と等しいベクトル：$\boldsymbol{i}$

2 $\overrightarrow{AD}=\boldsymbol{a}+2\boldsymbol{b}$, $\overrightarrow{EB}=\boldsymbol{a}-2\boldsymbol{b}$, $\overrightarrow{EC}=\boldsymbol{a}-\boldsymbol{b}$

3 (1) $-24\boldsymbol{a}$ (2) $-3\boldsymbol{a}$ (3) $4\boldsymbol{a}+8\boldsymbol{b}$

(4) $2\boldsymbol{a}+2\boldsymbol{b}$ (5) $-7\boldsymbol{a}-4\boldsymbol{b}$ (6) $-17\boldsymbol{a}+4\boldsymbol{b}$

4 $|T_A|=5$ kgw, $|T_B|=5\sqrt{3}$ kgw

1―3 ベクトルの成分表示 (p. 90)

練習問題

1 (1) $\boldsymbol{c}=0\boldsymbol{a}+3\boldsymbol{b}$ (2) $\boldsymbol{c}=\dfrac{19}{4}\boldsymbol{a}+\dfrac{1}{2}\boldsymbol{b}$

2 (1) $\boldsymbol{c}=\boldsymbol{a}+\boldsymbol{b}$ (2) $\boldsymbol{c}=-2\boldsymbol{a}+3\boldsymbol{b}$

(3) $\boldsymbol{c}=-4\boldsymbol{a}$ (4) $\boldsymbol{c}=-\dfrac{2}{3}\boldsymbol{a}+4\boldsymbol{b}$

1―4 ベクトルの内積 (p. 92)

練習問題

1 (1) $15\sqrt{3}$ (2) $\dfrac{25\sqrt{2}}{2}$ (3) 20 (4) 13

2 (1) $2\sqrt{2}$ (2) $\sqrt{33}$ (3) $2\sqrt{3}$ (4) 16

3 245 [N m]

1―5 ベクトルの外積 (p. 95)

練習問題

1 (1) $(0,\ 0,\ -7)$

(2) $(-6,\ -9,\ 6)$

2 (1) 4 (2) 43

2―1 行列とその演算 (p. 98)

練習問題

1 (1) $\begin{pmatrix}5 & 1 & 2\\5 & -4 & 10\end{pmatrix}$ (2) $\begin{pmatrix}1 & 0\\1 & -8\end{pmatrix}$

2 (1) $\begin{pmatrix}9 & 5\\4 & 2\end{pmatrix}$ (2) $\begin{pmatrix}1 & -1\\-2 & 2\end{pmatrix}$

3 (1) $\begin{pmatrix}6 & 8\\4 & 5\end{pmatrix}$ (2) $\begin{pmatrix}2 & 5\\4 & 9\end{pmatrix}$ (3) $\begin{pmatrix}6 & 8\\4 & 5\end{pmatrix}$

(4) $\begin{pmatrix}1 & 2\\0 & 1\end{pmatrix}$ (5) $\begin{pmatrix}7 & 10\\4 & 6\end{pmatrix}$ (6) $\begin{pmatrix}1 & 1\\0 & 1\end{pmatrix}$

行列 A と B は交換可能でない。

2―2 逆行列・行列式――行列と連立一次方程式(1) (p. 102)

練習問題

1 (1) 逆行列を持ち $\dfrac{1}{2}\begin{pmatrix}4 & -2\\-5 & 3\end{pmatrix}$

(2) 逆行列を持たない

(3) 逆行列を持ち $\begin{pmatrix}-3 & 4\\-4 & 5\end{pmatrix}$

2 $a=1,\ 2$

3 (1) $\begin{pmatrix}x\\y\end{pmatrix}=\begin{pmatrix}1\\1\end{pmatrix}$

(2) $\begin{pmatrix}x\\y\end{pmatrix}=\begin{pmatrix}t\\2t+3\end{pmatrix}$ (t は任意の実数)

4 $a=2,\ 3$ $a=2$ のとき $\begin{pmatrix}x\\y\end{pmatrix}=t\begin{pmatrix}1\\-1\end{pmatrix}$,

$a=3$ のとき $\begin{pmatrix}x\\y\end{pmatrix}=t\begin{pmatrix}-2\\1\end{pmatrix}$ (t は任意の実数)

5 (1) $\begin{pmatrix}6 & -3\\-14 & 7\end{pmatrix}$ (2) $\begin{pmatrix}-5 & 9\\-10 & 18\end{pmatrix}$

6 (1) $\begin{pmatrix}3 & -2\\-1 & 1\end{pmatrix}$ (2) $\begin{pmatrix}2 & 0\\0 & 1\end{pmatrix}$ (3) $\begin{pmatrix}2^n & 0\\0 & 1\end{pmatrix}$

(4) $\begin{pmatrix}3\cdot2^n-2 & -2^{n+1}+2\\3\cdot2^n-3 & -2^{n+1}+3\end{pmatrix}$

2―3 掃出し法・階数――行列と連立一次方程式(2) (p. 106)

練習問題

1 (1) $x=2,\ y=3,\ z=2$

(2) $x=4,\ y=3,\ z=2$

(3) $x=2t+3,\ y=-3t+1,\ z=t$ (t は任意の実数)

(4) 解なし

2 (1) $\begin{pmatrix}1 & 0 & -1\\-1 & 1 & 0\\1 & -1 & 1\end{pmatrix}$ (2) $\begin{pmatrix}-13 & 6 & -2\\11 & -5 & 2\\7 & -3 & 1\end{pmatrix}$

(3) $\dfrac{1}{2}\begin{pmatrix}-22 & 6 & 4\\-9 & 3 & 1\\14 & -4 & -2\end{pmatrix}$

2―4 一次変換 (p. 110)

練習問題

1 (1) $\begin{pmatrix}3 & 4\\5 & 6\end{pmatrix}$ (2) $\begin{pmatrix}4 & 1\\3 & 2\end{pmatrix}$ (3) $\begin{pmatrix}-1 & 0\\0 & 1\end{pmatrix}$

(4) $\begin{pmatrix}0 & -1\\-1 & 0\end{pmatrix}$

2 $A'\left(\dfrac{1}{2},\ \dfrac{\sqrt{3}}{2}\right)$, $B'\left(2-\sqrt{3},\ 2\sqrt{3}+1\right)$

3 (1) $(2,\ 16)$ (2) $y=6x$ (3) $y=3x-3$

3―1 複素数の計算 (p. 114)

問題 1 (1) $x=-\dfrac{3}{2},\ y=-\dfrac{3}{2}$ (2) $x=2,\ y=3$

(3) $x=2,\ y=2$ (4) $x=-\dfrac{15}{2},\ y=\dfrac{10}{3}$

問題 2 (1) $11+2i$ (2) $-9+i$ (3) $16-30i$

(4) $3-\dfrac{9}{2}i$ (5) $\dfrac{-1-2i}{5}$

問題 3 (1) $-1+5i$ (2) $5+i$ (3) $-12-5i$

(4) i (5) $5-12i$ (6) $14+8i$ (7) $-8+14i$

(8) $3+3i$

問題 4 (1) $\bar{z}=5+12i,\ |z|=13$

(2) $\bar{z}=5-5i,\ |z|=5\sqrt{2}$

3—2 方程式と複素数（p. 116）

問題 1 (1) $x=\pm\frac{5}{2}i$ (2) $x=\pm\frac{2\sqrt{2}}{\sqrt{3}}i$

問題 2 (1) $x=\frac{-1\pm\sqrt{3}\,i}{2}$ (2) $x=2\pm\sqrt{2}\,i$

問題 3 (1) $x=\pm2,\ \pm2i$
(2) $x=-2,\ \pm i$ (3) $x=\pm i$

練習問題

1 (1) $x=1\pm i$ (2) $x=0,\ -3\pm\sqrt{3}\,i$
(3) $x=\pm\sqrt{5}\,i$

3—3 複素平面と指数関数形式（p. 118）

問題 1 略

問題 2 図は略
(1) $4\sqrt{2}\,e^{i\frac{\pi}{4}}$ (2) $3e^{i\frac{\pi}{2}}$ (3) $-2\sqrt{2}+2\sqrt{2}\,i$
(4) $3-4i$

問題 3 (1) $e^{i\frac{3\pi}{4}}$ (2) $3e^{i\frac{2\pi}{5}}$ (3) $7e^{-i\pi}$
(4) $e^{i\tan^{-1}\frac{3}{7}}$

問題 4 (1) $12e^{i\frac{65\pi}{56}}$ (2) $\frac{5}{2}e^{i\frac{\pi}{4}}$

問題 5 (1) $2e^{i\frac{\pi}{3}}$ (2) $2e^{-i\frac{7\pi}{6}}$ (3) $2e^{-i\frac{2\pi}{3}}$
(4) $2e^{i\frac{\pi}{6}}$ (5) $e^{i\frac{\pi}{2}}$ (6) $2e^{-i\frac{2\pi}{3}}$

練習問題

1 略

2 図は略。(1) $2\sqrt{2}\,e^{i\frac{\pi}{4}}$
(2) $2-2\sqrt{3}\,i$ (3) $-\frac{3}{2}-\frac{3\sqrt{3}}{2}i$

3 図は略。(1) $3\sqrt{2}\,e^{i\frac{3}{4}\pi}$ (2) $e^{-i\frac{\pi}{2}}$
(3) $3\sqrt{2}-3\sqrt{2}\,i$ (4) $8+6i$

4 (1) $e^{-i\frac{\pi}{5}}$ (2) $21e^{i\frac{\pi}{4}}$ (3) $4e^{i\pi}$
(4) $2e^{-i\tan^{-1}\frac{1}{4}}$

5 (1) $\frac{1}{4}e^{-i\frac{23}{20}\pi}$ (2) $\frac{5}{3}e^{i\frac{1}{12}\pi}$

6 図は略。(1) $2e^{i\frac{5}{6}\pi}$ (2) $2e^{i\frac{4}{3}\pi}$ (3) $2e^{i\frac{11}{6}\pi}$
(4) $2e^{-i\frac{\pi}{6}}$

3—4 応用問題（p. 122）

問題 1 (1) 1 (2) $32e^{i\frac{5\pi}{3}}$

問題 2 略

問題 3 (1) $V=4\sqrt{2}$ (2) $I=\frac{1}{5}e^{j\frac{\pi}{6}}$
(3) $v(t)=2\sqrt{3}\sin\left(\omega t+\frac{\pi}{7}\right)$
(4) $i(t)=14\sin\left(\omega t-\frac{\pi}{9}\right)$

問題 4 (1) $5+j5$ [Ω] (2) $5-j50$ [Ω]
(3) $5-j45$ [Ω]

問題 5 (1) $I=5e^{-j\frac{\pi}{4}},\ i(t)=5\sqrt{2}\sin\left(50t-\frac{\pi}{4}\right)$
(2) $I=5e^{j\frac{\pi}{4}},\ i(t)=5\sqrt{2}\sin\left(200t+\frac{\pi}{4}\right)$
(3) $I=e^{-j\tan^{-1}\frac{4}{3}},\ i(t)=\sqrt{2}\sin\left(1000t-\tan^{-1}\frac{4}{3}\right)$

4—1 データの整理（p. 126）

問題 1 (1) 略 (2) $\frac{1}{6}$

問題 2 「10」の偏差は -15，「25」の偏差は 0，
「35」の偏差は 10，「30」の偏差は 5
偏差の合計は 0

問題 3 データ y の方がばらつきが小さい。

問題 4 分散は $\cong18.7$，標準偏差は $\cong4.32$

4—2 2変量のデータの関係（p. 128）

問題 1 略

問題 2 $r\cong0.85$

4—3 正規分布（p. 130）

問題 1 (1)(2) 略
(3) $-1\leqq X\leqq1$の値をとる確率の方が大きい。

問題 2 (1) 0.025 (2) 0.025 (3) 0.05
(4) 0.95

問題 3 (1) $Z=1.6$ (2) 0.0548

問題 4 (1) 75 (2) 52.5 (3) 25

4—4 推定（p. 134）

問題 1 [491.2, 510.8]

問題 2 [0.01314, 0.02686]

4—5 仮説検定（p. 136）

問題 1 有意水準 5 % でこのコインの表が出る確率は $\frac{1}{2}$ ではない。

問題 2 有意水準 5 % でこのコインの表が出る確率は $\frac{1}{2}$ ではないとはいえない。

1章

[三角比と三角関数]（p. 138）

問題 1　$x=c\cos\theta$，$y=c\sin\theta$

問題 2　(1)　$\sin 390°=\frac{1}{2}$，$\cos 390°=\frac{\sqrt{3}}{2}$，

$\tan 390°=\frac{1}{\sqrt{3}}$

(2)　$\sin 750°=\frac{1}{2}$，$\cos 750°=\frac{\sqrt{3}}{2}$，$\tan 750°=\frac{1}{\sqrt{3}}$

(3)　$\sin(-30°)=-\frac{1}{2}$，$\cos(-30°)=\frac{\sqrt{3}}{2}$，

$\tan(-30°)=-\frac{1}{\sqrt{3}}$

(4)　$\sin(-225°)=\frac{1}{\sqrt{2}}$，$\cos(-225°)=-\frac{1}{\sqrt{2}}$，

$\tan(-225°)=-1$

問題 3　(1)　$\sin 90°=1$，$\cos 90°=0$，

$\tan 90°$ は定義されない

(2)　$\sin 180°=0$，$\cos 180°=-1$，$\tan 180°=0$

(3)　$\sin 270°=-1$，$\cos 270°=0$，

$\tan 270°$ は定義されない

(4)　$\sin 360°=0$，$\cos 360°=1$，$\tan 360°=0$

[弧度法と三角関係]（p. 138）

問題 1　(1)　$\sin\frac{4}{3}\pi=-\frac{\sqrt{3}}{2}$，$\cos\frac{4}{3}\pi=-\frac{1}{2}$，

$\tan\frac{4}{3}\pi=\sqrt{3}$

(2)　$\sin\left(-\frac{3}{4}\pi\right)=-\frac{1}{\sqrt{2}}$，$\cos\left(-\frac{3}{4}\pi\right)=-\frac{1}{\sqrt{2}}$，

$\tan\left(-\frac{3}{4}\pi\right)=1$

問題 2　$l=\frac{8}{3}\pi$　　$S=\frac{16}{3}\pi$

[三角関数のグラフ]（p. 138）

問題 1　略

[加法定理]（p. 138）

問題 1　(1)　$\sin\frac{\pi}{12}=\frac{\sqrt{6}-\sqrt{2}}{4}$

(2)　$\cos\frac{\pi}{12}=\frac{\sqrt{2}+\sqrt{6}}{4}$　　(3)　$\tan\frac{\pi}{12}=2-\sqrt{3}$

問題 2　最大値は 12，最小値は 8

問題 3　$\alpha=\frac{\pi}{4}$

[極座標]（p. 138）

問題 1　$r(t)=\sqrt{4+25t^2}$，$\tan(\theta(t))=\frac{5t}{2}$

問題 2　東京付近の点：$(R, 55°, 140°)$，

リオデジャネイロ付近の点：$(R, 112°, 317°)$

[円運動と単振動]（p. 138）

問題 1　周期 $\frac{1}{3500}$ 秒，角速度 7000π rad/s

問題 2　回転数 14.7 s^{-1}，角速度 92.1

問題 3　$\theta_0=\frac{\pi}{6}$

[指数法則]（p. 139）

問題 1　(1)　$x=4$　　(2)　$x=\frac{5}{2}$　　(3)　$x<3$

(4)　$x\geqq 3$　　(5)　$x=-2$　　(6)　$x=-1$

(7)　$x<-\frac{5}{4}$　　(8)　$x\leqq 4$

問題 2　(1)　$x=2$　　(2)　$x=0, 1$　　(3)　$x<3$

(4)　$x>3$　　(5)　$x=2$　　(6)　$x=1, \log_3 2$

(7)　$-2<x<-1$　　(8)　$-1<x<2$　　(9)　$x=1$

(10)　$x=0, \log_3\frac{3}{2}$　　(11)　$x<2$ または $x>3$

(12)　$0<x<2$

[対数とその性質]（p. 139）

問題 1　(1)　$x=81$　　(2)　$x=\frac{100}{3}$　　(3)　$0<x<16$

(4)　$x>\frac{1}{4}$　　(5)　$x=15$　　(6)　$x=1$

(7)　$-\frac{3}{4}<x<\frac{3}{2}$　　(8)　$0<x<\frac{1}{100}$

問題 2　(1)　$x=6$　　(2)　$x=\frac{1}{2}, 8$　　(3)　$0<x<1$

(4)　$\frac{1}{3}<x<9$　　(5)　$x=4$　　(6)　$x=\frac{1}{2}, 4$

(7)　$3<x<\frac{7}{2}$　　(8)　$\frac{1}{16}<x<4$　　(9)　$x=\frac{1}{3}, 3$

(10)　$x=2$　　(11)　$1<x<2$ または $x>2$

(12)　$0<x<2$

[微分係数]（p. 139）

問題 1　(1)　$f'(a)=2a$　　(2)　$f'(a)=3a^2$

問題 2　略

[導関数]（p. 139）

問題 1　(1)　$y'=2x+3$　　(2)　$y'=2+\frac{3}{x^2}$

(3)　$y'=2x-\frac{2}{x^3}$

問題 2　(1)　$y=5x+4$　　(2)　$y=-5x-18$

(3)　$y'=\frac{7}{3}x-2$　　(4)　$y=3$

[微分公式]（p. 140）

問題 1　(1)　$y'=12x+5$　　(2)　$y'=x(3x-2)$

(3)　$y'=\frac{32}{(5x+4)^2}$　　(4)　$y'=-\frac{2x}{(x^2-2)^2}$

(5) $y'=20(2x+3)^9$ (6) $y'=5\left(1+\dfrac{1}{x^2}\right)\left(x-\dfrac{1}{x}\right)^4$

[いろいろな関数の微分] (p. 140)

問題 1 (1) $y'=\cos x-x\sin x$ (2) $y'=10\cos 5x$

(3) $y'=-2\sin(2x+3)$ (4) $y'=\dfrac{x\cos x-\sin x}{x^2}$

(5) $y'=\dfrac{\sin x}{\cos^2 x}$ (6) $y'=(x+1)e^x-1$

(7) $y'=3e^{3x+2}$ (8) $y'=2e^x\cos x$

(9) $y'=\log x+1+\dfrac{1}{x}$ (10) $y'=\dfrac{1}{\sqrt{x^2+1}}$

問題 2 (1) $y=\dfrac{1}{4}x+\dfrac{5}{4}$ (2) $y=-6x+2$

(3) $y=x+1$ (4) $y=x-1$

問題 3 (1) $y'=\dfrac{-(\log x+1)}{x^x}$

(2) $y'=\left(\log\log x+\dfrac{1}{\log x}\right)(\log x)^x$

[関数の増減と極大・極小] (p. 140)

問題 1 (1) $x<\dfrac{1}{2}$ で減少，$\dfrac{1}{2}<x$ で増加。$x=\dfrac{1}{2}$ で極小値 $f\left(\dfrac{1}{2}\right)=-\dfrac{1}{4}$ をとる。

(2) $x<-1$，$\dfrac{5}{3}<x$ で増加，$-1<x<\dfrac{5}{3}$ で減少。$x=-1$ で極大値 $f(-1)=8$，$x=\dfrac{5}{3}$ で極小値 $f\left(\dfrac{5}{3}\right)=-\dfrac{40}{27}$ をとる。

(3) $x<0$ で増加，$0<x$ で減少。$x=0$ で極大値 $f(0)=1$ をとる。

(4) $x<0$ で増加，$0<x$ で減少。$x=0$ で極大値 $f(0)=1$ をとる。

問題 2 (1) $x=1$ で極小値 $f(1)=4$ をとる。

(2) $x=1$ で極大値 $f(1)=\dfrac{1}{e}$ をとる。

(3) $x=\dfrac{2}{3}\pi$ で極小値 $f\left(\dfrac{2}{3}\pi\right)=-2$，$x=\dfrac{5}{3}\pi$ で極大値 $f\left(\dfrac{5}{3}\pi\right)=2$ をとる。

(4) $x=\dfrac{1}{\sqrt{e}}$ で極小値 $f\left(\dfrac{1}{\sqrt{e}}\right)=-\dfrac{1}{2e}$ をとる。

[微分の応用] (p. 140)

問題 1 (1) $v(t)=2t-1$，$a(t)=2$

(2) $v(t)=-\sin t$，$a(t)=-\cos t$

(3) $v(x)=e^{-t}(\cos t-\sin t)$，$a(x)=-2e^{-t}\cos t$

問題 2 (1) $v(t)=-gt+v_0$，$a(t)=-g$

(2) $t=\dfrac{v_0}{g}$，そのときの位置は $\dfrac{{v_0}^2}{2g}$

(3) $t=\dfrac{2v_0}{g}$，そのときの速度は $-v_0$

問題 3 (1) $v(t)=\dfrac{g}{\alpha}(1+e^{-\alpha t})$，$a(t)=-ge^{-\alpha t}$

(2) t が十分大きいとき $v(t)$ は $\dfrac{g}{\alpha}$ に近づく。

問題 4 $1:2\sqrt{2}$

問題 5 $1:1$

[不定積分・不定積分の計算] (p. 141)

問題 1 積分定数を C とする。(以下同じ)

(1) $\dfrac{1}{7}x^7+C$ (2) $-\dfrac{1}{x}+C$ (3) $\dfrac{3}{2}\sqrt[3]{x^2}+C$

(4) $\dfrac{2}{5}x^2\sqrt{x}+C$

問題 2 (1) $\dfrac{1}{5}x^5+x^3-\dfrac{5}{2}x+C$

(2) $x-3\log|x|-\dfrac{2}{x}+C$

(3) $-3\cos x-4\sin x+C$ (4) $5e^x-3\log|x|+C$

(5) $2\sqrt{x}-\tan x+C$

問題 3 (1) $\dfrac{1}{9}(3x+5)^3+C$

(2) $-\dfrac{1}{3}\cos(3x-2)+C$ (3) $-\log|1-x|+C$

問題 4 (1) $\dfrac{1}{8}(x^2+1)^4+C$ (2) $\dfrac{1}{3}\log|x^3+2|+C$

問題 5 (1) $-(2x-1)\cos x+2\sin x+C$

(2) xe^x+C (3) $\dfrac{x^3}{3}\log x-\dfrac{1}{9}x^3+C$

[定積分・定積分の計算・原始関数を計算できる関数] (p. 141)

問題 1 (1) 36 (2) $e+1$ (3) $\dfrac{3}{2}$

(4) $\dfrac{1}{2}(e^3-e)$ (5) $\dfrac{1}{2}\log 3$ (6) $\dfrac{38}{3}$ (7) 4

(8) $\dfrac{3}{8}$ (9) $\dfrac{1}{3}$ (10) $\dfrac{5}{4}$ (11) $2(1-\sqrt{\log 2})$

(12) -2

問題 2 (1) -2 (2) $-\pi$ (3) $3-e$

(4) $2\log 2-\dfrac{3}{4}$ (5) π^2-4 (6) $2-\dfrac{5}{e}$

問題 3 (1) $\dfrac{\pi}{8}+\dfrac{1}{4}$ (2) $\log\dfrac{4}{3}$ (3) $\log\sqrt{2}$

(4) $\dfrac{\pi}{6}$

[面積と体積・定積分の応用] (p. 142)

問題 1 (1) 2 (2) $\dfrac{1}{3}$

問題 2 (1) $\dfrac{8}{3}\pi$ (2) $\pi\left(1-\dfrac{\pi}{4}\right)$

問題 3 (1) $e-1$ (2) $2\sqrt{2}-2$

問題 4 1.10

[変数分離形] (p. 142)

問題 1 (1) $y=Cx$ (2) $y^3=\log|x|+C$

(3) $y=Ce^{\frac{x^2}{2}-\frac{x^3}{3}}$ (4) $y^2=x^2-10x+C$

問題 2 (1) $y=3x$ (2) $y^3=8+\log\left|\frac{x}{2}\right|$

(3) $y=\dfrac{e^x}{e^x+1}$ (4) $y^2=x^2-10x+4$

[同次形] (p. 142)

問題 1 (1) $y=\dfrac{1}{x}+C$

(2) $y=x(\log(\log|x|)+C)$

問題 2 (1) $y=\dfrac{1}{x}-1$

(2) $y=x\log(\log|x|)$

[1 階の線形微分方程式] (p. 143)

問題 1 (1) $y=Ce^{2x}-2x-1$

(2) $y=Ce^{-2x}-\dfrac{\cos x}{5}+\dfrac{2\sin x}{5}$

(3) $y=4x+\dfrac{4x^3}{3}+C-\log x$

(4) $y=-\dfrac{x^2}{9}+\dfrac{C}{x}+\dfrac{1}{3}x^2\log x$

問題 2 (1) $y=e^{2x}-2x-1$

(2) $y=\dfrac{1}{5}(e^{-2x}-\cos x+2\sin x)$

(3) $y=4x+\dfrac{4x^3}{3}-\dfrac{16}{3}-\log x$

(4) $y=-\dfrac{x^2}{9}+\dfrac{1}{x}+\dfrac{1}{3}x^2\log x$

[定数係数の 2 階線形微分方程式—同次系—] (p. 143)

問題 1 (1) $y=C_1e^{-3x}+C_2e^{2x}$

(2) $y=C_1e^{-\frac{x}{3}}+C_2e^x$ (3) $y=e^{-4x}(C_1+C_2x)$

(4) $y=e^x(C_1\cos x+C_2\sin x)$

[定数係数の 2 階線形微分方程式—非同次系—] (p. 143)

問題 1 (1) $y=-1+C_1e^{-5x}+C_2e^{2x}$

(2) $C_1e^{-x}+C_2e^{4x}-4x+3$

(3) $y=C_1e^{-5x}+C_2e^{3x}+\dfrac{e^{4x}}{9}$

(4) $y=C_1e^x+C_2e^{2x}+3\cos x+\sin x$

■ 2 章 ■

ベクトル (p. 143)

問題 1 点 A に及ぼす力 20 N，質量 $\dfrac{10\sqrt{3}}{9.8}\fallingdotseq 1.77$ kg

問題 2 $\overrightarrow{\mathrm{AB}}=(2,\ 4)$，距離は $2\sqrt{5}$

問題 3 (1) 9 (2) $\dfrac{3}{4}\pi$

問題 4 (1) $(\pm 9,\ \pm 12)$ (2) $\dfrac{6}{5}(\pm 4,\ \mp 3)$

問題 5 (1) $-6\boldsymbol{i}+6\boldsymbol{j}-2\boldsymbol{k}$ (2) $\boldsymbol{i}-3\boldsymbol{j}-5\boldsymbol{k}$

(3) $7\boldsymbol{i}+8\boldsymbol{j}-2\boldsymbol{k}$

問題 6 (1) 20 (2) 26 (3) 4

[行列とその演算] (p. 144)

問題 1 (1) $\begin{pmatrix}3&2&-6\\-3&0&-1\end{pmatrix}$ (2) $\begin{pmatrix}14&5\\5&-14\end{pmatrix}$

問題 2 (1) $\begin{pmatrix}-4&9\\7&0\end{pmatrix}$ (2) $\begin{pmatrix}-2&3\\-1&-4\end{pmatrix}$

(3) $\dfrac{1}{2}\begin{pmatrix}3&-3\\6&10\end{pmatrix}$

問題 3 (1) $\begin{pmatrix}5&4\\-7&-10\end{pmatrix}$ (2) 3

(3) $\begin{pmatrix}20&-10\\8&-4\end{pmatrix}$ (4) $\begin{pmatrix}1&7\\1&2\end{pmatrix}$ (5) $\begin{pmatrix}8&5\\-7&-5\end{pmatrix}$

問題 4 (1) $\begin{pmatrix}7&11\\2&5\end{pmatrix}$ (2) $\begin{pmatrix}3&7\\2&9\end{pmatrix}$ (3) $\begin{pmatrix}23&38\\24&47\end{pmatrix}$

(4) $\begin{pmatrix}7&11\\2&5\end{pmatrix}$ (5) $\begin{pmatrix}1&4\\0&1\end{pmatrix}$ (6) $\begin{pmatrix}1&6\\0&1\end{pmatrix}$

(7)(8) $\begin{pmatrix}4&11\\2&10\end{pmatrix}$ (9) $\begin{pmatrix}1&2\\0&1\end{pmatrix}$

行列 A と B は交換可能でない。

[逆行列・行列式—行列と連立一次方程式(1)] (p. 144)

問題 1 (1) 逆行列を持ち，$A^{-1}=\dfrac{1}{7}\begin{pmatrix}2&-1\\-3&5\end{pmatrix}$

(2) 逆行列を持たない。

(3) 逆行列を持ち，$C^{-1}=\begin{pmatrix}-5&3\\7&-4\end{pmatrix}$

問題 2 $a=-4,\ 3$

問題 3 (1) $\begin{pmatrix}x\\y\end{pmatrix}=\begin{pmatrix}3\\-2\end{pmatrix}$

(2) $\begin{pmatrix}x\\y\end{pmatrix}=\begin{pmatrix}t\\-2t-1\end{pmatrix}$ (t は任意の実数)

問題 4 $a=1,\ 5$ $a=1$ のとき $t\begin{pmatrix}1\\-3\end{pmatrix}$，$a=5$ のとき

$\begin{pmatrix}x\\y\end{pmatrix}=t\begin{pmatrix}1\\1\end{pmatrix}$ (t は任意の実数)

問題 5 (1) $\begin{pmatrix}-1&-2\\4&5\end{pmatrix}$ (2) $\begin{pmatrix}-3&6\\-4&7\end{pmatrix}$

問題 6 (1) $\begin{pmatrix}2&-1\\-1&1\end{pmatrix}$ (2) $\begin{pmatrix}3&0\\0&1\end{pmatrix}$

(3) $\begin{pmatrix}3^n&0\\0&1\end{pmatrix}$ (4) $\begin{pmatrix}2\cdot 3^n-1&-3^n+1\\2\cdot 3^n-2&-3^n+2\end{pmatrix}$

[掃出し法・階数—行列と連立一次方程式(2)] (p. 145)

問題 1 (1) $x=7,\ y=3,\ z=1$

(2) $x=6,\ y=2,\ z=-1$

(3) $x=-8t+3,\ y=4t-2,\ z=t$ (t は任意の実数)

(4) 解なし

問題 2 (1) $\begin{pmatrix}-1&-1&1\\2&2&-1\\-2&-3&1\end{pmatrix}$ (2) $\begin{pmatrix}-2&6&-3\\-6&17&-9\\-1&2&-1\end{pmatrix}$

(3) $\begin{pmatrix} -1 & -6 & 4 \\ 3 & 19 & -12 \\ 1 & 8 & -5 \end{pmatrix}$

[一次変換] (p. 145)

問題 1 (1) $\begin{pmatrix} 3 & 5 \\ 9 & 7 \end{pmatrix}$ (2) $\begin{pmatrix} 2 & 0 \\ 4 & -1 \end{pmatrix}$

(3) $\begin{pmatrix} -1 & 0 \\ 0 & -1 \end{pmatrix}$ (4) $\begin{pmatrix} 2 & 0 \\ 0 & 2 \end{pmatrix}$

問題 2 (1) $A'\left(-\frac{1}{2},\ \frac{\sqrt{3}}{2}\right)$, $B'(2\sqrt{3}-1,\ 2+\sqrt{3})$

問題 3 (1) $(8,\ 4)$ (2) $y=-2x$ (3) $y=2x-4$

[複素数の計算] (p. 145)

問題 1 (1) 実部 -4, 虚部 -1

(2) 実部 $\frac{4}{7}$, 虚部 $-\frac{3}{7}$

(3) 実部 $-\frac{3}{4}$, 虚部 2

(4) 実部 0, 虚部 5

問題 2 (1) $x=-2,\ y=-4$

(2) $x=-2,\ y=7$

問題 3 (1) $8-2i$ (2) $-7+3i$

(3) $9+40i$ (4) $\frac{4+5i}{2}$

問題 4 (1) 共役複素数 $5-12i$, 絶対値 13

(2) 共役複素数 $10+10i$, 絶対値 $10\sqrt{2}$

[方程式と複素数] (p. 145)

問題 1 (1) $x=\pm\frac{8}{3}i$ (2) $x=1\pm i$

(3) $x=-3\pm 2i$ (4) $x=1\pm\sqrt{5}\,i$

問題 2 (1) $x=2,\ -1\pm\sqrt{3}\,i$ (2) $x=\pm\sqrt{5}\,i$

(3) $x=1,\ \frac{1\pm\sqrt{19}\,i}{2}$

[複素平面と指数関数形式] (p. 146)

問題 1 略

問題 2 図は略 (1) $5\sqrt{2}\,e^{i\frac{5}{4}\pi}$ (2) $3e^{i\frac{3}{2}\pi}$

(3) $4e^{i\pi}$ (4) $2i$ (5) $5\sqrt{3}-5i$

(6) $4\cos\left(\frac{\pi}{5}\right)+i4\sin\left(\frac{\pi}{5}\right)$

問題 3 (1) $e^{i\frac{4\pi}{3}}$ (2) $2e^{-i\frac{2\pi}{7}}$

問題 4 (1) $6e^{i\frac{37}{30}\pi}$ (2) $\frac{1}{2}e^{i\frac{5}{4}\pi}$ (3) $\frac{3}{4}e^{-i\frac{43}{20}\pi}$

(4) $\frac{1}{2}e^{i\frac{\pi}{8}}$

問題 5 (1) $4e^{i\frac{\pi}{3}}$ (2) $4e^{i\frac{5}{6}\pi}$ (3) $4e^{i\frac{4}{3}\pi}$

(4) $4e^{-i\frac{2}{3}\pi}$

図は略

[応用問題] (p. 146)

問題 1 (1) 1 (2) 64

問題 2 (1) $V=2e^{-j\frac{2}{3}\pi}$ (2) $I=2\sqrt{2}\,e^{j\frac{\pi}{4}}$

(3) $v(t)=3\sqrt{2}\sin\left(\omega t-\frac{\pi}{2}\right)$

(4) $i(t)=10\sin\left(\omega t-\frac{\pi}{2}\right)$

問題 3 (1) $30\ \Omega$ (2) $j10\ \Omega$ (3) $-j50\ \Omega$

問題 4 (1) $20+j20\ \Omega$ (2) $20-j10\ \Omega$

(3) $20+j10\ \Omega$

問題 5 (1) $I=15e^{-j\frac{\pi}{4}}$, $i(t)=15\sqrt{2}\sin\left(50t-\frac{\pi}{4}\right)$

(2) $I=3e^{j\frac{\pi}{4}}$, $i(t)=3\sqrt{2}\sin\left(50t+\frac{\pi}{4}\right)$

(3) $I=\frac{25\sqrt{2}}{8}e^{j\frac{\pi}{4}}$, $i(t)=\frac{25}{4}\sin\left(500t+\frac{\pi}{4}\right)$

[データの整理] (p. 147)

問題 1 データ y の方がばらつきが小さい。

[2 変量のデータの関係] (p. 147)

問題 1 $r\cong 0.74$

問題 2 $r\cong -0.74$

[正規分布] (p. 147)

問題 1 (1) 0.5 (2) 0.5 (3) 0.0505

(4) 0.0505 (5) 0.0228 (6) 0.4772

(7) 0.0277 (8) 0.0277

問題 2 (1) $Z=1.64$ (2) 0.0505 (3) $Z=2$

(4) 0.0228 (5) 0.0277

問題 3 0.0228

[推定] (p. 148)

問題 1 (1) 0.95

(2) (ア) $\overline{X}-1.96\sqrt{\frac{\sigma^2}{n}}$ (イ) $\overline{X}+1.96\sqrt{\frac{\sigma^2}{n}}$

(3) 0.05

[仮説検定] (p. 148)

問題 1 (1) 有意水準 5 %で $\mu\neq 50$ である。

(2) 有意水準 5 %で $\mu\neq 50$ とはいえない。

付録 1 の解答

1　文字式・式の展開（p. 150）

問題 1　(1)　$am+bn$　(m)　(2)　πr^2h　(cm^3)

問題 2　(1)　割られる数を a，割る数を b とすると，$a=bq+r$

(2)　3 個の物体の質量を a，b，c とすると $m=\dfrac{a+b+c}{3}$

問題 3　(1)　$3x^2-3x+5$　(2)　$2a^2+2b^2$

問題 4　(1)　10π　(2)　72

問題 5　(1)　$-3a+8$　(2)　$xy+3x+2y+6$

問題 6　(1)　$x^2-10x+25$　(2)　$4x^2-9$

(3)　$27x^3-54x^2+36x-8$　(4)　$x^4+4x+\dfrac{4}{x^2}$

練習問題

1　(1)　$-2a$　(2)　x^2+x+1

2　(1)　7　(2)　$\dfrac{9}{2}\pi$

3　(1)　兄と私の年齢を x，y とすると，$x=y+3$

(2)　面積を S，上底と下底の長さを a，b，高さを h とすると，$S=\dfrac{1}{2}(a+b)h$

(3)　$a\left(1-\dfrac{p}{10}\right)=b$

4　(1)　$-a^2+21a+5$　(2)　$x^2+7x+10$

(3)　x^2-25　(4)　$6x^2+5xy-6y^2$

(5)　$4x$　(6)　$a^3-6a^2b+12ab^2-8b^3$

(7)　x^2-y^2+2x+1

(8)　$a^2b+a^2c+b^2c+b^2a+c^2a+c^2b+2abc$

2　因数分解（p. 152）

問題 1　(1)　$x(2x+3)$　(2)　$xy(x-y)$

問題 2　(1)　$(x-1)(x-5)$　(2)　$(x-2)(x+6)$

問題 3　(1)　$(x+1)(5x-4)$　(2)　$(4x-1)(3x+2)$

問題 4　(1)　$(a+2)^2$　(2)　$(x-2)(x+2)$

問題 5　(1)　$(x+1)(x-2)(x+3)$　(2)　$(x-1)^2(x-2)$

練習問題

1　(1)　$x(x-3)$　(2)　$ax(ax-1)$

(3)　$(x-4)(x+3)$　(4)　$(x-2)(x+4)$

(5)　$(2x-1)(2x-3)$　(6)　$(2x+1)(3x-5)$

(7)　$(a+2b)^2$　(8)　$x(x-1)(x+1)$

(9)　$(2x-y)(2x+y)$　(10)　$(x+2)(x^2-2x+4)$

(11)　$(x-1)(x+2)(x-4)$

(12)　$(x+1)(2x-1)(3x+1)$

3　分数式（p. 154）

問題 1　(1)　$\dfrac{x-1}{3}$　(2)　$\dfrac{x+2}{x-2}$

問題 2　(1)　$\dfrac{x-10}{(x+2)(x-2)}$　(2)　$\dfrac{x^2-4x+7}{x-3}$

問題 3　(1)　$\dfrac{3x}{x+3}$　(2)　$\dfrac{(3x-2)(x+1)}{6x}$

問題 4　(1)　$\dfrac{1}{x-1}+\dfrac{2}{x+2}$　(2)　$\dfrac{1}{4}\left(\dfrac{1}{x-2}-\dfrac{1}{x+2}\right)$

練習問題

1　(1)　$\dfrac{x+25}{(x-5)(x+5)}$　(2)　$\dfrac{2x^2+2x-8}{2x+3}$

2　(1)　$\dfrac{(x-1)(x-3)}{x+3}$　(2)　$\dfrac{x^2+2x+4}{x(x+2)}$

3　(1)　$\dfrac{1}{x}-\dfrac{1}{x+1}$　(2)　$\dfrac{3}{x-1}-\dfrac{1}{x+2}$

(3)　$\dfrac{2}{x-1}-\dfrac{2}{x}$

4　1 次方程式と 1 次関数（p. 156）

問題 1　(1)　$x=3$　(2)　$x=\dfrac{5}{3}$

(3)　$x=-1$　(4)　$x=-\dfrac{3}{11}$

問題 2　(1)　傾き 3，y 切片 -6。方程式 $y=3x-6$

(2)　傾き $-\dfrac{2}{3}$，y 切片 3。方程式 $y=-\dfrac{2}{3}x+3$

問題 3　(1)　$y=\dfrac{1}{3}x+\dfrac{5}{3}$　(2)　$y=\dfrac{2}{3}x-\dfrac{5}{3}$

練習問題

1　(1)　$x=\dfrac{5}{4}$　(2)　$x=\dfrac{41}{7}$

2　$4(x+3)=x$。解くと，$x=-4$

3　(1)　傾き $-\dfrac{1}{2}$，y 切片 2。方程式 $y=-\dfrac{1}{2}x+2$

(2)　傾き $\dfrac{3}{4}$，y 切片 -5。方程式 $y=\dfrac{3}{4}x-5$

4　(1)　$y=-2x+7$　(2)　$y=\dfrac{2}{3}x+2$

5　連立方程式（p. 158）

問題 1　(1)　$\begin{cases}x=1\\y=-1\end{cases}$　(2)　$\begin{cases}x=8\\y=3\end{cases}$

問題 2　(1)　$\begin{cases}x=2\\y=1\end{cases}$　(2)　$\begin{cases}x=-2\\y=-5\end{cases}$

問題 3　グラフは略。(1)　$\begin{cases}x=6\\y=5\end{cases}$　(2)　$\begin{cases}x=5\\y=-2\end{cases}$

練習問題

1　(1)　$\begin{cases}x=1\\y=5\end{cases}$　(2)　$\begin{cases}x=-3\\y=2\end{cases}$

2　(1)　$\begin{cases}x=3\\y=1\end{cases}$　(2)　$\begin{cases}x=-3\\y=-2\end{cases}$

3　グラフは略。(1)　$\begin{cases}x=-3\\y=-4\end{cases}$　(2)　$\begin{cases}x=-6\\y=3\end{cases}$

6　不等式（p. 160）

問題 1　(1)　$3.14<\pi$　(2)　$3\leqq n\leqq 5$

問題 2　略

問題 3　(1)　$x<-5$　(2)　$x\leqq 11$

問題 4 (1) $-3<x\leqq 2$ (2) $-\frac{1}{4}\leqq x$

練習問題

1 (1) $x\leqq 5$ (2) $1<ab$

2 略

3 (1) $5<x$ (2) $x\leqq 3$

(3) $\frac{16}{3}<x$ (4) $10\leqq x$

4 (1) $-\frac{5}{3}\leqq x<-\frac{3}{2}$ (2) $x\leqq -\frac{2}{3}$

7 2次方程式 (p. 162)

問題 1 (1) $x=1,\ 5$ (2) $x=-4,\ 2$

問題 2 (1) $x=1\pm\sqrt{2}$ (2) $x=-2\pm\sqrt{5}$

問題 3 (1) $x=\frac{-5\pm\sqrt{33}}{2}$ (2) $x=\frac{-3\pm\sqrt{7}}{2}$

練習問題

1 (1) $x=-5,\ -2$ (2) $x=4$

(3) $x=3,\ 5$ (4) $x=-4,\ 3$

(5) $x=-2,\ \frac{1}{3}$ (6) $x=\frac{1}{2}$

2 (1) $x=1,\ 5$ (2) $x=-5\pm\sqrt{5}$

(3) $x=1\pm\sqrt{7}$ (4) $x=-\frac{5}{2}\pm\frac{\sqrt{13}}{2}$

(5) $x=-2\pm\frac{\sqrt{22}}{2}$ (6) $x=\frac{3}{2}\pm\frac{\sqrt{69}}{6}$

3 (1) $x=\frac{-1\pm\sqrt{5}}{2}$ (2) $x=\frac{-3\pm\sqrt{5}}{2}$

(3) $x=\frac{1}{3}$ (4) $x=-\frac{5}{2},\ -1$

8 2次関数とグラフ (p. 164)

問題 1 略

問題 2 (1) 頂点は $(1,\ 2)$，軸は $x=1$，下に凸

(2) 頂点は $(-2,\ 4)$，軸は $x=-2$，上に凸

問題 3 (1) $-2<x<1$ (2) $x\leqq 2,\ 4\leqq x$

練習問題

1 (1) 頂点は $(2,\ 0)$，軸は $x=2$，下に凸

(2) 頂点は $(0,\ -4)$，軸は $x=0$，上に凸

(3) 頂点は $(-2,\ 10)$，軸は $x=-2$，上に凸

(4) 頂点は $\left(\frac{1}{3},\ \frac{2}{3}\right)$，軸は $x=\frac{1}{3}$，下に凸

2 (1) $x\leqq -4,\ 4\leqq x$ (2) $-\frac{3}{2}<x<0$

9 グラフの変換 (p. 166)

問題 1 略

問題 2 (1) $y=\sqrt{x-1}+2$

(2) $(x+3)^2+(y+4)^2=25$

問題 3 (1) $y=\frac{x}{2}+1$ (2) $\frac{x^2}{9}+16y^2=1$

問題 4 (1) $y=x^2-2x-3$ (2) $y=-\sqrt{x},\ x\geqq 0$

問題 5 (1) $y=3x-2$ (2) $(x+1)^2+(y-4)^2=100$

練習問題

1 略

2 (1) $y=x^2-8x+11$ (2) $(x+1)^2+(y-1)^2=16$

(3) $y=\frac{1}{6}x+1$ (4) $y=\frac{1}{2}x^2+\frac{3}{2}$

(5) $y=-\frac{2}{x-4}-3$ (6) $y=\sqrt{-x},\ x\leqq 0$

(7) $y=-\frac{2}{3}x-7$ (8) $(x+2)^2+(y-3)^2=9$

付録 1 の補充問題の解答

[文字式・式の展開] (p. 170)

問題 1 (1) $-2a-3$ (2) $5x^2+5y^2$

問題 2 (1) 1 (2) 25

問題 3 (1) コーヒー一杯，紅茶一杯をそれぞれ x 円，y 円とすると，$y-x=d$

(2) $b=a\left(1+\frac{x}{100}\right)$ (3) $c=\frac{2}{3}a+\frac{1}{3}b$

問題 4 (1) $5x+12$ (2) y^2+4y+4

(3) $a^2-4ab+4b^2$ (4) z^2-z-56

(5) $6x^2-7x-20$ (6) $x^3+9x^2+27x+27$

(7) $x^3-6x^2y+12xy^2-8y^3$ (8) $6x^2+2$

[因数分解] (p. 170)

問題 1 (1) $5x(x-4)$ (2) $5(x-2)(x+2)$

(3) $(x-2)(x+5)$ (4) $(a-6)^2$

(5) $(4x+1)(x-2)$ (6) $(x-2y)^2$

(7) $(a-10)(a+10)$ (8) $(x+3)(x^2-3x+9)$

(9) $(2a-b)(4a^2+2ab+b^2)$

(10) $(x-1)(x+1)(x^2+1)$

[分数式] (p. 170)

問題 1 (1) $\frac{5}{x(x+5)}$ (2) $\frac{6x^2-5x-5}{3x+2}$

問題 2 (1) $\frac{1}{x(x-1)}$ (2) $\frac{1}{x-1}$

問題 3 (1) $\frac{2}{3}\left(\frac{1}{x}-\frac{1}{x+3}\right)$ (2) $-\frac{2}{x+2}+\frac{5}{x+3}$

(3) $\frac{1}{6}\left(\frac{1}{x-3}-\frac{1}{x+3}\right)$

[1 次方程式と 1 次関数] (p. 170)

問題 1 (1) $x=6$ (2) $x=-4$ (3) $x=\frac{28}{5}$

問題 2 $\frac{1}{12}$ cm

問題 3 $x=-\frac{15}{16}$

問題 4 (1) $y=\frac{1}{4}x+\frac{7}{2}$ (2) $y=-1$

(3) $y=-\frac{3}{5}x-\frac{3}{5}$ (4) $x=2$

問題 5　(1)　$y=-0.006x+b$
(2)　約 -2.6 ℃

[連立方程式]（p. 171）

問題 1　(1)　$\begin{cases} x=4 \\ y=3 \end{cases}$　(2)　$\begin{cases} x=-1 \\ y=4 \end{cases}$

問題 2　$s=\dfrac{v_0-v}{2v_0}$，$t=\dfrac{v_0+v}{2v_0}$

問題 3　8 日

[不等式]（p. 171）

問題 1　(1)　$a<0$　(2)　$2\leqq x<3$

問題 2　(1)　$-2<x$　(2)　$-\dfrac{5}{3}\leqq x$　(3)　$x<12$

問題 3　$\dfrac{1000}{9}<a\leqq 125$

問題 4　$\sqrt{2}\leqq x<2$

[2 次方程式]（p. 171）

問題 1　(1)　$x=1,\ -\dfrac{5}{2}$　(2)　$x=-5,\ 6$
(3)　$x=8$　(4)　$x=-3,\ -\dfrac{1}{2}$
(5)　$x=7\pm\sqrt{5}$　(6)　$x=\dfrac{-1\pm\sqrt{13}}{2}$
(7)　$x=\dfrac{1}{3},\ \dfrac{7}{3}$　(8)　$x=-3,\ \dfrac{13}{3}$

問題 2　$\dfrac{\sqrt{13}+\sqrt{5}}{2}$ cm と $\dfrac{\sqrt{13}-\sqrt{5}}{2}$ cm

問題 3　$\dfrac{-1+\sqrt{5}}{2}$ cm

[2 次関数のグラフ]（p. 171）

問題 1　(1)　頂点 (4，16)，軸 $x=4$，上に凸
(2)　頂点 $\left(-\dfrac{1}{2},\ \dfrac{3}{4}\right)$，軸 $x=-\dfrac{1}{2}$，下に凸

問題 2　(1)　$x<-2,\ 6<x$
(2)　$-2-\sqrt{2}\leqq x\leqq -2+\sqrt{2}$

問題 3　$y=-x^2$

[グラフの変換]（p. 171）

問題 1　(1)　$y=x^2-4x+2$　(2)　$\dfrac{x^2}{4}+y^2=25$
(3)　$y=-2x-3$

問題 2　略

付録 2 の解答

1　数量と単位（p. 174）

問題 1　電流と光度。循環論法に関する説明は略。

問題 2　192 本

問題 3　(1)　1.0002×10^7 m
(2)　7×10^5 kg

問題 4　(1)　5×10^{-6} m
(2)　9×10^{-14} kg（9×10^{-11} g は準正解）

練習問題

1　(1)　2.59×10^{13} m　(2)　1×10^{11} kg

2　(1)　3 fm（フェムトメートル）
(2)　266 yg（ヨクトグラム）

3　(1)　4×10^5 ～ 4.2×10^5 m　(2)　3×10^{12} kg

2　組立単位（p. 178）

問題 1　m/s^2 または ms^{-2}

問題 2　圧力，応力 $m^{-1}kgs^{-2}$，
仕事率，電力 m^2kgs^{-3}，電位差 $m^2kgs^{-3}A^{-1}$
静電容量 $m^{-2}kg^{-1}s^4A^2$，電気抵抗 $m^2kgs^{-3}A^{-2}$，光束 cd，照度 cdm^{-2}，吸収線量 m^2s^{-2}，線量当量 m^2s^{-2}

問題 3　略

問題 4　力のモーメント m^2kgs^{-2}，角速度 s^{-1}，熱容量・エントロピー $m^2kgs^{-2}K^{-1}$，熱伝導率 $mkgs^{-3}K^{-1}$，照射線量 $kg^{-1}sA$，吸収線量率 m^2s^{-3}

問題 5　略

問題 6　略

問題 7　10^{-6} m^3

問題 8　10^5 $gcms^{-2}$

練習問題

1　10^{-7} J

3　長さの単位と組立単位（p. 182）

問題 1　約 2.24×10^8 km，約 2.37×10^{-5} 光年

問題 2　2.560×10^{-3} au

問題 3　槍ヶ岳は 10490 尺，1 万尺は約 3030 m

問題 4　約 182 cm 以上

問題 5　約 336.3 人/km^2

練習問題

1　(1)　約 2400 m^2（720×3.3 m^2）
(2)　1.2 石（180 kg）　(3)　約 1 石（1000 合）

4　質量と質量を使う組立単位（p. 184）

問題 1　約 64.8 kg

問題 2　略

問題 3　約 230 g

問題 4　約 2.2046 ポンド，0.267 貫

問題 5　谷風 6.24 尺（6 尺 2 寸 4 分），45 貫
小野川 5.81 尺（5 尺 8 寸 1 分），31 貫

練習問題

1　太陽 1.41 g/cm^3，地球 5.55 g/cm^3，月 3.35 g/cm^3，火星 1.33 g/cm^3

2　およそ 1230 枚

3　約 12 万 4 千円

5　時間と時間を使う組立単位（p. 186）

問題 1　31536000 秒

問題 2　ユリウス暦 31557600 秒

　グレゴリオ暦 31556952 秒

問題 3　79.2 m/s

問題 4　0.17 m/s

問題 5　0.66 m/s^2，力は 46.2 N

練習問題

1　略

2　14.7 m/s^2

3　α＝5.3 m/s^2，最高速度は 40 cm/s

6　そのほかの SI 基本単位（p. 188）

問題 1　9.6485×10^4 クーロン

問題 2　1250 W＝1250 J/s

問題 3　(1)　100×15×4.2＝6300 J

(2)　電力 10.5 W，電圧 10.5 V

問題 4　8 Ω

問題 5　(1)　100 Ω　　(2)　100 W

問題 6　8.33 mol

問題 7　^{12}C が 0.989 mol，^{13}C が 0.0102 mol

練習問題

1　309.65 K，97.7 °F

2　約 5700 ℃，約 10300 °F

3　$4\pi A$ lm

4　J（SI 基本単位では cd）

5　半径 1 m では A lx，3 m では 0.11A lx

7　測定値・誤差・不確実性（p. 192）

問題 1　約 380

問題 2　約 4.7 時間

練習問題

1　略

8　測定値と誤差・不確かさの表現（p. 194）

問題 1　(1)　$34.6997\leqq x\leqq36.7049$

(2)　$4.2433\times10^6\leqq x\leqq4.2469\times10^6$

練習問題

1　(1)　2.361×10，4 桁

(2)　3.21000×10^8，6 桁

(3)　3.2×10^{-4}，2 桁

(4)　3.4000×10^{-4}，5 桁

2　(1)　2300120.00，9 桁

(2)　0.00042713，5 桁

(3)　0.000012240010，8 桁

(4)　35731000000，5 桁

9　有効数字を使って表された測定値の計算（p. 196）

問題 1　580.3

問題 2　1.875×10^5

問題 3　(1)　1.03　　(2)　0.08　　(3)　7.47×10^6

問題 4　(1)　1.677×10^4　　(2)　7.202×10^3

(3)　3.020×10^{-2}　　(4)　3.440×10^{13}

問題 5　(1)　37042.6　　(2)　6.372

問題 6　9×10

10　有効数字の演算の確からしさ（p. 198）

練習問題

1　略

2　略

索引